K. BIENERT

Vahlens Handbücher
der Wirtschafts- und Sozialwissenschaften

Finanzmathematik

Lehrbuch der Zins-, Renten-, Tilgungs-, Kurs- und Renditerechnung

von

Dr. Lutz Kruschwitz
Professor für Betriebswirtschaftslehre
an der Universität Lüneburg

Verlag Franz Vahlen München

CIP-Titelaufnahme der Deutschen Bibliothek

Kruschwitz, Lutz:
Finanzmathematik: Lehrbuch der Zins-, Renten-, Tilgungs-, Kurs- und Renditerechnung / von Lutz Kruschwitz.
– München: Vahlen, 1989
(Vahlens Handbücher der Wirtschafts- und Sozialwissenschaften)
ISBN 3-8006-1404-9

ISBN 3 8006 1404 9

Satz: Universitätsdruckerei H. Stürtz AG, Würzburg
Druck: Wagner GmbH, Nördlingen

Vorwort

In dem vorliegenden Lehrbuch werden die klassischen Teilgebiete der Finanzmathematik systematisch dargestellt. Das erste Kapitel über Zinsrechnung ist grundlegend für das Verständnis der folgenden Kapitel über Rentenrechnung, Tilgungsrechnung und Kurs- sowie Renditerechnung. Aus diesem Grunde sollte mit deren Studium erst begonnen werden, wenn man sich in der Zinsrechnung sicher fühlt.

Finanzmathematik ist nicht ohne Formeln denkbar. Ich habe mich bemüht, den Text so abzufassen, daß die Entstehung der jeweiligen Formeln nachvollzogen werden kann. Dabei habe ich lediglich Kenntnisse vorausgesetzt, die man von der Schulalgebra her im allgemeinen mitbringt. Viele finanzmathematische Überlegungen beruhen auf arithmetischen und geometrischen Reihen; und sehr häufig geht es um die Nullstellenbestimmung von Funktionen. Da Studenten, die heute auf die Fachhochschulen und Universitäten kommen, mit beiden Gebieten oft nicht in ausreichendem Maße vertraut sind, habe ich das wichtigste dazu in zwei Anhängen dargestellt.

Wer die Finanzmathematik nicht nur oberflächlich kennenlernen, sondern gründlich studieren will, sollte die im Text enthaltenen Beispielsaufgaben sorgfältig nachrechnen. Als Hilfsmittel stehen heute sehr leistungsfähige Taschenrechner zur Verfügung. Es empfiehlt sich, Rechner mit mehreren Speichern zu benutzen, die über die vier Grundrechenarten hinaus mit Funktionen für das Potenzieren und Logarithmieren ausgerüstet sind. Die Tatsache, daß man heutzutage für verhältnismäßig wenig Geld ausgezeichnete Taschenrechner kaufen kann, hat mich dazu veranlaßt, diesem Buch nicht die sonst üblichen finanzmathematischen Tabellen (mit Aufzinsungs-, Abzinsungs-, Rentenendwert- und Rentenbarwertfaktoren) beizufügen. Solche Tabellen sind heute ebenso überflüssig geworden wie Logarithmentafeln. Während frühere Generationen aber lernen mußten, sachverständig mit den Tabellen umzugehen, müssen heutige Studenten die Fertigkeit mitbringen, mit dem Taschenrechner zu arbeiten.

Mehr und mehr Studenten besitzen Personal-Computer oder haben Zugang zu solchen Geräten. Und so gut wie alle PC-Besitzer verfügen über einen BASIC-Interpreter. Da sich die Lösung finanzmathematischer Probleme mit Hilfe solcher Rechner geradezu aufdrängt, habe ich für alle in diesem Buch erörterten Themen BASIC-Programme geschrieben. Voraussetzung für den Einsatz der dem Buch beiliegenden Programmdiskette ist ein PC mit dem Betriebssystem MS-DOS. Die Programme laufen unter IBM-BASIC und unter GWBASIC, ohne daß es irgendwelcher Anpassungen bedarf. Wer die Funktionsweise der Programme nachvollziehen will, mag die Listings studieren, die am Ende eines jeden Kapitels ausgedruckt sind.

Dozenten, die mit diesem Lehrbuch arbeiten wollen, finden außer den Beispielsaufgaben im laufenden Text eine reichhaltige Sammlung von Übungsaufgaben mit den dazugehörigen Lösungen. Da außerdem eine umfangreiche Formelsammlung beigefügt ist, kann die Schrift nicht nur als Lehrbuch, sondern auch als Nachschlagewerk benutzt werden.

Viele Studentengenerationen haben frühere Versionen dieses Buches als Lehrmaterial in Skriptform benutzt. Sie haben durch ihre Kritik und Ermunterung dazu beigetragen, daß die jetzt vorliegende Form gefunden wurde. Frau Dipl.-Math. *Annette Röber* sowie Herrn Dipl.-Kfm. *Rolf Decker* danke ich für Durchsicht des Textes und Überprüfung der Zahlenbeispiele. Frau *Barbara Albers* hat sich um die Reinschrift des Manuskripts verdient gemacht. Da der Text mit Sicherheit noch an manchen Stellen verbessert werden kann, bin ich jedem Leser für kritische Anmerkungen dankbar.

Lüneburg, im März 1989 *Lutz Kruschwitz*

Inhaltsverzeichnis

3. Tilgungsrechnung

4. Kurs- und Renditerechnung

Anhänge

1. Zinsrechnung

1.1. Grundbegriffe der Zinsrechnung

Um die Grundbegriffe der Zinsrechnung kennenzulernen, denken Sie an ein alltägliches Geldgeschäft: Sie haben 1500 DM geschenkt bekommen und entschließen sich, diesen Betrag jetzt nicht auszugeben, sondern für die Ferien im nächsten Jahr zu sparen. Sie gehen zur Bank, lassen ein Sparbuch eröffnen und zahlen Ihre 1500 DM ein. Einem Aushang entnehmen Sie, daß Spareinlagen zur Zeit mit 3% p.a. verzinst werden. Ein halbes Jahr später „plündern" Sie das Sparbuch bis auf den letzten Pfennig und bekommen 1522,50 DM ausgezahlt. Sie erhalten also Zinsen in Höhe von 22,50 DM. Der wirtschaftliche Kern dieses Beispiels läßt sich auch in einer Welt wiederfinden, in der es das Zahlungsmittel Geld nicht gibt. So mögen Sie sich vorstellen, daß ein Bekannter Ihnen sein Auto für drei Tage ausborgt, damit Sie einen Umzug durchführen können. Nach Ablauf der drei Tage geben Sie dem Bekannten das Auto zurück und revanchieren sich bei ihm dadurch, daß Sie ihn zum Essen einladen.

Formal haben beide Vorgänge folgende Struktur: Es wird ein Vertrag zwischen zwei Partnern geschlossen, von denen wir den einen als Kapitalgeber, den anderen als Kapitalnehmer bezeichnen. Zu Beginn der Beziehung besitzt der Kapitalgeber ein Anfangskapital, dessen Nutzung er eine bestimmte Zeit lang dem Kapitalnehmer überläßt. Am Ende der Laufzeit des Vertrages erhält der Kapitalgeber vom Kapitalnehmer einen Betrag zurück, den wir Endkapital nennen. Das Endkapital ist größer als das Anfangskapital. Die Differenz wird gezahlt, um den Kapitalgeber für den vorübergehenden Konsumverzicht zu entschädigen. Sie wird als Zins bezeichnet. Anfangskapital, Laufzeit, Endkapital und Zins sind die vier Grundbegriffe der Zinsrechnung.

Damit wir Rechenvorschriften (Formeln) schreiben können, die besagen, wie die vier Kategorien Anfangskapital, Laufzeit, Endkapital und Zins miteinander in Beziehung stehen, ist es zweckmäßig, Symbole zu vereinbaren, die diese Begriffe repräsentieren sollen. Dabei folgen wir den in der Literatur üblichen Konventionen, wenn wir folgende Vereinbarungen treffen:

i := Zinssatz
K_0 := Anfangskapital
K_n := Endkapital
n := Laufzeit

Um sich mit den Begriffen eindeutig verständigen zu können, braucht man klare Meßvorschriften.

Das Anfangskapital wird ebenso wie das Endkapital in Währungseinheiten gemessen, also beispielsweise in französischen Franken, US Dollar oder Deutschen Mark.

Als Maßeinheit für die Laufzeit verwenden wir grundsätzlich das Jahr, mitunter aber auch kürzere Zeitintervalle wie Halbjahre (Semester), Quartale, Monate und Tage. Der Standardfall für die Laufzeitmessung ist das Jahr. Gewisse Probleme entstehen durch die Tatsache, daß Kalenderjahre nicht immer gleich lang sind (Schaltjahr) und daß auch Monate, Quartale und Halbjahre keine eindeutige Länge besitzen, wenn man sie etwa in Tagen mißt. Um diese Schwierigkeiten unseres Kalenders zu vermeiden, arbeitet man im Bankwesen und in der Finanzmathematik mit standardisierten Zeitintervallen, und zwar

1 Monat = 30 Tage
1 Quartal = 90 Tage
1 Halbjahr = 180 Tage
1 Jahr = 360 Tage.

Was die Messung der Zinsen betrifft, so wollen wir zwischen Zinsbetrag und Zinssatz unterscheiden. Der Zinsbetrag ist nichts anderes als die Differenz zwischen End- und Anfangskapital. Er muß daher in Währungseinheiten gemessen werden. Im Sparbuchbeispiel belief er sich auf 22.50 DM. Der Zinssatz betrug im Beispiel 3% p.a., wurde also als Prozentsatz gemessen. Das bedeutet, daß Sie bei einem Anfangskapital von 100 DM nach Ablauf eines Jahres Anspruch auf einen Zinsbetrag von 3 DM besitzen. Hieran erkennt man, daß der Zinssatz in zweierlei Hinsicht normiert sein muß, und zwar erstens in Hinsicht auf die Laufzeit (in unserem Beispiel: ein Jahr) und zweitens auf einen bestimmten Währungsbetrag (im Beispiel: das Anfangskapital).

In der Regel sind Zinssätze auf eine Frist von einem Jahr bezogen. Man spricht in diesem Fall von jährlichen Zinssätzen. Oder man sagt, daß der Zinssatz x% pro anno oder per annum (abgekürzt: p.a.) beträgt. Mitunter wird der Zinssatz auch auf kürzere Laufzeiten gerechnet, z.B. auf ein Quartal. In diesem Fall ist von unterjährlichen Zinsen die Rede, und man gibt an, daß der Zinssatz bei x% pro rata temporis (abgekürzt: p.r.t.) liegt.

Als Bezugsgröße des Zinssatzes verwendet man das dem Geschäft zugrunde liegende Kapital. Dabei sind zwei Möglichkeiten denkbar. Entweder benutzt man das zu Beginn der Zinsperiode vorhandene Kapital, oder man nimmt das Kapital am Ende der Zinsperiode. Im ersten Fall spricht man von nachschüssigen oder auch dekursiven Zinsen, im zweiten von vorschüssigen oder rekursiven Zinsen. In der Praxis rechnet man fast ausnahmslos mit nachschüssigen Zinsen.

Ein nachschüssiger Jahreszinssatz ist definiert als Zinsbetrag eines Jahres dividiert durch das Kapital zu Beginn des Jahres,

$$i_{nach} = \frac{K_1 - K_0}{K_0}.$$

Beträgt etwa das Kapital am Anfang des Jahres 90 und am Ende des Jahres 99, so beläuft sich der nachschüssige Zinssatz auf $i = (99-90)/90 = 10\%$. Demgegenüber definiert man den vorschüssigen Jahreszinssatz als Jahreszinsbetrag dividiert durch das Kapital am Ende des Jahres,

$$i_{vor} = \frac{K_1 - K_0}{K_1}.$$

So ergibt sich bei einem Kapital von 90 am Anfang des Jahres und einem Betrag von 100 am Ende des Jahres ein vorschüssiger Zinssatz von $i = (100-90)/100 = 10\%$.

Tabelle 1-1 gibt eine Übersicht über die möglichen Alternativen der Normierung von Zinssätzen.

Tab. 1-1: Einteilung der Zinssätze

Länge der Zinsperiode	1. jährlicher Zinssatz (Zinsperiode ist das Jahr) 2. unterjährlicher Zinssatz (Zinsperiode ist der Bruchteil eines Jahres, z.B. ein Quartal)
rechnerische Bezugsgröße	1. nachschüssige Verzinsung (Bezugsgröße ist das Kapital zu Beginn der Zinsperiode) 2. vorschüssige Verzinsung (Bezugsgröße ist das Kapital am Ende der Zinsperiode)
Standardfall	jährlicher nachschüssiger Zinssatz

1.2. Die vier Fragestellungen der Zinsrechnung

Wenn jemand zu Beginn einer Geschäftsbeziehung einem Kapitalnehmer den Betrag K_0 zur Verfügung stellt und mit dem Vertragspartner den Zinssatz i vereinbart, so interessiert ihn, wie hoch das Endkapital K_n nach einer Laufzeit von n Jahren ist. Dies ist die erste mögliche Fragestellung der Zinsrechnung.

gegeben:	Anfangskapital	K_0
	Zinssatz	i
	Laufzeit	n
gesucht:	Endkapital	K_n

Will ein Kapitalgeber nach n Jahren bei einem Zinssatz von i ein bestimmtes Endkapital K_n erhalten, so wird ihm das nur gelingen, falls er dem Kapitalnehmer heute ein genügend hohes Anfangskapital K_0 überläßt. Die Suche nach dessen Höhe ergibt die zweite mögliche Fragestellung der Zinsrechnung.

gegeben:	Endkapital	K_n
	Zinssatz	i
	Laufzeit	n
gesucht:	Anfangskapital	K_0

Besitzt der Kapitalgeber heute Vermögen in Höhe von K_0 und will er nach n Jahren K_n besitzen, so muß er sein Kapital zu einem bestimmten Zinssatz anlegen. Dies ergibt die dritte mögliche Fragestellung der Zinsrechnung.

gegeben:	Anfangskapital	K_0
	Endkapital	K_n
	Laufzeit	n
gesucht:	Zinssatz	i

Schließlich kann es sein, daß jemand heute Anfangskapital K_0 besitzt, ihm ein Zinssatz i geboten wird und er das Bedürfnis hat, ein Endkapital in Höhe von K_n zu besitzen. Dann interessiert ihn, wie lange er warten muß, um dieses Ziel zu erreichen. Das ist die vierte und letzte Fragestellung der Zinsrechnung.

gegeben: $\begin{cases} \text{Anfangskapital} & K_0 \\ \text{Endkapital} & K_n \\ \text{Zinssatz} & i \end{cases}$

gesucht: Laufzeit n

1.3. Jährliche Verzinsung

Im folgenden betrachten wir zunächst ausschließlich den Standardfall eines jährlichen nachschüssigen Zinssatzes. Wir gehen also grundsätzlich davon aus, daß der Zinssatz sich auf das Kapital zu Beginn der Zinsperiode bezieht und daß die Zinsperiode sich genau auf ein Jahr beläuft. Der nachschüssige jährliche Zinssatz ist definiert als das Verhältnis des jährlichen Zinsbetrages zum Kapital am Beginn der Zinsperiode, d.h.

$$i = \frac{K_1 - K_0}{K_0} \tag{1.1}$$

1.3.1. Einfache Zinsen

Das Modell der einfachen Zinsrechnung beruht auf dem Grundsatz, daß Zinsansprüche, die während der Laufzeit des Kapitalüberlassungsvertrages entstehen, niemals dem zinstragenden Kapital zugeschlagen werden.

1.3.1.1. Berechnung des Endkapitals

Wenn i der jährliche Zinssatz ist und K_0 das Anfangskapital darstellt, so hat der Kapitalgeber nach Ablauf eines Jahres Anspruch auf Zinsen in Höhe von iK_0. Wäre die Laufzeit des Vertrages genau in diesem Zeitpunkt beendet, so beliefe sich das Endkapital auf die Summe aus Anfangskapital und Zinsen:

$$K_1 = K_0 + iK_0.$$

Ist die Laufzeit aber noch nicht beendet, sondern wird sie um ein weiteres Jahr verlängert, so erwirbt der Kapitalgeber zusätzliche Zinsansprüche. Diese sind ebenso groß wie die Zinsansprüche im ersten Jahr der Laufzeit, denn das zinstragende Kapital ist nach wie vor K_0, weil die Zinsen des ersten Jahres bei einfacher Verzinsung nicht zugeschlagen werden. Insgesamt besitzt der Kapitalgeber nach zwei Jahren daher

$$\begin{aligned} K_2 &= K_0 + iK_0 + iK_0 \\ &= K_0 + 2iK_0. \end{aligned}$$

Die Entwicklung des Kapitals in den folgenden Jahren vollzieht sich nach gleichbleibendem Muster, so daß

$$\begin{aligned} K_1 &= K_0 + iK_0 \\ K_2 &= K_0 + 2iK_0 \\ K_3 &= K_0 + 3iK_0 \\ &\vdots \\ K_n &= K_0 + niK_0 \end{aligned}$$

oder nach einfacher Umformung

$$\boxed{K_n = K_0 \cdot (1 + ni)} . \qquad (1.2)$$

Bisher haben wir uns nur mit Laufzeiten beschäftigt, die ganze Vielfache von Jahren waren. Gleichung (1.2) wird bei einfacher Zinsrechnung jedoch generell benutzt, also auch dann, wenn wir es nicht mit Laufzeiten von glatten Jahren zu tun haben.

Nun erhebt sich die Frage nach der Höhe des Zinsbetrages für ein Zeitintervall, das kleiner als ein ganzes Jahr ist. Um diesen anteiligen Zinsbetrag zu berechnen, zerlegen wir die Laufzeit zunächst in zwei Komponenten, nämlich den ganzzahligen Anteil n_1 und die restliche Laufzeit n_2, also

$$\begin{aligned} n_1 &= \mathrm{int}(n) \\ n_2 &= n - n_1 \end{aligned}$$

$\mathrm{int}(\cdot)$ repräsentiert hier die vom Taschenrechner her geläufige Integer- oder Ganzzahligkeitsfunktion. Man kann auch sagen: n_1 ist die größte ganze Zahl, für die gilt $n_1 \leq n$. Aus der Konstruktion von n_1 und n_2 folgt, daß n_2 auf das Intervall von 0 bis 1 beschränkt ist ($0 \leq n_2 < 1$).

Bezeichnen wir mit X den Zinsbetrag für das Zeitintervall mit der Länge n_2, so muß nach dem bisher gesagten

$$X = K_{n_1 + n_2} - K_{n_1} \qquad (1.3)$$

gelten. Das ist unter Verwendung von Gleichung (1.2)

$$X = K_0 \cdot (1 + (n_1 + n_2)\, i) - K_0 \cdot (1 + n_1\, i),$$

was sich zu

$$X = n_2 \cdot iK_0 \tag{1.4}$$

vereinfachen läßt. Mit anderen Worten: Der zeitanteilige Zinsbetrag ergibt sich, indem man den jährlichen Zinsbetrag (iK_0) proportional auf das Zeitintervall verrechnet.

Beläuft sich n_2 etwa auf ein halbes Jahr, so erhält der Kapitalgeber nach Ablauf des halben Jahres den halben jährlichen Zinsbetrag. An diesem Resultat scheint nichts überraschendes zu sein. Es ist quasi „natürlich".

Stellt man die Entwicklung des Endkapitals in Abhängigkeit von der Laufzeit bei einfacher Verzinsung graphisch dar, so erhält man *Abbildung 1-1*. Das Endkapital ist eine lineare Funktion der Laufzeit.

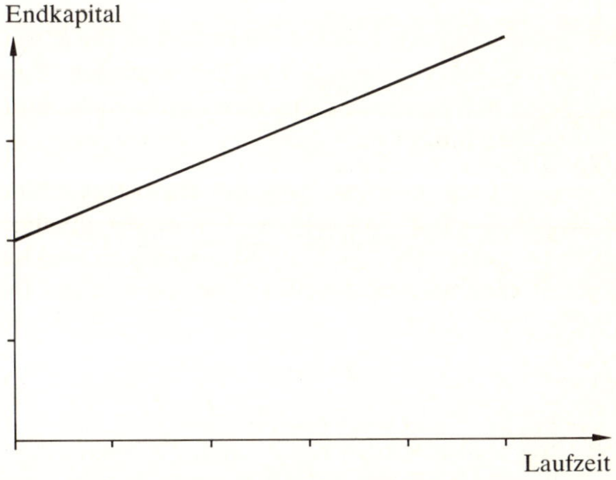

Abb. 1-1: Endkapital in Abhängigkeit von der Laufzeit bei einfacher Verzinsung

Beispiel 1: Agnes legt 400 DM zu einem Zinssatz von 4% p.a. mit einfachen Zinsen an. Wie hoch ist ihr Endkapital

(a) nach 3 Jahren,
(b) nach 3 Jahren und 3 Monaten?

Lösung:

(a) $K_3 = 400 \cdot (1 + 3 \cdot 0{,}04) = 448$
(b) $K_{3,25} = 400 \cdot (1 + 3{,}25 \cdot 0{,}04) = 452$

1.3.1.2. Berechnung von Anfangskapital, Zinssatz und Laufzeit

Gleichung (1.2) bildet die Grundlage für die Beantwortung aller anderen möglichen Fragestellungen der Zinsrechnung. Löst man (1.2) etwa nach K_0 auf, so ergibt sich

$$K_0 = \frac{K_n}{1+ni}. \qquad (1.5)$$

Damit läßt sich die Frage beantworten, wie hoch das Anfangskapital sein muß, das man dem Kapitalnehmer über eine Laufzeit von n Jahren zur Verfügung stellen muß, wenn man dann ein Endkapital in Höhe von K_n haben will und i als Zinssatz vereinbart wird.

Beispiel 2: Bernd will in 8 Jahren und 6 Monaten ein Kapital von 10000 DM haben. Ein Bekannter bietet ihm 5,3% p.a. Zins mit einfachen Zinsen. Wieviel muß Bernd seinem Bekannten heute an Kapital überlassen?

Lösung:

$$K_0 = \frac{10000}{1+8{,}5 \cdot 0{,}053} = 6894{,}17.$$

Auflösen der Gleichung (1.2) nach dem Zinssatz führt zu

$$i = \frac{1}{n} \cdot \left(\frac{K_n}{K_0} - 1\right). \qquad (1.6)$$

Hiermit kann man die Frage nach dem Zinssatz beantworten, der einem Kapitalgeber versprochen werden muß, damit ein bestimmtes Anfangskapital innerhalb einer bestimmten Zeit auf ein vorgegebenes Endkapital wächst.

Beispiel 3: Christa besitzt 777 DM und möchte in 5 Jahren 1000 DM haben. Welchen Zinssatz p.a. muß sie bei einfacher Verzinsung verlangen?

Lösung:

$$i = \frac{1}{5} \cdot \left(\frac{1000}{777} - 1\right) = 0{,}0574.$$

Schließlich erhält man durch Auflösen von Gleichung (1.2) nach der Laufzeit

$$n=\frac{1}{i}\cdot\left(\frac{K_n}{K_0}-1\right). \tag{1.7}$$

Mit dieser Formel läßt sich dann auch die vierte Fragestellung der Zinsrechnung beantworten, bei der es darum geht, die Laufzeit zu bestimmen, wenn Anfangskapital, Endkapital und Zinssatz gegeben sind.

Beispiel 4: Dieter möchte wissen, wie lange er ein Kapital von 4000 DM zu einfachen Zinsen bei einem Zinssatz von 4% p.a. ausleihen muß, damit es auf 5000 DM anwächst.

Lösung:

$$n=\frac{1}{0{,}04}\cdot\left(\frac{5000}{4000}-1\right)=6{,}25.$$

1.3.2. Zinseszinsen

Für das Modell der Zinseszinsrechnung ist der Grundsatz charakteristisch, daß Zinsansprüche, die während der Laufzeit des finanziellen Engagements entstehen, jeweils am Ende des Jahres dem zinstragenden Kapital zugeschlagen werden. In der zweiten Zinsperiode werden daher die Zinsen der ersten Zinsperiode mitverzinst; in der dritten Zinsperiode werden die Zinsen der ersten und der zweiten Periode mitverzinst und so fort.

1.3.2.1. Berechnung des Endkapitals

Während des ersten Jahres der Laufzeit erwirbt der Kapitalgeber Zinsansprüche in Höhe von iK_0. Daher beläuft sich sein Kapital am Ende des ersten Jahres (ebenso wie bei einfachen Zinsen) auf

$$\begin{aligned} K_1 &= K_0 + iK_0 \\ &= K_0\cdot(1+i) \end{aligned}$$

Im zweiten Jahre entstehen Zinsansprüche in Höhe von iK_1, so daß man nach dem Ende des nächsten Jahres über ein Kapital von

$$\begin{aligned} K_2 &= K_1 + iK_1 \\ &= K_1 \cdot (1+i) \\ &= K_0 \cdot (1+i) \cdot (1+i) \\ &= K_0 \cdot (1+i)^2 \end{aligned}$$

verfügt. Das setzt sich in entsprechender Weise fort, so daß wir es im Zeitablauf mit folgender Kapitalentwicklung zu tun haben:

$$\begin{aligned} K_1 &= K_0 \cdot (1+i) \\ K_2 &= K_0 \cdot (1+i)^2 \\ K_3 &= K_0 \cdot (1+i)^3 \\ &\vdots \\ K_n &= K_0 \cdot (1+i)^n \end{aligned}$$

Um Schreibarbeit zu sparen, führt man den Zinsfaktor

$$q = 1 + i$$

ein und kann dann die Gleichung zur Berechnung des Endkapitals bei Zinseszins in der Form

$$\boxed{K_n = K_0\, q^n} \tag{1.8}$$

darstellen. q^n wird als Aufzinsungsfaktor bezeichnet. Gleichung (1.8) stellt die allgemeine Zinseszinsformel dar.

Beispiel 5: Erich legt ein Kapital von 15000 DM für fünf Jahre zu 5% p.a. an. Wie hoch ist sein Endkapital

(a) bei einfacher Verzinsung,
(b) bei Zinseszins?

Lösung:

(a) $K_5 = 15000 \cdot (1 + 5 \cdot 0{,}05) = 18\,750$
(b) $K_5 = 15000 \cdot 1{,}05^5 = 19\,144{,}22$

In früheren Jahren, als es die heutigen Taschenrechner noch nicht gab, fand man in den Lehrbüchern der Finanzmathematik regelmäßig Tabellen, in denen die Aufzinsungsfaktoren für übliche Zinssätze und Laufzeiten angegeben waren. Einen Eindruck davon vermittelt *Tabelle 1-2*.

Das Beispiel 5 zeigt, daß Zinseszinsrechnung bei Laufzeiten von mehr als einem Jahr unter sonst gleichen Bedingungen zu höherem Endkapital führt als einfache Verzinsung. Dieser Zinseszinseffekt ist um so größer, je höher der Zinssatz und je länger die Laufzeit, vgl. dazu *Abbildung 1-2*. Ein drastisches Beispiel für das Ausmaß des Zinseszinseffektes über die Zeit ist das folgende.

Beispiel 6: Karl (der Große) legte anläßlich seiner Krönung im Jahre 800 bei der Kreissparkasse zu Aachen 1 DM zu 1% p.a. an. Wie hoch ist das Endkapital im Jahre 2000, wenn

(a) einfache Zinsen,
(b) Zinseszinsen gutgeschrieben werden?

Lösung:

(a) $K_{1200} = 1 \cdot (1 + 1200 \cdot 0{,}01) = 13$
(b) $K_{1200} = 1 \cdot 1{,}01^{1200} = 153\,337{,}56$

Bei der Würdigung dieses Ergebnisses ist zu berücksichtigen, daß Kreditinstitute Zinsansprüche am Ende eines Jahres nur gutschreiben, wenn sie mindestens einen Pfennig ausmachen. Zinsbeträge, die geringer sind, werden vernachlässigt. Dieser (harmlos erscheinende) Pfennig-Effekt würde im Beispiel Karls des Großen dazu führen, daß tatsächlich nur gut die Hälfte des mit der Zinseszinsformel berechneten Betrages zur Verfügung stünde, nämlich 86921,99 DM. Aber auch diese Zahl übersteigt das bei einfacher Verzinsung zu erreichende Endkapital noch erheblich.

Tab. 1-2: Aufzinsungsfaktoren für ausgewählte Zinssätze und Laufzeiten

n	2,50%	5,00%	7,50%	10,00%
1	1,02500	1,05000	1,07500	1,10000
2	1,05063	1,10250	1,15563	1,21000
3	1,07689	1,15763	1,24230	1,33100
4	1,10381	1,21551	1,33547	1,46410
5	1,13141	1,27628	1,43563	1,61051
6	1,15969	1,34010	1,54330	1,77156
7	1,18869	1,40710	1,65905	1,94872
8	1,21840	1,47746	1,78348	2,14359
9	1,24886	1,55133	1,91724	2,35795
10	1,28008	1,62889	2,06103	2,59374
20	1,63862	2,65330	4,24785	6,72750
30	2,09757	4,32194	8,75496	17,44940
40	2,68506	7,03999	18,04424	45,25926
50	3,43711	11,46740	37,18975	117,39085

Wieder haben wir uns bisher nur mit solchen Fällen auseinandergesetzt, in denen die Laufzeit ein ganzzahliges Vielfaches der Zinsperiode ist. Gleichung (1.8) wird bei reiner Zinseszinsrechnung jedoch auch dann verwendet, wenn diese einschränkende Voraussetzung nicht erfüllt ist.

Stellt man die Entwicklung des Endkapitals bei Zinseszins in Abhängigkeit von der Laufzeit graphisch dar, so erhält man eine Exponentialfunktion (vgl. *Abbildung 1-2*). Die Zeichnung zeigt zugleich, daß das Endkapital mit Zinseszins bei Laufzeiten von mehr als einem Jahr größer ist als das Endkapital bei einfachem Zins.

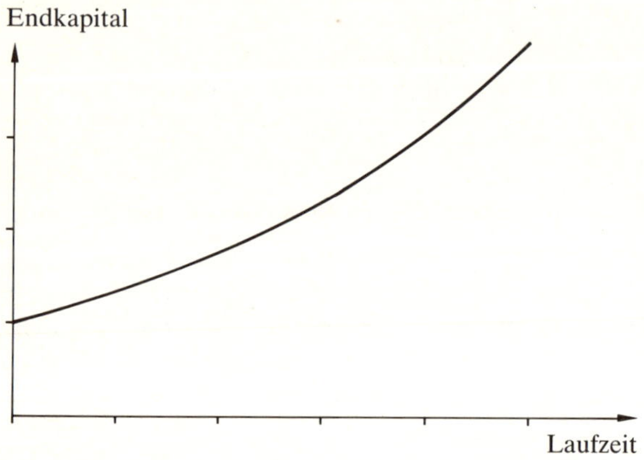

Abb. 1-2: Endkapital in Abhängigkeit von der Laufzeit bei Zinseszins

Beispiel 6: Fritz legt ein Kapital von 8000 DM mit 5,75% p.a. Zinseszins an. Wie groß ist sein Kapital

(a) nach drei Jahren,
(b) nach drei Jahren und drei Monaten?

Lösung:

(a) $K_3 = 8000 \cdot 1{,}0575^3 = 9460{,}87$
(b) $K_{3.25} = 8000 \cdot 1{,}0575^{3{,}25} = 9594{,}03$

Wieder stellt sich die Frage nach der Höhe des Zinsbetrages für Zeiträume, die kürzer als ein Jahr sind. Im Zusammenhang mit der einfachen Zinsrechnung (vgl. Gleichung (1.4)) hatten wir hierauf die „natürliche“ Antwort gefunden, daß der Zinsanspruch des laufenden Jahres proportional auf das kürzere Intervall umgerechnet wird. Wie sieht das nun bei reiner Zinseszinsrechnung aus?

Wenn wir die Laufzeit ebenso wie bei einfacher Zinsrechnung in die Teile n_1 und n_2 zerlegen, wobei

$n_1 = \text{int}(n)$ und
$n_2 = n - n_1$

gelten soll, so ist der auf den Zeitraum n_2 entfallende anteilige Zinsbetrag als

$$X = K_{n_1+n_2} - K_{n_1} \tag{1.9}$$

definiert. Setzt man Gleichung (1.8) ein, so erhält man

$$\begin{aligned} X &= K_0(1+i)^{n_1+n_2} - K_0(1+i)^{n_1} \\ &= K_0(1+i)^{n_1}(1+i)^{n_2} - K_0(1+i)^{n_1} \\ &= K_0(1+i)^{n_1} \cdot ((1+i)^{n_2} - 1) \\ &= K_{n_1} \cdot ((1+i)^{n_2} - 1). \end{aligned}$$

Multiplizieren wir die rechte Seite noch mit $\frac{i}{i}$, so können wir auch

$$X = \frac{(1+i)^{n_2} - 1}{i} \cdot iK_{n_1} \tag{1.10}$$

schreiben. Diese Darstellung erlaubt es uns, folgendes festzustellen: Bei reiner Zinseszinsrechnung ermittelt man den zeitanteiligen Zinsbetrag für Fristen, die kürzer als ein Jahr sind, indem man den Zinsbetrag für das gesamte Jahr (iK_{n_1}) mit dem Faktor $[(1+i)^{n_2} - 1]/i$ multipliziert. Dies entspricht nicht der oben als „natürlich" bezeichneten Vorgehensweise bei einfacher Zinsrechnung. Vielmehr wird der Kapitalgeber relativ schlechter gestellt. Es gilt nämlich für positive Zinssätze immer die Relation

$$\frac{(1+i)^{n_2} - 1}{i} < n_2,$$

ohne daß wir das hier förmlich beweisen wollen.

Woran uns aber gelegen sein muß, ist die Frage, ob die für die Zinseszinsrechnung charakteristische Methode zeitanteiliger Zinsverrechnung ökonomisch sinnvoll ist oder nicht. Hilfreich hierfür mag das folgende Beispiel sein.

Beispiel 7: Gerda besitzt 1000 DM und will diesen Betrag für ein Jahr anlegen. Als Zinssatz wird ihr 10% p.a. geboten. Wie hoch ist ihr Kapital nach einem Jahr, wenn sie folgenden „Trick" anstellt? Sie hebt ihr Kapital nach einem halben Jahr vom Sparbuch ab und legt ihn unmittelbar danach für ein weiteres halbes Jahr an. Man berechne das Endkapital nach einem Jahr, wenn

(a) einfache Zinsen,
(b) Zinseszinsen verrechnet werden.

Lösung:

(a) $K_{0,5} = 1000{,}00 \cdot (1 + 0{,}5 \cdot 0{,}1) = 1050{,}00$
$K_1 \;\; = 1050{,}00 \cdot (1 + 0{,}5 \cdot 0{,}1) = 1102{,}50$
Gerda erreicht mit Hilfe ihres Tricks eine Verzinsung von mehr als 10%.

(b) $K_{0,5} = 1000{,}00 \cdot 1{,}1^{0,5} = 1048{,}81$
$K_1 \;\; = 1048{,}81 \cdot 1{,}1^{0,5} = 1100{,}00$
Gerdas Trick bleibt ohne Folgen. Sie erreicht genau die zugesagte Verzinsung von 10% p.a.

Das Beispiel zeigt, daß in der zeitanteiligen Verrechnung wie sie für die einfache Zinsrechnung typisch ist, ein „ökonomischer Denkfehler" steckt, den man wie folgt präzisieren kann: Falls jemand ein Kapital für ein Jahr ausleiht, so erhält er am Jahresende den vollen Zinsbetrag. Leiht er das Kapital nur für ein halbes Jahr aus, so müßte er am Jahresende den halben Zinsbetrag bekommen. Zahlt man den halben Zinsbetrag früher, nämlich in der Jahresmitte aus, so kann man aus der Wiederanlage der Zinsen einen Vorteil ziehen. Diese Möglichkeit entfällt, wenn die „zu frühe" Auszahlung des halben Zinsbetrags in der Weise bestraft wird, daß dieser Betrag um ein halbes Jahr diskontiert (abgezinst) wird. Genau dies erfolgt bei der für die Zinseszinsrechnung typischen Form zeitanteiliger Zinsverrechnung. Zugleich bedeutet das aber, daß bei Laufzeiten von weniger als einem Jahr die einfache Zinsrechnung zu höherem Endkapital führt als die reine Zinseszinsrechnung (vgl. *Abbildung 1-3*).

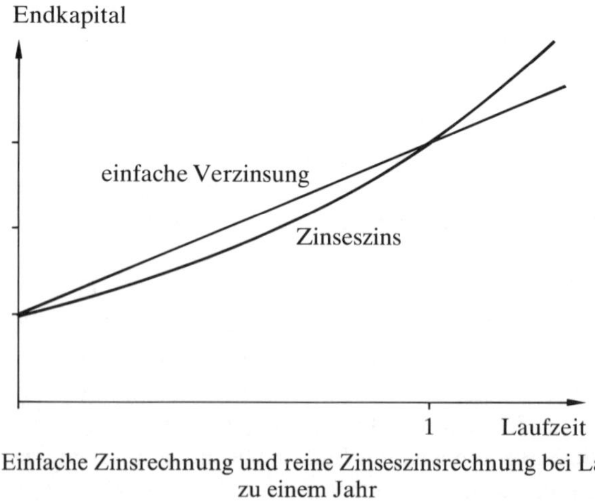

Abb. 1-3: Einfache Zinsrechnung und reine Zinseszinsrechnung bei Laufzeiten bis zu einem Jahr

1.3.2.2. Berechnung von Anfangskapital, Zinssatz und Laufzeit

Wir hatten uns im vorigen Abschnitt klar gemacht, daß Gleichung (1.8) sich zur Berechnung des Endkapitals bei Zinseszinsen eignet, wenn Anfangskapital, Zinssatz und Laufzeit gegeben sind. Ist das Anfangskapital gesucht, so ist (1.8) nach K_0 aufzulösen. Zu diesem Zweck dividiert man die Gleichung durch q^n und erhält

$$K_0 = \frac{K_n}{q^n}$$

oder, weil

$$\frac{1}{q^n} = q^{-n}$$

auch die bequemere Schreibweise

$$K_0 = K_n \, q^{-n} \tag{1.11}$$

> **Beispiel 8:** Wieviel muß Heinrich heute anlegen, wenn er bei 6% p.a. Zinseszins in acht Jahren über 1000 DM verfügen will?
>
> Lösung: $K_0 = 1000 \cdot 1{,}06^{-8} = 627{,}41$

Der Faktor, mit dem man das Endkapital zu multiplizieren hat, um das Anfangskapital zu berechnen, ist q^{-n}. Man nennt ihn Abzinsungsfaktor oder auch Diskontierungsfaktor. Es handelt sich um den Kehrwert des Aufzinsungsfaktors. *Tabelle 1-3* vermittelt einen Eindruck davon, welche Größenordnungen die Abzinsungsfaktoren annehmen, wenn man mit gängigen Zinssätzen und Laufzeiten arbeitet.

Will man den Zinssatz berechnen, so ist Gleichung (1.8) nach i aufzulösen. Als Ausgangspunkt benutzt man (1.8) in der Form

$$K_n = K_0 \cdot (1+i)^n$$

Dividieren durch K_0 und anschließendes Wurzelziehen führt zu

$$i = \sqrt[n]{\frac{K_n}{K_0}} - 1. \tag{1.12}$$

> **Beispiel 9:** Imke möchte wissen, zu welchem Zinssatz sie 1000 DM anlegen muß, damit sie in sieben Jahren den doppelten Betrag besitzt.

Tab. 1-3: Abzinsungsfaktoren für ausgewählte Zinssätze und Laufzeiten

n	2,50%	5,00%	7,50%	10,00%
1	0,97561	0,95238	0,93023	0,90909
2	0,95181	0,90703	0,86533	0,82645
3	0,92860	0,86384	0,80496	0,75131
4	0,90595	0,82270	0,74880	0,68301
5	0,88385	0,78353	0,69656	0,62092
6	0,86230	0,74622	0,64796	0,56447
7	0,84127	0,71068	0,60275	0,51316
8	0,82075	0,67684	0,56070	0,46651
9	0,80073	0,64461	0,52158	0,42410
10	0,78120	0,61391	0,48519	0,38554
20	0,61027	0,37689	0,23541	0,14864
30	0,47674	0,23138	0,11422	0,05731
40	0,37243	0,14205	0,05542	0,02209
50	0,29094	0,08720	0,02689	0,00852

Lösung:

$$i = \sqrt[7]{\frac{2000}{1000}} - 1 = 0{,}1041.$$

Schließlich kann noch die Berechnung der Laufzeit von Interesse sein. Dazu gehen wir von (1.8) in der Form

$$K_n = K_0 \, q^n$$

aus. Um n zu ermitteln, dividiert man durch K_0 und logarithmiert anschließend die Gleichung. Das führt zu

$$\ln q^n = \ln \frac{K_n}{K_0}.$$

Da nach den Rechenregeln des Logarithmierens

$$\ln q^n = n \ln q$$

ist, kann man auch

$$n \ln q = \ln \frac{K_n}{K_0}$$

schreiben. Dividieren durch $\ln q$ führt endlich zu der gesuchten Formel für die Laufzeit

$$n = \frac{\ln \frac{K_n}{K_0}}{\ln q}. \tag{1.13}$$

Beispiel 10: Jakob bekommt bei der Bank 4% p.a. Zinsen. Er hat 9000 DM und spart für ein Auto, das seiner Vorstellung nach 10000 DM kosten soll. Wie lange muß er sparen?

Lösung:

$$n = \frac{\ln\left(\frac{10000}{9000}\right)}{\ln 1{,}04} = \frac{0{,}1054}{0{,}0392} = 2{,}68.$$

1.3.3. Gemischte Zinsrechnung

Gemischte Zinsrechnung und reine Zinseszinsrechnung unterscheiden sich nur dann voneinander, wenn gebrochene Laufzeiten auftreten, wenn also die Laufzeit kein ganzzahliges Vielfaches der Zinsperiode ist, oder noch anders gesagt: wenn n keine natürliche Zahl ist.

1.3.3.1. Berechnung des End- und des Anfangskapitals

Grundsätzlich spalten wir die Laufzeit in solchen Fällen in die beiden Komponenten $n_1 = \text{int}(n)$ und $n_2 = n - n_1$ auf. Bis zum Zeitpunkt n_1 rechnet man nun das Endkapital zunächst ebenso wie bei reiner Zinseszinsrechnung aus. Das Endkapital entwickelt sich dabei wie folgt:

$$\begin{aligned}
K_1 &= K_0 \cdot (1+i) \\
K_2 &= K_0 \cdot (1+i)^2 \\
K_3 &= K_0 \cdot (1+i)^3 \\
&\vdots \\
K_{n_1} &= K_0 \cdot (1+i)^{n_1}
\end{aligned} \tag{1.14}$$

Nun fallen noch Zinsen für das angebrochene restliche Jahr der Laufzeit an, für das Zeitintervall mit der Länge n_2. Hier verwendet man – anders als bei reiner Zinseszinsrechnung – das von der einfachen Zinsrechnung her bekannte Konzept. Mit anderen Worten: vom Jahresbetrag des $(n_1 + 1)$-ten Jahres wird ein Anteil vergütet, der sich proportional zur Zeit verhält. Dieser anteilige Zinsbetrag beläuft sich mithin auf

$$K_{n_1+n_2} - K_{n_1} = n_2 \cdot i K_{n_1}. \tag{1.15}$$

Setzt man Gleichung (1.14) ein und löst nach K_n auf, so erhält man folgende Formel zur Berechnung des Endkapitals bei gemischter Verzinsung:

$$K_n = K_0 (1+i)^{n_1} (1 + n_2 i)$$
$$\text{mit} \quad n_1 = \text{int}(n)$$
$$n_2 = n - n_1 \tag{1.16}$$

Gemischte Verzinsung ist in der Bankpraxis üblich. So erfolgt etwa die Verzinsung von Sparguthaben genau nach diesem Muster. Am Ende eines Kalenderjahres werden Zinsen gutgeschrieben und von diesem Zeitpunkt an mitverzinst. Für Festlegungsdauern, die kleiner als ein Jahr sind, werden dagegen „nur" einfache Zinsen vergütet.

Das Wörtchen „nur" steht im vorigen Satz deswegen in Anführungsstrichen, weil das Endkapital bei gemischter Verzinsung – jedenfalls dann, wenn man es mit gebrochenen Laufzeiten zu tun hat, – stets etwas höher ist als bei reiner Zinseszinsrechnung, vgl. Beispiel 11.

Beispiel 11: Lena legt 400 DM für vier Jahre und 6 Monate zu 10% p.a. an. Wie hoch ist ihr Kapital

(a) bei reiner Zinseszinsrechnung,
(b) bei gemischter Verzinsung?

Lösung:

(a) $K_{4,5} = 400 \cdot 1{,}1^{4,5} = 614{,}22$
(b) $K_{4,5} = 400 \cdot 1{,}1^{4} \cdot (1 + 0{,}5 \cdot 0{,}1) = 614{,}92$

Dieser Effekt läßt sich auch zeichnerisch recht gut veranschaulichen. Stellt man nämlich das Endkapital als Funktion der Laufzeit gemäß Gleichung (1.16) graphisch dar, so erhält man eine stückweise lineare Funktion, die stetig ist und streng monoton steigt. Sie berührt die Exponentialfunktion der reinen Zinseszinsrechnung (vgl. *Abbildung 1-2*) genau in ihren Knickstellen. Diese liegen immer dort, wo die Laufzeit gerade ein ganzes Vielfaches eines Jahres ist. Für alle anderen Laufzeiten besitzt sie dagegen größere Funktionswerte, so daß die Kurve der gemischten Verzinsung dort immer über der Zinseszinskurve liegt (vgl. *Abbildung 1-4*).

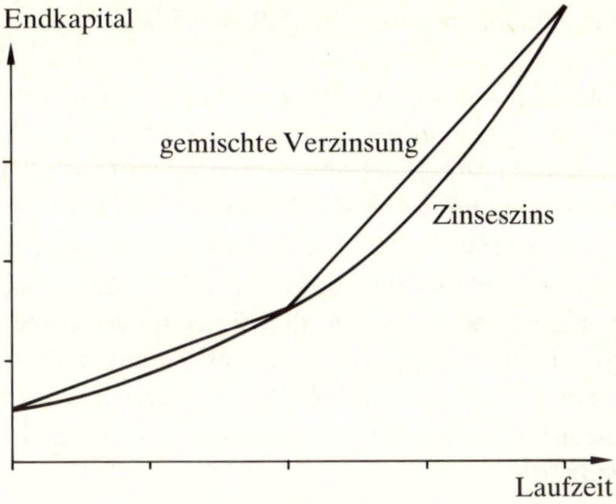

Abb. 1-4: Endkapital in Abhängigkeit von der Laufzeit bei reiner Zinseszinsrechnung und bei gemischter Verzinsung

Der absolute Unterschied zwischen dem Endkapital bei reiner Zinseszinsrechnung und bei gemischter Verzinsung ist verhältnismäßig bescheiden. Graphisch deutlich sichtbar machen kann man ihn daher nur, wenn man enorm hohe Zinssätze benutzt. Um die Jahresmitte herum fällt der Unterschied, wie auch *Abbildung 1-4* erkennen läßt, besonders hoch aus. Gegen Jahresanfang und Jahresende wird er wieder kleiner. Der Zeitpunkt, an dem der Unterschied zwischen beiden Formen der Endkapitalberechnung am größten wird, liegt immer etwas jenseits der Jahresmitte, und zwar um so weiter, je höher der Zinssatz ist. Jedoch erscheint es nicht notwendig, diese Zusammenhänge hier noch weiter zu vertiefen.

Das Anfangskapital zu berechnen, bereitet keine besonderen Schwierigkeiten, da sich Gleichung (1.16) leicht nach K_0 auflösen läßt. Man erhält

$$K_0 = \frac{K_n}{(1+i)^{n_1}(1+n_2 i)}. \tag{1.17}$$

Zur Veranschaulichung mag das folgende Zahlenbeispiel dienen.

Beispiel 12: Michael will in drei Jahren und 7 Monaten über 10000 DM verfügen und bekommt bei seiner Bank Zinsen in Höhe von 5,25% p.a. Wieviel muß er bei gemischter Verzinsung heute anlegen?

Lösung:

$$K_0 = \frac{10000}{1{,}0525^3 \cdot (1+0{,}5833 \cdot 0{,}0525)} = 8322{,}10.$$

1.3.3.2. Berechnung des Zinssatzes

Die Ermittlung des Zinssatzes bei gegebenem Anfangskapital, gegebenem Endkapital und gegebener Laufzeit ist methodisch ungleich schwieriger, weil sich die Endkapitalgleichung (1.16) nicht allgemein nach i auflösen läßt. Man kann daher keine explizite Gleichung für den Zinssatz schreiben, wie das bei einfacher Zinsrechnung und Zinseszinsrechnung möglich war. Wir müssen uns darauf beschränken, den Zinssatz näherungsweise zu berechnen, können dies allerdings mit beliebiger Genauigkeit tun. Probleme solcher Art hat man in der Finanzmathematik recht häufig, wir begegnen ihm aber an dieser Stelle unseres Buches zum ersten Mal und werden uns aus diesem Grunde ein wenig ausführlicher damit auseinandersetzen.

Formal geht es darum, denjenigen Zinssatz i zu finden, der die Gleichung

$$K_n = K_0(1+i)^{n_1}(1+n_2\, i)$$

$$\text{mit} \quad n_1 = \mathrm{int}(n)$$

$$n_2 = n - n_1 \qquad (1.16)$$

erfüllt, wenn K_0, K_n und n gegeben sind.

Beispiel 13: Nicole will wissen, zu welchem Zinssatz sie 100 DM anlegen muß, damit daraus bei gemischter Verzinsung innerhalb von 4 Jahren und 3 Monaten 150 DM geworden sind.

Wenn man genügend Zeit hat und die Mühe nicht scheut, so könnte man mit verschiedenen Zinssätzen so lange herumprobieren, bis man einen gefunden hat, bei dem Gleichung (1.16) genügend genau erfüllt ist. Im Einzelfall mag ein derartiges Vorgehen zum Erfolg führen. Überzeugend ist es nicht, und die angewandte Mathematik kennt eine ganze Reihe von Verfahren, mit denen man sehr viel besser zum Ziel kommt. Man muß nur in den richtigen „Instrumentenkasten" greifen.

Zu diesem Zweck formen wir Gleichung (1.16) in der Weise um, daß wir auf beiden Seiten der Gleichung das Endkapital K_n subtrahieren. Dann entsteht eine neue Funktion. Wir schreiben f(i) in der Form[1]

$$f(i) = -K_n + K_0(1+i)^{n_1}(1+n_2\, i) \qquad (1.18)$$

In dieser etwas veränderten Darstellung besteht unser Problem darin, denjenigen Wert von i zu bestimmen, der die Funktion f(i) genau den Wert null annehmen läßt. In den Lehrbüchern zur angewandten Mathe-

---

[1] Lies „f von i".

matik werden solche Probleme im Kapitel Nullstellenbstimmung von Funktionen behandelt. Das ist gleichermaßen das Etikett auf dem „Instrumentenkasten".

Wie bereits gesagt, haben die Mathematiker viele Verfahren zur Nullstellenbestimmung von Funktionen, und das ist auch notwendig, weil es sehr unterschiedliche Arten von Funktionen gibt, die man entsprechend differenziert behandeln muß. Die Funktionen, mit denen wir es in der Finanzmathematik zu tun haben, sind ausgesprochen „gutmütig". In aller Regel – und dies trifft auch für die Funktion (1.18) zu – sind sie stetig, monoton wachsend oder monoton fallend und differenzierbar (vgl. *Abbildung 1-5*). All dies sind äußerst günstige Voraussetzungen für die Nullstellenbestimmung. Es ist daher völlig ausreichend, wenn man ein Standardverfahren zur Nullstellenbestimmung auswählt.

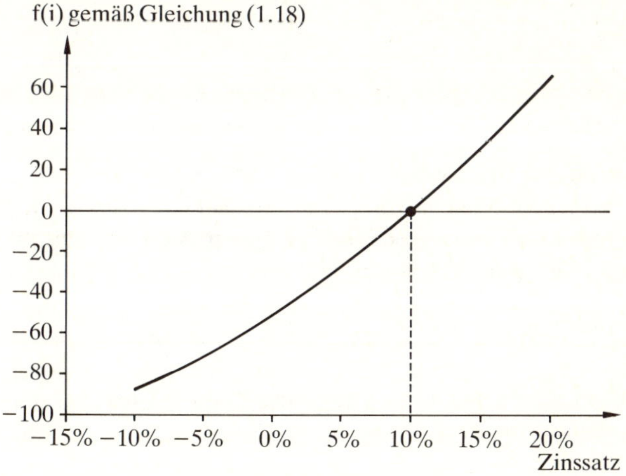

Abb. 1-5: Zinssatzberechnung bei gemischter Verzinsung

Eine der bekanntesten Methoden ist *Newtons* Tangentenverfahren, das im Anhang genauer erläutert und begründet wird. Es handelt sich um ein Iterationsverfahren, das die gesuchte Lösung beginnend mit einem Versuchswert schrittweise verbessert. Wenn i_k der Wert ist, den i beim k-ten Verbesserungsschritt erhalten hat, so berechnet man den (k+1)-ten Wert aus *Newtons* Gleichung

$$i_{k+1} = i_k - \frac{f(i_k)}{f'(i_k)}. \tag{1.19}$$

Dabei ist $f(i_k)$ der Wert, den die Funktion f(i) annimmt, wenn $i = i_k$ ist, und $f'(i_k)$ ist der Wert der ersten Ableitung der Funktion an der gleichen

Stelle. Um unser Problem mit *Newtons* Methode zu lösen, benötigen wir also die erste Ableitung der Funktion f(i) nach i. Gehen wir zu diesem Zweck von Gleichung (1.18) aus und multiplizieren aus. Dann erhalten wir

$$f(i) = -K_n + K_0(1+i)^{n_1} + K_0(1+i)^{n_1} \cdot n_2\, i.$$

Bilden wir nun die erste Ableitung nach i, so ergibt sich unter Beachtung der Produktregel

$$f'(i) = n_1\, K_0(1+i)^{n_1-1} + n_1\, K_0(1+i)^{n_1-1} n_2\, i + K_0(1+i)^{n_1} n_2$$

oder nach geeigneter Umformung

$$f'(i) = (1+i)^{n_1} K_0 \cdot \left(\frac{n_1(1+n_2\, i)}{1+i} + n_2\right). \qquad (1.20)$$

Damit haben wir die wichtigsten Vorbereitungen abgeschlossen und können uns schon an die Lösung unseres Beispielsproblems heranwagen.

Wir beginnen mit der Feststellung $K_0 = 100$, $K_n = 150$, $n = 4{,}25$, $n_1 = 4$, $n_2 = 0{,}25$ und benötigen einen ersten Versuchswert für i. Willkürlich benutzen wir 5%, also $i_0 = 0{,}05$, setzen diesen Wert in Gleichung (1.18) ein und ermitteln einen Funktionswert von

$$f(0{,}05) = -150 + 100 \cdot 1{,}05^4 \cdot (1 + 0{,}25 \cdot 0{,}05) = -26{,}93$$

Anschließend setzen wir i_0 in Gleichung (1.20) ein und berechnen den Wert der ersten Ableitung mit

$$f'(0{,}05) = 1{,}05^4 \cdot 100 \cdot \left(\frac{4 \cdot (1 + 0{,}25 \cdot 0{,}05)}{1{,}05} + 0{,}25\right) = 499{,}23.$$

Für die erste Verbesserung bekommt man durch Einsetzen in *Newtons* Gleichung (1.19)

$$i_1 = 0{,}05 - \frac{-26{,}93}{499{,}23} = 0{,}1039.$$

Diesen Wert setzen wir wieder in Gleichung (1.18) ein, dieses Mal mit dem Ergebnis

$$f(0{,}1039) = -150 + 100 \cdot 1{,}1039^4 \cdot (1 + 0{,}25 \cdot 0{,}1039) = 2{,}38.$$

Die erste Ableitung nimmt jetzt den Wert

$$f'(0{,}1039) = 1{,}1039^4 \cdot 100 \cdot \left(\frac{4 \cdot (1 + 0{,}25 \cdot 0{,}1039)}{1{,}1039} + 0{,}25\right) = 589{,}26$$

an. Somit erhalten wir durch Einsetzen der neuen Werte in *Newtons* Gleichung die zweite Verbesserung mit

$$i_2 = 0{,}1039 - \frac{2{,}38}{589{,}26} = 0{,}0999.$$

Neuerliches Einsetzen in die Funktionsgleichung (1.18) bringt uns zu dem Ergebnis

$$f(0{,}0999) = -150 + 100 \cdot 1{,}0999^4 \cdot (1 + 0{,}25 \cdot 0{,}0999) = 0{,}01.$$

Das ist nahe genug bei Null. Also brechen wir das Approximationsverfahren ab und stellen fest, daß der gesuchte Zinssatz (ungefähr) i = 9,99% ist.

Fassen wir die Ergebnisse unserer schrittweisen Berechnung systematisch zusammen, so erhalten wir *Tabelle 1-4*.

Tab. 1-4: Iterative Berechnung des Zinssatzes bei gemischter Verzinsung mit Hilfe von *Newtons* Methode

k	i_k	$f(i_k)$ gem. Gl. (1.18)	$f'(i_k)$ gem. Gl. (1.20)
1	0,0500	−26,93	499,23
2	0,1039	2,38	589,26
3	0,0999	0,01	

Offensichtlich können wir den Rechenaufwand reduzieren, wenn wir das Iterationsverfahren mit einem geeigneten ersten Versuchswert für i beginnen. Je näher die erste Abschätzung an der tatsächlichen Lösung liegt, um so weniger Aufwand muß man mit Verbesserungen betreiben. In Beispiel 11 hatten wir gesehen, daß die betragsmäßigen Unterschiede bei der Berechnung des Endkapitals unter der Voraussetzung gemischter Zinsen gegenüber der Endkapitalberechnung unter der Voraussetzung reiner Zinseszinsen verhältnismäßig klein sind. Daher liegt es nahe, den ersten Versuchswert für i mit Hilfe von Gleichung (1.12) zu ermitteln. Bei Verwendung dieser Vorgehensweise lautet das Rechenverfahren zur Ermittlung des Zinssatzes bei gemischter Verzinsung schließlich

$$i_{k+1} = i_k - \frac{f(i_k)}{f'(i_k)} \qquad (1.21)$$

mit $f(i)$ wie in Gleichung (1.18)
$f'(i)$ wie in Gleichung (1.20)
i_0 wie in Gleichung (1.12)

Rechnen wir Nicoles Problem mit diesem Ansatz durch, so sind wir bereits mit dem ersten Iterationsschritt am Ziel, denn die Abschätzung des gesuchten Zinssatzes mit Hilfe von Gleichung (1.12) ist sehr nahe an der eigentlichen Lösung (vgl. *Tabelle 1-5*).

Tab. 1-5: Iterative Berechnung des Zinssatzes bei gemischter Verzinsung mit Hilfe von *Newtons* Methode und Abschätzung des ersten Versuchswerts mit Hilfe reiner Zinseszinsrechnung

k	i_k	$f(i_k)$ gem. Gl. (1.18)	$f'(i_k)$ gem. Gl. (1.20)
0	0,1001	0,13	582,49
1	0,0999	0,00	

1.3.3.3. Berechnung der Laufzeit

Ähnliche Schwierigkeiten wie mit der Zinssatzberechnung hat man bei gemischter Verzinsung, wenn man sich die Aufgabe stellt, die Laufzeit zu ermitteln, die zu gegebenem Anfangskapital, gegebenem Endkapital und gegebenem Zinssatz gehört. Diese Schwierigkeiten entstehen dadurch, daß Gleichung (1.16) nicht ohne weiteres nach n aufgelöst werden kann. Trotzdem ist es möglich, eine explizite Formel für die Laufzeitberechnung anzugeben. Um sie zu entwickeln, beginnen wir mit der Definition

$$n = n_1 + n_2 \quad \text{mit } 0 \leq n_2 < 1 \qquad (1.22)$$

und der Feststellung, daß n_1 eine natürliche Zahl ist. Sodann unterstellen wir für einen Moment, daß wir n_1 bereits kennen, und lösen Gleichung (1.16) nach n_2 auf. Die Gleichung lautete

$$K_n = K_0(1+i)^{n_1}(1+n_2 i) \qquad (1.16)$$

Dividieren durch $K_0(1+i)^{n_1}$ ergibt

$$1 + n_2 i = \frac{K_n}{K_0(1+i)^{n_1}}$$

und daraus entsteht rasch

$$n_2 = \frac{1}{i} \cdot \left(\frac{K_n}{K_0(1+i)^{n_1}} - 1 \right). \tag{1.23}$$

Zur Berechnung von n_1 benutzen wir folgende Überlegung. Es muß immer

$$n_1 \leq n < n_1 + 1$$

sein. Die gesuchte Laufzeit ist entweder eine natürliche Zahl ($n_1 = n$). Oder sie ist eine reelle Zahl ($n_1 < n$). Dann aber ist n kleiner als die auf n_1 folgende natürliche Zahl.

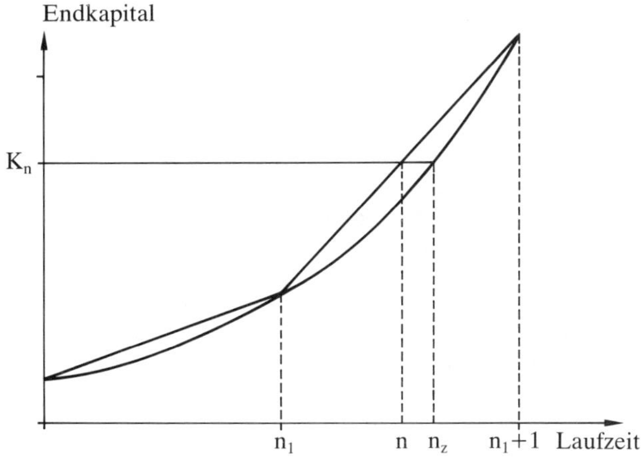

Abb. 1-6: Laufzeitberechnung bei gemischter Verzinsung

Betrachten wir nun *Abbildung 1-6*. Dort sieht man ähnlich wie in *Abbildung 1-4* die Endkapitalfunktionen in Abhängigkeit von der Laufzeit bei Zinseszins und bei gemischter Verzinsung. Gibt man nun ein bestimmtes Endkapital vor, so lassen sich offenkundig zwei Fälle unterscheiden.

Fall 1: n ist eine natürliche Zahl. Dann ist die Laufzeit bei reiner Zinseszinsrechnung (n_z) ebenso groß wie die Laufzeit bei gemischter Verzinsung (n). Beide Kurven berühren sich in einer Knickstelle, und es muß

$$n_z = n = n_1$$

gelten. Da sich die Laufzeit bei reiner Zinseszinsrechnung (n_z) aus Gleichung (1.13) berechnen läßt, können wir auch n_1 berechnen, und es heißt

$$n_1 = \frac{\ln \frac{K_n}{K_0}}{\ln q}$$

Fall 2: n ist keine natürliche Zahl. Dann muß die Laufzeit bei reiner Zinseszinsrechnung (n_z) größer sein als die Laufzeit bei gemischter Verzinsung (n). Wir befinden uns zwischen zwei Knickstellen, und es muß

$$n_1 < n < n_z < n_1 + 1$$

gelten. n_z liegt in diesem Fall notwendigerweise zwischen zwei benachbarten natürlichen Zahlen, von denen wir die kleinere berechnen wollen. Dies gelingt uns offenkundig, wenn wir

$$n_1 = \text{int}\left(\frac{\ln \frac{K_n}{K_0}}{\ln q}\right) \tag{1.24}$$

verwenden. Diesen Ansatz hätten wir auch im Fall 1 benutzen dürfen, nur ist die Integerfunktion dort überflüssig, weil n_z voraussetzungsgemäß bereits eine natürliche Zahl ist.

Damit sind wir am Ende unserer Überlegungen und können die fertige Gleichung zur Berechnung der Laufzeit bei gemischter Verzinsung schreiben. Wir setzen einfach (1.23) und (1.24) in Gleichung (1.22) ein und erhalten so

$$n = \text{int}\left(\frac{\ln \frac{K_n}{K_0}}{\ln q}\right) + \frac{1}{i} \cdot \left(\frac{K_n}{K_0(1+i)^{n_1}} - 1\right). \tag{1.25}$$

Zur Veranschaulichung des Rechenganges benutzen wir das folgende

Beispiel 14: Oskar besitzt 789,74 DM und hat von seiner Bank einen Zinssatz von 4,25% p.a. bei gemischter Verzinsung angeboten bekommen. Wie lange muß er sparen, um auf ein Endkapital von 1000 DM zu kommen?

Lösung:

Zunächst ist n_1 zu berechnen, und zwar nach Gleichung (1.24). Man erhält

$$n_1 = \text{int}\left(\frac{\ln \dfrac{1000}{789{,}74}}{\ln 1{,}0425}\right) = \text{int}(5{,}6713) = 5.$$

Danach ergibt sich n_2 gemäß Gleichung (1.23) mit

$$n_2 = \frac{1}{0{,}0425} \cdot \left(\frac{1000}{789{,}74 \cdot 1{,}0425^5} - 1\right) = 0{,}667.$$

Die Laufzeit beträgt daher insgesamt

$$n = 5 + 0{,}667 = 5{,}667$$

Jahre. Das sind exakt 5 Jahre und 8 Monate.

1.4. Unterjährliche Verzinsung

Im vorangehenden Abschnitt haben wir uns ausführlich mit allen Formen der Zinsrechnung vertraut gemacht. Dabei sind wir allerdings immer vom Standardfall der nachschüssigen jährlichen Verzinsung ausgegangen. Die Zinssätze, die wir bisher benutzt haben, waren immer auf die Zinsperiode eines Jahres normiert. Im folgenden werden wir mit kürzeren Zinsperioden arbeiten, beispielsweise mit Halbjahren (Semestern), Quartalen, Monaten oder sogar Tagen. Wir werden mit unterjährlichen Zinssätzen rechnen. Kapitalgeber und Kapitalnehmer vereinbaren also beispielsweise einen Zinssatz von 0,5% pro Monat oder einen Zinssatz von 1,25% je Quartal.

Um mit unterjährlichen Zinsen rechnen zu können, braucht man drei zusätzliche Symbole, und zwar

m := Anzahl der Zinsperioden je Jahr
  wenn Zinsperiode = 1 Tag, dann $m = 360$
  wenn Zinsperiode = 1 Monat, dann $m = 12$
  wenn Zinsperiode = 1 Quartal, dann $m = 4$
  wenn Zinsperiode = 1 Semester, dann $m = 2$

j := unterjährlicher (auf die Zinsperiode bezogener) Zinssatz
N := Laufzeit der Kapitalanlage, gemessen in Zinsperioden.

1.4.1. Die analoge Übertragung der Berechnungsformeln zur jährlichen Verzinsung

Mit unterjährlichen Zinsen zu rechnen ist ebenso einfach (oder schwierig) wie mit jährlichen Zinsen. Man muß sich eigentlich nur eines klar machen: An die Stelle des Jahres tritt jetzt allgemein die Zinsperiode. Die Laufzeit wird nicht mehr in Jahren gemessen, sondern in Zinsperioden. Wenn die Laufzeit (gemessen in Jahren) $n=4{,}3$ beträgt und als Zinsperiode das Quartal benutzt wird, so beläuft sich die Laufzeit (gemessen in Quartalen) auf $N=4\cdot n=17{,}2$. Die wichtigste Gleichung im Zusammenhang mit der unterjährlichen Verzinsung lautet daher einfach

$$N=m\cdot n. \tag{1.26}$$

Unter Zuhilfenahme dieser grundlegenden Gleichung können wir alle im Kapitel über jährliche Verzinsung angegebenen Gleichungen und Berechnungsprozeduren leicht analog auf den Fall der unterjährlichen Verzinsung übertragen. Dabei ist nur folgendes Muster zu befolgen:

an die Stelle von n tritt N und
an die Stelle von i tritt j.

Das ist alles.

Die Formel zur Berechnung des Endkapitals bei einfachen jährlichen Zinsen lautete

$$K_n=K_0\cdot(1+n\,i). \tag{1.2}$$

Im Falle der unterjährlichen Verzinsung wird daraus

$$\boxed{K_N=K_0\cdot(1+Nj)}\,, \tag{1.27}$$

und schon ist man fertig.

Hat man die Absicht, das Anfangskapital, den Zinssatz oder die Laufzeit zu berechnen, so ist Gleichung (1.27) nach K_0, j oder N aufzulösen. Das können wir uns hier ersparen und auf die entsprechenden Gleichungen aus dem vorangehenden Kapitel verweisen[2].

Wollte man das Endkapital unter Berücksichtigung von Zinseszinsen bei jährlicher Verzinsung berechnen, so mußte man die Formel

$$K_n=K_0\cdot(1+i)^n \tag{1.8}$$

[2] Vgl. Gleichungen (1.5), (1.6) und (1.7).

benutzen. Daraus wird bei unterjährlicher Verzinsung

$$\boxed{K_N = K_0 \cdot (1 + j)^N}, \qquad (1.28)$$

und wieder ist man bereits fertig.

Auch im Rahmen des Zinseszinsmodells verzichten wir darauf, die Endkapitalformel (1.28) nach K_0, j und N aufzulösen. Stattdessen verweisen wir auf die entsprechenden Ergebnisse im Kapitel über die jährliche Verzinsung[3].

Die analoge Übertragung führt auch bei gemischter Verzinsung schnell zum Ziel. Im Falle der jährlichen Verzinsung lautete die Formel zur Berechnung des Endkapitals

$$K_n = K_0(1 + i)^{n_1}(1 + n_2\, i) \qquad (1.16)$$
$$\text{mit} \quad n_1 = \text{int}(n)$$
$$n_2 = n - n_1$$

Ersetzt man i durch j sowie n durch N, dann heißt es bei unterjährlicher Verzinsung

$$\boxed{\begin{aligned} &K_N = K_0(1 + j)^{N_1}(1 + N_2\, j) \\ &\text{mit} \quad N_1 = \text{int}(N) \\ &\qquad\quad N_2 = N - N_1 \end{aligned}}, \qquad (1.29)$$

und wir sind wieder fertig.

Wegen der Berechnung des Anfangskapitals, des Zinssatzes und der Laufzeit wird auf die entsprechenden Formeln bei jährlicher Verzinsung hingewiesen[4]. Sie sind analog anzuwenden.

Beispiel 15: Petra hat 4000 DM und bekommt einen Zinssatz von 1,875% je Quartal geboten. Wie groß ist ihr Kapital nach 4 Jahren und 10 Monaten bei

(a) einfacher Verzinsung,
(b) Zinseszins,
(c) gemischter Verzinsung?

[3] Vgl. Gleichungen (1.11), (1.12), (1.13).
[4] Vgl. Gleichungen (1.17), (1.21), (1.25).

Lösung:

Zunächst ist die Laufzeit (in Jahren) zu berechnen, danach die Laufzeit in Quartalen. Das ergibt:

$$n=4+\frac{10}{12}=4{,}833, \qquad N=4\cdot 4{,}833=19{,}333$$

Danach wendet man die Gleichungen (1.27), (1.28) and (1.29) an und erhält

(a) $K_N=4000\cdot(1+19{,}333\cdot 0{,}01875)=5450$
(b) $K_N=4000\cdot 1{,}01875^{19{,}333}=5728{,}41$
(c) $K_N=4000\cdot 1{,}01875^{19}\cdot(1+0{,}333\cdot 0{,}01875)=5728{,}63$

Beispiel 16: René besitzt heute ein Kapital in Höhe von 1000 DM, und er will in 10 Monaten 1050 DM haben. Welchen Zinssatz pro Halbjahr muß er bekommen, um dieses Ziel zu erreichen, wenn

(a) einfache Zinsen,
(b) Zinseszinsen, (1.16)
(c) gemischte Zinsen gerechnet werden?

Lösung:

Die Laufzeit (in Jahren) beträgt $n=10/12=0{,}833$; gemessen in Halbjahren beläuft sie sich auf $N=2\cdot 0{,}833=1{,}667$. Nun sind die Gleichungen (1.6), (1.12) und (1.21) sinngemäß anzuwenden. Man erhält die folgenden Ergebnisse:

(a) $j=\dfrac{1050-1000}{1{,}667\cdot 1000}=0{,}03$

(b) $j=\sqrt[1{,}667]{\dfrac{1050}{1000}}-1=0{,}02971$

(c) Bei gemischter Verzinsung ist (1.21) analog anzuwenden. Hierbei handelt es sich um ein Iterationsverfahren, das auf (1.18) und auf (1.20) zurückgreift. Übersetzt man auch diese Gleichungen analog auf den Fall der unterjährlichen Verzinsung, so lauten sie

$$f(j)=-K_N+K_0(1+j)^{N_1}(1+N_2\,j)$$

sowie

$$f'(j)=(1+j)^{N_1}K_0\cdot\left(\frac{N_1(1+N_2\,j)}{1+j}+N_2\right).$$

Benutzen wir nun *Newtons* Iterationsverfahren zur Berechnung des Zinssatzes und beginnen mit $j_0 = 0{,}02971$ als erstem Versuchswert, so erhalten wir folgende Ergebnisse.

k	j_k	$f(j_k)$	$f'(j_k)$
0	0,02971	−0,10	−1706,28
1	0,02965	0,00	

Der Halbjahreszinssatz bei gemischter Verzinsung beträgt $j = 2{,}965\%$.

1.4.2. Relativer, nomineller und konformer Zinssatz

In Abschnitt 1.4.1 haben wir gezeigt, daß man sämtliche Gleichungen der Zinsrechnung mit jährlichen Zinssätzen auf die Zinsrechnung mit unterjährlichen Zinssätzen übertragen kann, wenn man zwei einfache Substitutionen vornimmt. An die Stelle des Jahreszinssatzes i tritt der unterjährliche Zinssatz j; und an die Stelle der in Jahren gemessenen Laufzeit n tritt die in Zinsperioden (Halbjahren, Quartalen, Monaten, Wochen, Tagen) gemessene Laufzeit N.

Nun kann man zu genau den gleichen Ergebnissen auch kommen, indem man die Laufzeit unverändert in Jahren mißt und die Zinssätze anpaßt. Diesen – vollkommen ebenbürtigen – Weg werden wir jetzt beschreiben, wobei wir uns allerdings auf den Fall der einfachen Zinsrechnung und den der reinen Zinseszinsrechnung beschränken werden. Die gemischte Verzinsung stellt, wie wir inzwischen wissen, ohnehin nur eine Kombination aus beiden Formen der Zinsverrechnung dar.

Bei den folgenden Betrachtungen setzen wir den unterjährlichen Zinssatz j als gegeben voraus und nehmen uns zum Ziel, den diesem entsprechenden Jahreszinssatz zu bestimmen. Der unterjährliche wird in diesem Zusammenhang oft auch als relativer Zinssatz bezeichnet.

Unter dem nominellen Jahreszinssatz (i) versteht man genau denjenigen, der im Rahmen der einfachen Zinsrechnung dem relativen entspricht, wenn man die Laufzeit nicht in Zinsperioden, sondern in Jahren mißt. Unter Rückgriff auf die Gleichungen (1.2) und (1.27) lautet die Äquivalenzbeziehung

$$K_0(1 + n\,i) = K_0(1 + N\,j).$$

Setzt man für $N = mn$ und löst vorstehende Gleichung nach i auf, so ergibt sich für den nominellen Jahreszinssatz die einfache Formel

$$\boxed{i = m \cdot j} \; . \tag{1.30}$$

Als konformen Jahreszinssatz (i^*) bezeichnet man denjenigen, welcher dem relativen Zinssatz bei reiner Zinseszinsrechnung entspricht. Für die Äquivalenzbeziehung verwenden wir daher die Gleichungen (1.8) und (1.28)

$$K_0(1+i^*)^n = K_0(1+j)^N.$$

Wieder setzt man für $N = mn$ und löst danach nach i^* auf. Für den konformen Jahreszinssatz erhält man auf diese Weise

$$\boxed{i^* = (1+j)^m - 1} \; . \tag{1.31}$$

Um zu kontrollieren, ob man mit Hilfe des Konzepts vom nominellen und konformen Jahreszinssatz zu den gleichen Resultaten gelangt wie mit der zuvor beschriebenen analogen Anwendung der Formeln für die jährliche Verzinsung, betrachten wir das folgende Beispiel.

Beispiel 17: Sabine hat die Möglichkeit, Kapital zu 0,35% pro Monat anzulegen. Sie benötigt in anderthalb Jahren 1000 DM und möchte wissen, wieviel sie heute anlegen muß, wenn

(a) einfache Zinsen,
(b) Zinseszinsen gerechnet werden.

Lösung:

Bei analoger Anwendung der Gleichungen für den Fall jährlicher Verzinsung ist zunächst die Laufzeit in Monaten auszurechnen. Man erhält $N = 12 \cdot 1{,}5 = 18$ Monate.

(a) Sodann ist bei einfacher Zinsrechnung analog zu Gleichung (1.5)

$$K_0 = \frac{1000}{1 + 18 \cdot 0{,}0035} = 940.73 \text{ zu rechnen.}$$

(b) Bei Zinseszinsrechnung erhält man analog zu Gleichung (1.11)

$$K_0 = 1000 \cdot 1{,}0035^{-18} = 939{,}05.$$

Will man die Lösung dagegen mit Hilfe von nominellen und konformen Zinssätzen ermitteln, so ist zunächst der relative Zinssatz umzurechnen. Das ergibt

$$i = 12 \cdot 0{,}0035 = 0{,}042 \quad \text{und}$$
$$i^* = 1{,}0035^{12} - 1 = 0{,}04282.$$

Danach können die Gleichungen (1.5) und (1.11) direkt angewandt werden.

(a) Im Falle einfacher Zinsrechnung führt das auf

$$K_0 = \frac{1000}{1 + 1{,}5 \cdot 0{,}042} = 940{,}73.$$

(b) Bei Zinseszinsrechnung ergibt sich

$$K_0 = 1000 \cdot 1{,}04282^{-1.5} = 939{,}05.$$

Erwartungsgemäß erhält man die gleichen Zahlen wie bei analoger Rechnung.

Nicht bei allen in der Praxis vorkommenden Aufgabenstellungen kann davon ausgegangen werden, daß der relative Zinssatz j gegeben ist. Mitunter ist der konforme Zinssatz bekannt, und man möchte wissen, wie die zu ihm korrespondierenden relativen und nominellen Zinssätze aussehen; oder der nominelle Zinssatz ist gegeben, und man möchte den relativen sowie den konformen Zinssatz ermitteln. *Tabelle 1-6* enthält alle Formeln, mit denen man die drei Zinssätze ineinander umrechnen kann.

Tab. 1-6: Relativer, nomineller und konformer Zinssatz

gegeben \ gesucht	relativ	nominell	konform
relativ	j	mj	$(1+j)^m - 1$
nominell	$\frac{i}{m}$	i	$\left(1+\frac{i}{m}\right)^m - 1$
konform	$\sqrt[m]{1+i^*} - 1$	$m \cdot (\sqrt[m]{1+i^*} - 1)$	i^*

Beispiel 18: Thomas ist Bankangestellter und arbeitet für die Sparkundschaft neuartige Konditionen aus. Gegenwärtig zahlt seine Bank

4% Zins p.a. Wieviel müßte sie bei

(a) vierteljährlicher,
(b) monatlicher Zinsgutschrift zahlen?

Lösung:

Gegeben ist der konforme Jahreszinssatz mit 4%. Gesucht ist der diesem entsprechende relative Zinssatz. Dieser berechnet sich wie folgt:

(a) $\sqrt[4]{1{,}04}-1=0{,}00985=0{,}985\%$ je Quartal
(b) $\sqrt[12]{1{,}04}-1=0{,}00327=0{,}327\%$ je Monat

1.4.3. Stetige (kontinuierliche) Verzinsung

Bisher haben wir immer nur diskrete Zinsperioden betrachtet, also Jahre, Halbjahre, Quartale, Monate oder Tage. Formaler ausgedrückt: Die Zahl der jährlichen Zinsperioden m war in unseren bisherigen Betrachtungen stets eine endliche Zahl. Nun wollen wir untersuchen, welchen Einfluß es hat, wenn die Zahl der Zinsperioden immer größer wird und über alle Grenzen wächst. Zu diesem Zweck halten wir den nominellen Jahreszinsfuß i fest, lassen m wachsen und rechnen den jeweiligen konformen Zinssatz aus. Laut *Tabelle 1-6* gilt für den konformen Zinssatz immer

$$i^*=\left(1+\frac{i}{m}\right)^m-1 \tag{1.32}$$

Tabelle 1-7 zeigt, daß der konforme Jahreszinsfuß um so größer wird, je höher die Zahl der Zinsperioden ist. Das Wachstum verlangsamt sich aber rasch und strebt offensichtlich einem Grenzwert zu. Diesen wollen wir bestimmen.

Der fragliche Grenzwert beläuft sich auf

$$X=\lim_{m\to\infty}\left(1+\frac{i}{m}\right)^m-1. \tag{1.33}$$

Nun sollte bekannt sein, daß ein sehr ähnlicher Ausdruck einen Grenzwert besitzt, den man als Eulersche Zahl bezeichnet[5]. Und zwar ist

$$e=\lim_{h\to\infty}\left(1+\frac{1}{h}\right)^h=1+\frac{1}{1!}+\frac{1}{2!}+\frac{1}{3!}+\ldots=2{,}71828\ldots \tag{1.34}$$

[5] *Leonhard Euler* (1707–1783), Schweizer Mathematiker.

Tab. 1-7: Abhängigkeit des konformen Jahreszinssatzes von der Zahl der Zinsperioden je Jahr

m	i*	
	i=0,05	i=0,10
1	0,05000	0,10000
2	0,05062	0,10250
4	0,05095	0,10381
6	0,05105	0,10426
12	0,05116	0,10471
52	0,05125	0,10506
360	0,05127	0,10516
⋮		
∞	0,05127	0,10517

Wir nehmen nun in Gleichung (1.33) eine Substitution vor, indem wir

$$h=\frac{m}{i} \tag{1.35}$$

benutzen. Einsetzen in Gleichung (1.33) ergibt

$$\begin{aligned} X &= \lim_{hi\to\infty}\left(1+\frac{1}{h}\right)^{hi}-1 \\ &= \left(\lim_{hi\to\infty}\left(1+\frac{1}{h}\right)^{h}\right)^{i}-1 \end{aligned}$$

Ein Blick auf (1.35) zeigt, daß h über alle Grenzen wächst, wenn m gegen unendlich geht, denn i – der Zinssatz – ist stets eine positive Zahl. Infolgedessen dürfen wir

$$X=\left(\lim_{h\to\infty}\left(1+\frac{1}{h}\right)^{h}\right)^{i}-1$$

schreiben, oder unter Benutzung von (1.34) schließlich auch

$$X=e^{i}-1.$$

Erinnern wir uns an unseren Ausgangspunkt, so gilt offenbar

$$\lim_{m\to\infty}\left(1+\frac{i}{m}\right)^{m}-1=e^{i}-1. \tag{1.36}$$

Will man das Endkapital unter der Voraussetzung berechnen, daß die Zahl der Zinsperioden je Jahr über alle Maßen groß ist, so hat man keine andere Wahl, als dies über den konformen Zinsfuß zu tun, denn der relative Zinsfuß für eine unendlich kleine Zeitperiode geht notwendigerweise gegen Null. Ein relativer Zinssatz läßt sich also bei stetiger Verzinsung überhaupt nicht angeben. Die Gleichung zur Berechnung des Endkapitals bei kontinuierlicher Verzinsung lautet unter Berücksichtigung von (1.36) daher

$$\boxed{K_n = K_0\, e^{in}}\,. \tag{1.37}$$

Beispiel 19: Ulrike legt 700 DM 4 Jahre und 3 Monate zum nominellen Zinssatz von 4% p.a. an. Wie hoch ist ihr Endkapital

(a) bei vierteljährlicher Zinsgutschrift,
(b) bei monatlicher Zinsgutschrift,
(c) bei kontinuierlicher Verzinsung?

Lösung:

(a) Bei vierteljährlicher Zinsperiode ist der konforme Jahreszinssatz

$$i^* = \left(1 + \frac{0{,}04}{4}\right)^4 - 1 = 0{,}0406$$

und das Endkapital nach 4,25 Jahren beträgt

$$K_{4,25} = 700 \cdot 1{,}0406^{4,25} = 829{,}01.$$

(b) Bei monatlicher Verzinsung kommt man auf

$$i^* = \left(1 + \frac{0{,}04}{12}\right)^{12} - 1 = 0{,}04074 \quad \text{und}$$

$$K_{4,25} = 700 \cdot 1{,}04074^{4,25} = 829{,}48.$$

(c) Im Falle kontinuierlicher Verzinsung erreicht der konforme Jahreszinssatz den Wert

$$i^* = 2{,}71828^{0,04} - 1 = 0{,}04081$$

und das Endkapital beträgt dann

$$K_{4,25} = 700 \cdot 1{,}04081^{4,25} = 829{,}71.$$

Wer das Anfangskapital berechnen will, muß (1.37) nach K_0 auflösen. Dies ergibt

$$K_0 = K_n e^{-in}. \tag{1.38}$$

Beispiel 20: Viktor hat den Wunsch, in drei Jahren ein Endkapital von 750 DM zu besitzen. Wieviel muß er heute anlegen, wenn ihm 5% Zins p.a. bei kontinuierlicher Verzinsung geboten werden?

Lösung: $K_0 = 750 \cdot 2{,}71828^{-(0{,}05 \cdot 3)} = 645{,}53.$

Gleichung (1.37) kann ohne Schwierigkeiten auch nach i aufgelöst werden, und zwar mit dem Ergebnis

$$i = \frac{\ln\left(\frac{K_n}{K_0}\right)}{n}. \tag{1.39}$$

Geht es darum, die Laufzeit bei stetiger Verzinsung zu ermitteln, so löst man (1.37) nach n auf.

$$n = \frac{\ln\left(\frac{K_n}{K_0}\right)}{i}. \tag{1.40}$$

Beispiel 21: Wiebke braucht in 3 Jahren und 6 Monaten 10000 DM. Sie besitzt heute 8765 DM. Welchen (nominellen) Zinssatz muß sie bei kontinuierlicher Verzinsung verlangen?

Lösung:

$$i = \frac{\ln \frac{10000}{8765}}{3{,}5} = 0{,}0377.$$

1.5. Vorschüssige Verzinsung (Ersatzzinssatz)

Bisher haben wir nur immer mit nachschüssigen Zinssätzen gearbeitet. In der Praxis sind diese auch eindeutig vorherrschend. Man geht nicht zu weit, wenn man behauptet, daß vorschüssige Zinsen eine exotische

Ausnahme sind. Deswegen wollen wir uns mit ihnen auch nur am Rande beschäftigen.

Ein nachschüssiger Zinssatz ist definiert als das Verhältnis des jährlichen Zinsbetrages zum Kapital am Beginn der Zinsperiode,

$$i_{nach} = \frac{K_1 - K_0}{K_0}. \tag{1.1}$$

Dagegen setzt man bei vorschüssigem Zinssatz den jährlichen Zinsbetrag in Beziehung zum Kapital am Ende der Zinsperiode,

$$i_{vor} = \frac{K_1 - K_0}{K_1}. \tag{1.41}$$

Ein einfaches Beispiel mag die unterschiedliche Art der Vorgehensweise im Verhältnis zur vertrauten nachschüssigen Methode deutlicher machen. Gibt jemand Kredit über 100 DM für ein Jahr unter der Bedingung vorschüssiger Zinsen in Höhe von 10% p.a., so überläßt er dem Kapitalnehmer 90 DM und verpflichtet ihn zur Rückzahlung von 100 DM in einem Jahr. Die Zinsen in Höhe von $0{,}1 \cdot 100 = 10$ DM zahlt der Kapitalnehmer damit am Anfang der Zinsperiode (vorschüssig).

Bei nachschüssiger Verzinsung zu 10% p.a. wäre davon die Rede, daß der Kapitalgeber 90 DM ausleiht und der Kapitalnehmer in einem Jahr an den Kapitalgeber 99 DM zurückzuzahlen hat. Darin enthalten wären Zinsen in Höhe von $0{,}1 \cdot 90 = 9$ DM, die am Ende der Zinsperiode (nachschüssig) gezahlt werden.

Wegen der geringen Bedeutung der vorschüssigen Verzinsung wäre es nun unangemessen, wenn man alles, was wir über nachschüssige Zinsen in den Abschnitten zuvor dargestellt haben, im folgenden sinngemäß für den Fall vorschüssiger Zinsen rekonstruiert. Stattdessen erscheint es zweckmäßig, wenn wir uns auf die Berechnung des Endkapitals bei reiner Zinseszinsrechnung konzentrieren und alle anderen Fragen vernachlässigen. Löst man Gleichung (1.41), die Definitionsgleichung für den vorschüssigen Zinssatz, nach K_1 auf, so erhält man für das Kapital nach einem Jahr Laufzeit die Formel

$$K_1 = K_0 (1 - i_{vor})^{-1}.$$

Betrachtet man das Kapital nach zweijähriger Laufzeit, so muß es analog hierzu

$$\begin{aligned} K_2 &= K_1 (1 - i_{vor})^{-1} \quad \text{oder} \\ &= K_0 (1 - i_{vor})^{-2} \end{aligned}$$

heißen. Auf entsprechende Weise erhält man nach dreijähriger Laufzeit

$$K_3 = K_2(1 - i_{vor})^{-1} \quad \text{oder}$$
$$= K_0(1 - i_{vor})^{-3}$$

und allgemein für ein Kapital nach n Jahren Laufzeit

$$K_n = K_0(1 - i_{vor})^{-n}$$

oder in noch etwas anderer Schreibweise

$$\boxed{K_n = K_0\left(\frac{1}{1 - i_{vor}}\right)^n} \, . \qquad (1.42)$$

Beispiel 22: Xaver leiht für 7 Jahre 6543 DM zu 12% p.a. vorschüssig aus. Wie groß ist sein Kapital am Ende der Laufzeit, und wie groß wäre es bei nachschüssiger Verzinsung?

Lösung:

Bei vorschüssiger Verzinsung beläuft sich das Endkapital auf

$$K_7 = 6543 \cdot (1 - 0{,}12)^{-7} = 16010{,}25.$$

Bei nachschüssiger Verzinsung würde man nur

$$K_7 = 6543 \cdot (1 + 0{,}12)^7 = 14464{,}49$$

erreichen.

Nun läßt sich die Endkapitalgleichung (1.42) für den Fall vorschüssiger Zinseszinsen leicht in eine Form bringen, die ebenso aussieht wie die bekannte Endkapitalgleichung für nachschüssige Zinseszinsen[6]. Zu diesem Zweck bestimmt man einen nachschüssigen Ersatzzinsfuß, so daß

$$1 + i_{nach}^{ers} = \frac{1}{1 - i_{vor}}$$

gilt. Löst man diese Gleichung nach dem Ersatzzinsfuß auf, so erhält man

$$i_{nach}^{ers} = \frac{i_{vor}}{1 - i_{vor}}. \qquad (1.43)$$

---

[6] Vgl. Gleichung (1.8).

Rechnen wir Beispiel 22 mit diesem Konzept nach, so ergibt sich ein Ersatzzinsfuß in Höhe von

$$i_{nach}^{ers} = \frac{0{,}12}{1-0{,}12} = 0{,}13636$$

und man erhält wieder ein Endkapital von

$$K_7 = 6543 \cdot 1{,}13636^7 = 16010{,}25.$$

1.6. BASIC-Programme zur Zinsrechnung

```
10 ' PROGRAMM ZUR BERECHNUNG VON AUF- UND ABZINSUNGSFAKTOREN
20 '
30 CLS
40 GOSUB 280 : PRINT
50 PRINT TAB(60) ">>> ZINSFAKTOREN <<<" : PRINT : GOSUB 280 : PRINT
60 INPUT "Zinssatz in % p.a.    ", P : I=P/100 : Q=1+I
70 IF P<=0 THEN 60
80 T=0 : ZEILE=0
90 CLS : GOSUB 280
100 PRINT TAB(30) "Zinssatz = "; USING "####.##"; P ; : PRINT " %" : GOSUB 280
110 PRINT " n"; : PRINT TAB(20) "Aufzinsungsfaktor"; : PRINT TAB(50)
"Abzinsungsfaktor"
120 GOSUB 280
130 T=T+1 : ZEILE=ZEILE+1
140 PRINT ; USING "###"; T;
150 PRINT TAB(20); USING "######.####"; Q^T;
160 PRINT TAB(50); USING "######.####"; Q^-T
170 IF ZEILE<15 THEN 130
180 ZEILE=0
190 PRINT : PRINT "Ausgabe fortsetzen ?   ( j / n )";
200 A$=INPUT$(1)
210 IF A$="j" THEN 90
220 IF A$="n" THEN 240
230 GOTO 200
240 GOSUB 280 : PRINT "noch einmal ?   ( j / n )";
250 A$=INPUT$(1)
260 IF A$="n" THEN END
270 IF A$="j" THEN 30 ELSE 250
280 PRINT "-----------------------------------------------------------------------
--------"
290 RETURN
300 END
```

```
10 ' PROGRAMM ZUR ZINSRECHNUNG BEI DISKRETER JÄHRLICHER VERZINSUNG
20 '
30 CLS : GOSUB 720 : PRINT
40 PRINT TAB(28) ">>> ZINSRECHNUNG (DISKRET, JÄHRLICHE VERZINSUNG) <<<"
50 PRINT : GOSUB 720
60 PRINT : PRINT "Sie können folgende Größen berechnen : " : PRINT
70 PRINT "1.      Endkapital"
80 PRINT "2.      Anfangskapital"
90 PRINT "3.      Zinssatz"
100 PRINT "4.      Laufzeit" : PRINT
110 PRINT "Ihre Wahl     =>";
```

```
120 K$=INPUT$(1) : K=VAL(K$)
130 IF K=1 THEN PRINT TAB(20) "Endkapital" : GOTO 180
140 IF K=2 THEN PRINT TAB(20) "Anfangskapital" : GOTO 180
150 IF K=3 THEN PRINT TAB(20) "Zinssatz" : GOTO 180
160 IF K=4 THEN PRINT TAB(20) "Laufzeit" : GOTO 180
170 GOTO 120
180 PRINT : GOSUB 720 : PRINT
190 IF K=1 THEN 210
200 INPUT "Endkapital                         ", KN
210 IF K=2 THEN GOTO 230
220 INPUT "Anfangskapital                     ", K0
230 IF K=3 THEN 250
240 INPUT "Zinssatz in % p.a.                 ", P : I=P/100
250 IF K=4 THEN 270
260 INPUT "Laufzeit in Jahren                 ", N
270 PRINT
280 IF K>1 THEN 370
290 KNA=K0*(1+I*N)
300 KNB=K0*(1+I)^N
310 N1=INT(N) : N2=N-N1 : KNC=K0*(1+I)^N1*(1+I*N2)
320 PRINT "Endkapital bei einfacher Verzinsung "; USING "#########.##"; KNA
330 PRINT "           bei Zinseszinsen         "; USING "#########.##"; KNB
340 IF N2=0 THEN 670
350 PRINT "           bei gemischter Verzinsung"; USING "#########.##"; KNC
360 GOTO 670
370 IF K>2 THEN 460
380 K0A=KN/(1+I*N)
390 K0B=KN/(1+I)^N
400 N1=INT(N) : N2=N-N1 : K0C=KN/(1+I)^N1/(1+I*N2)
410 PRINT "Anfangskapital bei einfacher Verzinsung "; USING "#########.##"; K0A
420 PRINT "               bei Zinseszinsen         "; USING "#########.##"; K0B
430 IF N2=0 THEN 670
440 PRINT "               bei gemischter Verzinsung"; USING "#########.##"; K0C
450 GOTO 670
460 IF K>3 THEN 600
470 I=(KN-K0)/N/K0 : PA=100*I
480 I=(KN/K0)^(1/N)-1 : PB=100*I
490 N1=INT(N) : N2=N-N1
500 F1=KN-K0*(1+I)^N1*(1+I*N2)
510 F2=-(1+I)^N1*K0*(N2+N1*(1+I*N2)/(1+I))
520 I=I-F1/F2
530 IF ABS(F1/F2)>.00001 THEN 500
540 PC=100*I
550 PRINT "Zinssatz p.a. bei einfacher Verzinsung "; USING "#####.###"; PA; :
PRINT  " %"
560 PRINT "              bei Zinseszinsen         "; USING "#####.###"; PB; :
PRINT  " %"
570 IF N2=0 THEN 670
580 PRINT "              bei gemischter Verzinsung"; USING "#####.###"; PC; :
PRINT  " %"
590 GOTO 670
600 NA=(KN-K0)/I/K0
610 NB=LOG(KN/K0)/LOG(1+I)
620 NC=INT(NB)+1/I*(KN/K0/(1+I)^INT(NB)-1)
630 PRINT "Laufzeit bei einfacher Verzinsung "; USING "######.##"; NA; : PRINT "
Jahre"
640 PRINT "         bei Zinseszinsen         "; USING "######.##"; NB; : PRINT "
Jahre"
650 IF NC=INT(NC) THEN 670
660 PRINT "         bei gemischter Verzinsung"; USING "######.##"; NC; : PRINT "
Jahre"
670 PRINT : GOSUB 720 : PRINT
680 PRINT "noch einmal?  ( j / n )";
690 A$=INPUT$(1)
700 IF A$ = "j" OR A$ = "n" THEN 710 ELSE 690
710 IF A$="j" THEN 30 ELSE END
720 PRINT "------------------------------------------------------------------
--------"
730 RETURN
740 END
```

```
10 ' PROGRAMM ZUR ZINSRECHNUNG BEI DISKRETER UNTERJÄHRLICHER VERZINSUNG
20 '
30 CLS : GOSUB 880 : PRINT
40 PRINT TAB(23) ">>> ZINSRECHNUNG (DISKRET, UNTERJÄHRLICHE VERZINSUNG) <<<"
50 PRINT : GOSUB 880
60 PRINT : PRINT "Sie können folgende Größen berechnen : " : PRINT
70 PRINT "1.      Endkapital"
80 PRINT "2.      Anfangskapital"
90 PRINT "3.      Zinssatz"
100 PRINT "4.      Laufzeit" : PRINT
110 PRINT "Ihre Wahl    =>";
120 K$=INPUT$(1) : K=VAL(K$)
130 IF K=1 THEN PRINT TAB(20) "Endkapital" : GOTO 180
140 IF K=2 THEN PRINT TAB(20) "Anfangskapital" : GOTO 180
150 IF K=3 THEN PRINT TAB(20) "Zinssatz" : GOTO 180
160 IF K=4 THEN PRINT TAB(20) "Laufzeit" : GOTO 180
170 GOTO 120
180 PRINT : GOSUB 880 : PRINT
190 PRINT "Die Zinsverrechnungsperiode wird gemessen in"
200 PRINT "Jahren, Halbjahren, Quartalen, Monaten oder Tagen" : PRINT
210 PRINT "Bitte wählen Sie !   ( J / H / Q / M / T )";
220 A$=INPUT$(1)
230 IF A$="j" OR A$="J" THEN M=1 : PRINT "  Jahre" : GOTO 290
240 IF A$="h" OR A$="H" THEN M=2 : PRINT "  Halbjahre" : GOTO 290
250 IF A$="q" OR A$="Q" THEN M=4 : PRINT "  Quartale" : GOTO 290
260 IF A$="m" OR A$="M" THEN M=12 : PRINT "  Monate" : GOTO 290
270 IF A$="t" OR A$="T" THEN M=360 : PRINT "  Tage" : GOTO 290
280 GOTO 220
290 PRINT : GOSUB 880 : PRINT
300 IF K=1 THEN 320
310 INPUT "Endkapital                    ", KN
320 IF K=2 THEN 340
330 INPUT "Anfangskapital                ", K0
340 IF K=3 THEN 380
350 IF M>1 THEN 370
360 INPUT "Zinssatz in % p.a.            ", P : J=P/100 : GOTO 380
370 INPUT "Zinssatz in % p.r.t.          ", P : J=P/100
380 IF K=4 THEN 400
390 INPUT "Laufzeit in Jahren            ", N
400 PRINT
410 IF K>1 THEN 500
420 KNA=K0*(1+J*M*N)
430 KNB=K0*(1+J)^(M*N)
440 N1=INT(M*N)/M : N2=N-N1 : KNC=K0*(1+J)^(M*N1)*(1+J*M*N2)
450 PRINT "Endkapital bei einfacher Verzinsung "; USING "#########.##"; KNA
460 PRINT "           bei Zinseszinsen         "; USING "#########.##"; KNB
470 IF N2=0 THEN 830
480 PRINT "           bei gemischter Verzinsung"; USING "#########.##"; KNC
490 GOTO 830
500 IF K>2 THEN 590
510 K0A=KN/(1+J*M*N)
520 K0B=KN/(1+J)^(M*N)
530 N1=INT(M*N)/M : N2=N-N1 : K0C=KN/(1+J)^(M*N1)/(1+J*M*N2)
540 PRINT "Anfangskapital bei einfacher Verzinsung "; USING "#########.##"; K0A
550 PRINT "               bei Zinseszinsen         "; USING "#########.##"; K0B
560 IF N2=0 THEN 830
570 PRINT "               bei gemischter Verzinsung"; USING "#########.##"; K0C
580 GOTO 830
590 IF K>3 THEN 760
600 J=(KN-K0)/M/N/K0 : PA=100*J
610 J=(KN/K0)^(1/M/N)-1 : PB=100*J
620 N1=INT(M*N)/M : N2=N-N1
630 F1=KN-K0*(1+J)^(M*N1)*(1+J*M*N2)
640 F2=-(1+J)^(M*N1)*K0*(M*N2+M*N1*(1+J*M*N2)/(1+J))
650 J=J-F1/F2
660 IF ABS(F1/F2)>.00001 THEN 630
670 PC=100*J
680 IF M>1 THEN 710
690 PRINT "Zinssatz p.a.   bei einfacher Verzinsung "; USING "#####.###"; PA; :
PRINT  " %"
```

```
700 GOTO 720
710 PRINT "Zinssatz p.r.t. bei einfacher Verzinsung "; USING "#####.###"; PA; :
PRINT  " %"
720 PRINT "                    bei Zinseszinsen          "; USING "#####.###"; PB; :
PRINT  " %"
730 IF N2=0 THEN 830
740 PRINT "                    bei gemischter Verzinsung"; USING "#####.###"; PC; :
PRINT  " %"
750 GOTO 830
760 NA=(KN-K0)/M/J/K0
770 NB=LOG(KN/K0)/M/LOG(1+J)
780 NC=INT(NB*M)/M+1/J/M*(KN/K0/(1+J)^INT(NB*M)-1)
790 PRINT "Laufzeit bei einfacher Verzinsung "; USING "######.##"; NA; : PRINT "
Jahre"
800 PRINT "             bei Zinseszinsen         "; USING "######.##"; NB; : PRINT "
Jahre"
810 IF NC=INT(NC) THEN 830
820 PRINT "             bei gemischter Verzinsung"; USING "######.##"; NC; : PRINT "
Jahre"
830 PRINT : GOSUB 880 : PRINT
840 PRINT "noch einmal?  ( j / n )";
850 A$=INPUT$(1)
860 IF A$ = "j" OR A$ = "n" THEN 870 ELSE 850
870 IF A$="j" THEN 30 ELSE END
880 PRINT "------------------------------------------------------------------
--------"
890 RETURN
900 END

10 ' PROGRAMM ZUR ZINSRECHNUNG BEI KONTINUIERLICHER VERZINSUNG
20 '
30 CLS : GOSUB 440 : PRINT
40 PRINT TAB(43) ">>> ZINSRECHNUNG (KONTINUIERLICH) <<<"
50 PRINT : GOSUB 440
60 PRINT : PRINT "Sie können folgende Größen berechnen : " : PRINT
70 PRINT "1.      Endkapital"
80 PRINT "2.      Anfangskapital"
90 PRINT "3.      Zinssatz"
100 PRINT "4.      Laufzeit" : PRINT
110 PRINT "Ihre Wahl    =>";
120 K$=INPUT$(1) : K=VAL(K$)
130 IF K=1 THEN PRINT TAB(20) "Endkapital" : GOTO 180
140 IF K=2 THEN PRINT TAB(20) "Anfangskapital" : GOTO 180
150 IF K=3 THEN PRINT TAB(20) "Zinssatz" : GOTO 180
160 IF K=4 THEN PRINT TAB(20) "Laufzeit" : GOTO 180
170 GOTO 120
180 PRINT : GOSUB 440 : PRINT
190 IF K=1 THEN 210
200 INPUT "Endkapital                  ", E
210 IF K=2 THEN 230
220 INPUT "Anfangskapital              ", A
230 IF K=3 THEN 250
240 INPUT "Zinssatz in % p.a.          ", P : I=P/100
250 IF K=4 THEN 270
260 INPUT "Laufzeit in Jahren          ", N
270 PRINT
280 IF K>1 THEN 300
290 E=EXP(I*N)*A  :  GOTO 350
300 IF K>2 THEN 320
310 A=EXP(-I*N)*E  :  GOTO 360
320 IF K>3 THEN 340
330 I=LOG(E/A)/N : P=100*I : GOTO 370
340 N=LOG(E/A)/I : GOTO 380
350 PRINT "Endkapital    "; USING "########.##"; E  :  GOTO 390
360 PRINT "Anfangskapital   "; USING "########.##"; A  :  GOTO 390
370 PRINT "Zinssatz p.a.    "; USING "#####.###"; P; : PRINT " %" :  GOTO 390
380 PRINT "Laufzeit = "; USING "######.###"; N
390 PRINT : GOSUB 440 : PRINT
400 PRINT "noch einmal?  ( j / n )";
410 A$=INPUT$(1)
```

```
420 IF A$ = "j" OR A$ = "n" THEN 430 ELSE 410
430 IF A$="j" THEN 30 ELSE END
440 PRINT "------------------------------------------------------------------
--------"
450 RETURN
460 END
```

```
10 ' PROGRAMM ZUR UMRECHNUNG VON NOMINELLEN, RELATIVEN UND KONFORMEN
20 ' ZINSSÄTZEN INEINANDER
30 '
40 CLS : GOSUB 500 : PRINT
50 PRINT TAB(30) ">>> NOMINELLE, RELATIVE UND KONFORME ZINSSÄTZE <<<"
60 PRINT : GOSUB 500
70 PRINT : PRINT "Welcher Zinssatz ist gegeben?" : PRINT
80 PRINT "1.      nomineller Jahreszinssatz"
90 PRINT "2.      relativer Zinssatz"
100 PRINT "3.      konformer Jahreszinssatz"
110 PRINT : PRINT "Ihre Wahl      =>";
120 K$=INPUT$(1) : K=VAL(K$)
130 IF K=1 THEN PRINT TAB(20) "nomineller Jahreszinssatz" : GOTO 170
140 IF K=2 THEN PRINT TAB(20) "relativer Zinssatz" : GOTO 170
150 IF K=3 THEN PRINT TAB(20) "konformer Jahreszinssatz" : GOTO 170
160 GOTO 120
170 PRINT : GOSUB 500 : PRINT
180 PRINT "Die Zinsperiode des relativen Zinssatzes wird gemessen in"
190 PRINT "Halbjahren, Quartalen, Monaten oder Tagen" : PRINT
200 PRINT "Bitte wählen Sie !   ( H / Q / M / T )  ";
210 A$=INPUT$(1)
220 IF A$="h" OR A$="H" THEN M=2 : B$="Halbjahr" : GOTO 270
230 IF A$="q" OR A$="Q" THEN M=4 : B$="Quartal" : GOTO 270
240 IF A$="m" OR A$="M" THEN M=12 : B$="Monat" : GOTO 270
250 IF A$="t" OR A$="T" THEN M=360 : B$="Tag" : GOTO 270
260 GOTO 210
270 PRINT B$ : PRINT : GOSUB 500 : PRINT
280 IF K>1 THEN 320
290 PRINT "Nomineller Jahreszinssatz in % je Jahr  "; : INPUT "", P
300 I=P/100 : IM=I/M : IKON=(1+IM)^M-1
310 GOTO 380
320 IF K>2 THEN 360
330 PRINT "Relativer Zinssatz in % je "; : PRINT B$; : PRINT "?  ";: INPUT "", PM
340 IM=PM/100 : I=IM*M : IKON=(1+IM)^M-1
350 GOTO 380
360 PRINT "Konformer Jahreszinssatz in % je Jahr ?  "; : INPUT "", PKON
370 IKON=PKON/100 : IM=((1+IKON)^(1/M)-1) : I=IM*M
380 PRINT : GOSUB 500 : PRINT
390 PRINT "Nomineller Zinssatz   "; : PRINT; USING "#########.####"; I*100; :
PRINT " %";
400 PRINT " je Jahr"
410 PRINT "Relativer Zinssatz    "; : PRINT; USING "#########.####"; IM*100; :
PRINT " %";
420 PRINT " je "; : PRINT B$
430 PRINT "Konformer Zinssatz    "; : PRINT; USING "#########.####"; IKON*100; :
PRINT " %";
440 PRINT " je Jahr"
450 PRINT : GOSUB 500 : PRINT
460 PRINT "noch einmal?  ( j / n )";
470 A$=INPUT$(1)
480 IF A$ = "j" OR A$ = "n" THEN 490 ELSE 470
490 IF A$="j" THEN 40 ELSE END
500 PRINT "------------------------------------------------------------------
--------"
510 RETURN
520 END
```

2. Rentenrechnung

2.1. Grundbegriffe der Rentenrechnung

Wer beginnt, sich mit der Rentenrechnung vertraut zu machen, sollte sichere Kenntnisse der Zinsrechnung mitbringen. Rentenrechnung ist angewandte Zinsrechnung. Wir definieren eine Rente als eine regelmäßig wiederkehrende Zahlung. Der einfachste Fall ist derjenige, bei dem in Jahresabständen ein Betrag in gleichbleibender Höhe gezahlt wird. Jedoch muß die Regelmäßigkeit der Zahlungen nicht unbedingt so weit gehen. Beginnen wir damit, uns einen Überblick über die verschiedenen Rentenformen zu verschaffen.

Es gibt Merkmale, mit deren Hilfe man Ordnung in die verschiedenen Formen von Rentenrechnungsmodellen bringen kann, und zwar

- die Rentenhöhe,
- die Rentendauer,
- die Terminierung einer einzelnen Rentenzahlung,
- das Verhältnis von Renten- und Zinsperiode.

Rentenhöhe: Was die Höhe der Rentenzahlungen betrifft, so kann diese entweder gleich bleiben oder veränderlich sein. Im ersten Fall könnten wir von konstanten, im zweiten von variablen Renten sprechen. Bei den veränderlichen Renten lassen sich noch zwei Unterfälle voneinander unterscheiden. Entweder folgt die Veränderung der Renten von einem Zahlungszeitpunkt zum nächsten einer bestimmten Gesetzmäßigkeit (z.B. Verdoppelung) oder nicht. Insgesamt unterscheiden wir also:

1. gleichbleibende Renten
2. veränderliche Renten
   (1) sich regelmäßig ändernde Renten
   (2) sich regellos ändernde Renten

Rentendauer: Als Maß für die Rentendauer benutzen wir naheliegenderweise die Anzahl der Rentenzahlungen. Da es sich bei Renten definitionsgemäß um wiederkehrende Zahlungen handelt, ist die Mindestzahl der Rentenzahlungen zwei. Nach oben ist die Zahl der Zahlungen nicht begrenzt. So ist vorstellbar, daß jemand ein Grundstück pachtet und die Verpflichtung übernimmt, dem Verpächter und seinen Rechtsnachfolgern als Gegenleistung auf ewig eine Rente zu zahlen. Infolgedessen unterscheidet man bezüglich der Rentendauer:

1. endliche Renten
2. ewige Renten

Terminierung einer einzelnen Rentenzahlung: Betrachten wir den Fall einer gleichbleibenden endlichen Rente in Höhe von 100 DM, die 10 Jahre lang gezahlt wird. Solange die Terminierung der einzelnen Zahlungen nicht genauer festgelegt ist, wissen wir nur, daß zwischen den Zahlungen immer genau ein Jahr liegt. Ob aber die erste Zahlung zu Beginn, in der Mitte oder am Ende des ersten Jahres erfolgt, ist noch offen. Erfolgen die Zahlungen stets zu Beginn der Periode (also am 1. Januar), dann spricht man von vorschüssigen Renten. Wird dagegen am Ende der Periode (d.h. hier am 31. Dezember) gezahlt, so ist von einer nachschüssigen Rente die Rede. Bezüglich des Zeitpunktes unterscheidet man demnach:

1. vorschüssige Renten
2. nachschüssige Renten

Verhältnis von Renten- und Zinsperiode: Der zeitliche Abstand zwischen zwei Rentenzahlungen wird als Rentenperiode bezeichnet, der zeitliche Abstand zwischen zwei Zinszuschlägen als Zinsperiode. Wenn Rentenzahlungen in Jahresabständen erfolgen oder – anders gesagt – die Rentenperiode ein Jahr ist, so spricht man von jährlichen Renten. Ist die Rentenperiode kürzer als ein Jahr, wird also die Rente beispielsweise in Quartals- oder Monatsabständen gezahlt, so ist von unterjährlichen Renten die Rede.

Im Rahmen der Zinsrechnung hatten wir zwischen jährlicher und unterjährlicher Verzinsung unterschieden. Betrachten wir sowohl Renten- als auch Zinsperioden, so kann es die folgenden Kombinationen geben:

1. Jährliche Renten
   (1) mit jährlichen Zinsen
   (2) mit unterjährlichen Zinsen

2. Unterjährliche Renten
   (1) mit jährlichen Zinsen
   (2) mit unterjährlichen Zinsen
      (21) Zinsperiode > Rentenperiode
      (22) Zinsperiode = Rentenperiode
      (23) Zinsperiode < Rentenperiode

Zum besseren Verständnis sei erläutert, warum im Falle unterjährlicher Renten mit unterjährlichen Zinsen noch drei Unterfälle unterschieden werden müssen. Gehen wir von vierteljährlicher Rentenzahlung aus, so können die Zinsen halbjährlich verrechnet werden (Zinsperiode > Rentenperiode); die Zinsen können quartalsweise verrechnet werden (Zinsperiode = Rentenperiode); oder die Zinsen können monatlich verrechnet werden (Zinsperiode < Rentenperiode)[7].

Die wichtigsten Symbole, die wir im Rahmen der Rentenrechnung benutzen werden, sind folgende:

i := (jährlicher) Zinssatz
n := Laufzeit der Rente (in Jahren)
r_t := Rentenzahlung im Zeitpunkt t
R_0 := Rentenbarwert
R_n := Rentenendwert

Für den Fall, daß mit unterjährlichen Renten und/oder mit unterjährlichen Zinsen gearbeitet werden soll, brauchen wir zwei zusätzliche Symbole, und zwar

m_r := Anzahl der Rentenperioden je Jahr
m_z := Anzahl der Zinsperioden je Jahr

Um uns die Schreibarbeit bequem zu machen, werden wir im Verlaufe der Darstellung noch einige zusätzliche Symbole einführen.

2.2. Die acht Fragestellungen der Rentenrechnung

Falls jemand über einen Zeitraum von n Jahren Renten in Höhe von r auf ein Konto einzahlt und Zinsgutschriften nach Maßgabe des Zinssatzes i erhält, so besitzt er am Ende der Rentenlaufzeit ein bestimmtes Endkapital, das man als Rentenendwert bezeichnet. Geht es darum, diesen zu ermitteln, so handelt es sich um die erste mögliche Fragestellung der Rentenrechnung.

gegeben:	Rente	r
	Zinssatz	i
	Laufzeit	n
gesucht:	Rentenendwert	R_n

---

[7] Renten- und/oder Zinsperioden, die länger als ein Jahr sind, pflegt man nicht zu betrachten.

Will jemand an einen Dritten n Jahre lang Renten in Höhe von r zahlen und wird Kapital mit dem Zinssatz i verzinst, so braucht man dazu ein bestimmtes Anfangskapital. Dieses Anfangskapital nennt man Rentenbarwert. Die Suche nach ihm ergibt die zweite mögliche Fragestellung der Rentenrechnung.

gegeben:	Rente	r
	Zinssatz	i
	Laufzeit	n
gesucht:	Rentenbarwert	R_0

Will jemand nach n Jahren ein Endkapital von R_n besitzen und wird Kapital zum Zinssatz i verzinst, so müssen Renten in ausreichender Höhe gezahlt werden. Geht es darum, diese zu ermitteln, so hat man es mit der dritten möglichen Frage zu tun.

gegeben:	Rentenendwert	R_n
	Zinssatz	i
	Laufzeit	n
gesucht:	Rente	r

Wenn ein bestimmtes Anfangskapital in Höhe von R_0 vorhanden ist und der Zinssatz i festliegt, so kann man über eine vorgegebene Dauer von n Jahren eine bestimmte Rente zahlen, so daß das Kapital schließlich verbraucht ist. Soll die zahlbare Rente unter diesen Bedingungen berechnet werden, sprechen wir von der vierten möglichen Fragestellung der Rentenrechnung.

gegeben:	Rentenbarwert	R_0
	Zinssatz	i
	Laufzeit	n
gesucht:	Rente	r

Interessiert man sich für den Zinssatz i, den man von einer Bank geboten bekommen muß, damit regelmäßig wiederkehrende Zahlungen in Höhe von r nach n Jahren endlich zu einem Kapital von R_n anwachsen, so handelt es sich um die fünfte Fragestellung.

gegeben:	Rentenendwert	R_n
	Rente	r
	Laufzeit	n
gesucht:	Zinssatz	i

Fragt man nach dem Zinssatz, zu dem man ein Anfangskapital R_0 anlegen muß, damit daraus über n Jahre eine Rente von r gezahlt werden kann, so verbirgt sich dahinter die sechste Aufgabenstellung der Rentenrechnung.

gegeben:	Rentenbarwert	R_0
	Rente	r
	Laufzeit	n
gesucht:	Zinssatz	i

Abschließend kann man noch nach der Laufzeit fragen, und zwar entweder unter der Voraussetzung, daß der Rentenendwert gegeben ist oder unter der Bedingung, daß der Barwert bekannt ist. Will jemand wissen, wie lange er die Rente r zahlen muß, um bei einem Zinssatz von i ein Endkapital von R_n zu erreichen, so ist das die siebente Fragestellung.

gegeben:	Rentenendwert	R_n
	Rente	r
	Zinssatz	i
gesucht:	Laufzeit	n

Geht es endlich darum zu berechnen, wie lange man aus einem Anfangskapital von R_0 eine Rente in Höhe von r zahlen kann, falls das Kapital zum Satz i verzinst wird, so ergibt dies die achte und letzte Fragestellung der Rentenrechnung.

gegeben:	Rentenbarwert	R_0
	Rente	r
	Zinssatz	i
gesucht:	Laufzeit	n

2.3. Gleichbleibende Renten

In dem jetzt folgenden Kapitel gehen wir immer davon aus, daß wir es mit endlichen Rentenzahlungen in gleichbleibender Höhe zu tun haben. Für eine Dauer von n Jahren wird also wiederkehrend eine Rente in Höhe von r gezahlt.

2.3.1. Jährliche Renten mit jährlichen Zinsen

Am einfachsten ist nun der Standardfall mit Renten- und Zinsperioden von jeweils genau einem Jahr. Das Zeitintervall zwischen den einzelnen Rentenzahlungen ist ebenso lang wie das Zeitintervall zwischen den Zinszuschlagsterminen.

2.3.1.1. Nachschüssige Renten

Wenn die Laufzeit der Rente n Jahre umfaßt, so werden insgesamt n Rentenzahlungen geleistet. Erfolgen diese Zahlungen am Jahresanfang, so handelt es sich um eine vorschüssige Rente. Wird jeweils am Jahresende gezahlt, so nennt man die Rente nachschüssig. Wir behandeln zunächst nur nachschüssige Renten oder präziser und zusammenfassend gleichbleibende, endliche, nachschüssige, jährliche Renten mit jährlichen Zinsen. Die Zeitstruktur der Zahlungen kann man sich am besten mit Hilfe von *Abbildung 2-1* veranschaulichen.

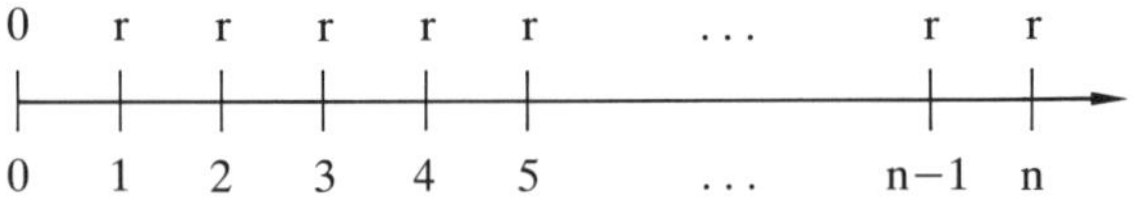

Abb. 2-1: Zeitstruktur einer gleichbleibenden endlichen nachschüssigen Rente

2.3.1.1.1. Berechnung des Endwerts und des Barwerts

Um den Endwert einer nachschüssigen jährlichen Rente zu berechnen, muß man sich vorstellen, daß jeweils am Ende eines Jahres der Betrag r_t auf ein Konto eingezahlt wird, das nach Jahresfrist mit dem Satz i verzinst wird. Wir verwenden $q=1+i$ als Zinsfaktor und verfolgen die Entwicklung des Kontos im Zeitablauf bis zum Zeitpunkt $t=n$. Dann erhalten wir folgendes Bild.

$$\begin{aligned}
R_1 & & &= r_1 \\
R_2 &= r_2 + R_1\,q & &= r_2 + r_1\,q \\
R_3 &= r_3 + R_2\,q & &= r_3 + r_2\,q + r_1\,q^2 \\
&\vdots \\
R_n &= r_n + R_{n-1}\,q & &= r_n + r_{n-1}\,q + r_{n-2}\,q^2 + \ldots + r_2\,q^{n-2} + r_1\,q^{n-1}
\end{aligned}$$

Die Endwertformel lautet somit

$$R_n = r_n + r_{n-1}\,q + r_{n-2}\,q^2 + \ldots + r_2\,q^{n-2} + r_1\,q^{n-1} \qquad (2.1)$$

Bei der Herleitung von Gleichung (2.1) haben wir jede Rentenzahlung mit einem Zeitindex versehen, um damit zum Ausdruck zu bringen, wann die Rentenzahlung erfolgt. Da wir die Voraussetzung, daß wir uns zunächst ausschließlich mit gleichbleibenden Renten beschäftigen wollen, bisher gar nicht benutzt haben, ist (2.1) eine Formel, die wir bei der Berechnung von Rentenendwerten allgemein verwenden können, also auch dann, wenn wir es mit veränderlichen Renten zu tun haben. Nun aber wollen wir uns dem Spezialfall der gleichbleibenden Rente zuwenden, also den Fall

$$r_1 = r_2 = \ldots = r_n = r$$

betrachten. Lassen wir in Gleichung (2.1) den Zeitindex der Rente fort, so kann man r ausklammern und erhält

$$R_n = r \cdot (1 + q^1 + q^2 + \ldots + q^{n-1}). \tag{2.2}$$

Der Ausdruck

$$1 + q^1 + q^2 + \ldots + q^{n-1}$$

ist eine Summe von Aufzinsungsfaktoren. Formel betrachtet, handelt es sich um eine geometrische Reihe, weil der Quotient aus zwei benachbarten Summanden jeweils eine Konstante ist,

$$\frac{q^1}{1} = \frac{q^2}{q^1} = \frac{q^3}{q^2} = \ldots = \frac{q^{n-1}}{q^{n-2}} = q.$$

Mit geometrischen Reihen hat man es in der Finanzmathematik häufig zu tun. Wegen dieser grundsätzlichen Bedeutung und der Tatsache, daß Kenntnisse über geometrische Reihen nicht als allgemein bekannt vorausgesetzt werden können, sei auf Anhang 1 verwiesen. Dort findet man auch eine Begründung dafür, daß für die Summe der endlichen geometrischen Reihe

$$1 + q^1 + q^2 + \ldots + q^{n-1} = \frac{q^n - 1}{q - 1}$$

gilt. Setzt man das in Gleichung (2.2) ein, so erhält man

$$R_n = r \cdot \frac{q^n - 1}{q - 1}$$

für die Berechnung des Endwerts einer gleichbleibenden nachschüssigen jährlichen Rente. Diese Formel ist bereits sehr kompakt und – wie wir gleich sehen werden – auch leicht auszuwerten. Berücksichtigt man noch, daß für den Zinsfaktor

$$q = 1 + i$$

gilt, so kommt man schließlich zu der Rentenendwertgleichung

$$\boxed{R_n = r \cdot \frac{q^n - 1}{i}} \,. \tag{2.4}$$

Beispiel 23: Anton zahlt vier Jahre lang nachschüssig eine Rente von 300 DM auf ein Konto, das mit 6% verzinst wird. Wie hoch ist sein Kapital am Ende des vierten Jahres?

Lösung:

Ein umständlicher Lösungsweg benutzt Gleichung (2.1) und ergibt

$$R_4 = 300 + 300 \cdot 1{,}06 + 300 \cdot 1{,}06^2 + 300 \cdot 1{,}06^3 = 1312{,}38.$$

Einfacher ist es, mit der Endwertformel (2.4) zu arbeiten. Danach ist ebenfalls

$$R_4 = 300 \cdot \frac{1{,}06^4 - 1}{0{,}06} = 1312{,}38.$$

Der rechentechnische Vorteil von Gleichung (2.4) gegenüber der ursprünglichen Gleichung (2.1) zeigt sich insbesondere bei langen Laufzeiten.

Beispiel 24: Barbara will wissen, wieviel Geld sie nach 20 Jahren besitzt, wenn sie nachschüssig jährlich 1000 DM einzahlt und der Zinssatz 5% beträgt.

Lösung:

$$R_{20} = 1000 \cdot \frac{1{,}05^{20} - 1}{0{,}05} = 33\,065{,}95.$$

Betrachten Sie für einen Moment Gleichung (2.4), und Sie sehen, daß man den Rentenendwert berechnet, indem man eine einfache Multiplikation ausführt. Die jährliche Rente r ist mit dem nachschüssigen Rentenendwertfaktor

$$\boxed{REFN = \frac{q^n - 1}{i}} \qquad (2.5)$$

zu multiplizieren. *Tabelle 2-1* zeigt, welche Werte diese Faktoren bei üblichen Zinssätzen und Laufzeiten annehmen.

Tab. 2-1: Nachschüssige Rentenendwertfaktoren (REFN) für ausgewählte Zinssätze und Laufzeiten

n	2,50%	5,00%	7,50%	10,00%
1	1,00000	1,00000	1,00000	1,00000
2	2,02500	2,05000	2,07500	2,10000
3	3,07562	3,15250	3,23062	3,31000
4	4,15252	4,31013	4,47292	4,64100
5	5,25633	5,52563	5,80839	6,10510
6	6,38774	6,80191	7,24402	7,71561
7	7,54743	8,14201	8,78732	9,48717
8	8,73612	9,54911	10,44637	11,43589
9	9,95452	11,02656	12,22985	13,57948
10	11,20338	12,57789	14,14709	15,93742
20	25,54466	33,06595	43,30468	57,27500
30	43,90270	66,43885	103,39940	164,49402

Mit der Endwertformel (2.4) können wir ausrechnen, wie hoch das Endkapital ist, wenn n-mal nachschüssig eine Rente in Höhe von r auf ein Konto eingezahlt wird, das jährlich zum Satz i verzinst wird. Damit läßt sich die erste Fragestellung der Rentenrechnung beantworten.

Bei der zweiten möglichen Frage, der Frage nach dem Rentenbarwert, geht es um folgendes Problem: Wieviel Kapital muß jemand im Zeitpunkt $t = 0$ besitzen, wenn er an einen Dritten n Jahre lang eine nachschüssige Rente in Höhe von r zahlen will und das (jeweilige Rest-)Kapital zum Satz i verzinst wird?

Um den Rentenbarwert zu berechnen, muß man nichts anderes tun, als den Rentenendwert um n Jahre abzuzinsen, denn aus der Zinseszinsrechnung kennen wir

$$K_n = K_0\, q^n,$$

und für das Verhältnis von Rentenendwert und Rentenbarwert gilt entsprechend

$$R_n = R_0 \, q^n.$$

Löst man nach dem Barwert auf und setzt Gleichung (2.4) ein, so erhält man

$$\boxed{R_0 = r \cdot \frac{q^n - 1}{i q^n}} \, . \qquad (2.6)$$

Beispiel 25: Christian braucht für die Finanzierung seines Studiums die Unterstützung seiner Eltern. Ihm soll vier Jahre lang nachschüssig eine jährliche Zuwendung von 6000 DM gezahlt werden. Wieviel Kapital müssen Christians Eltern zu Beginn des ersten Studienjahres bereitstellen, wenn der jährliche Zins 5% ist?

Lösung:

$$R_0 = 6000 \cdot \frac{1{,}05^4 - 1}{0{,}05 \cdot 1{,}05^4} = 21\,275{,}70$$

Im Rahmen von *Tabelle 2-2* wird gezeigt, wie sich der Kontostand über die einzelnen Jahre entwickelt.

Tab. 2.2: Entwicklung eines Anfangskapitals bei laufender Auszahlung einer nachschüssigen Rente

Jahr	Kapital zu Jahresbeginn	Zinsen 5%	Rente	Kapital zu Jahresende
1	21 275,70	1063,79	−6000,00	16 339,49
2	16 339,49	816,97	−6000,00	11 156,46
3	11 156,46	557,82	−6000,00	5714,29
4	5714,29	285,71	−6000,00	0,00

Die Zahlen der Tabelle belegen zugleich, daß Gleichung (2.6) den Rentenbarwert korrekt ermittelt. Ein Blick auf diese Gleichung zeigt, daß der Rentenbarwert sich als Produkt aus Rente r und nachschüssigem Rentenbarwertfaktor

$$\boxed{RBFN = \frac{q^n - 1}{i q^n}} \qquad (2.7)$$

darstellen läßt. *Tabelle 2-3* ist eine systematische Zusammenstellung der Werte solcher Faktoren für ausgewählte Zinssätze und Laufzeiten.

Tab. 2-3: Nachschüssige Rentenbarwertfaktoren (RBFN) für ausgewählte Zinssätze und Laufzeiten

n	2,50%	5,00%	7,50%	10,00%
1	0,97561	0,95238	0,93023	0,90909
2	1,92742	1,85941	1,79557	1,73554
3	2,85602	2,72325	2,60053	2,48685
4	3,76197	3,54595	3,34933	3,16987
5	4,64583	4,32948	4,04588	3,79079
6	5,50813	5,07569	4,69385	4,35526
7	6,34939	5,78637	5,29660	4,86842
8	7,17014	6,46321	5,85730	5,33493
9	7,97087	7,10782	6,37889	5,75902
10	8,75206	7,72173	6,86408	6,14457
20	15,58916	12,46221	10,19449	8,51356
30	20,93029	15,37245	11,81039	9,42691

2.3.1.1.2. Berechnung der Rentenhöhe

Bei der dritten und der vierten möglichen Fragestellung der Rentenrechnung geht es um die Ermittlung der Rentenhöhe bei gegebenem Endwert beziehungsweise gegebenem Barwert. Um solche Berechnungen vornehmen zu können, geht man von der Endwertformel (2.4) oder der Barwertformel (2.6) aus und löst nach r auf. Das bereitet keine Schwierigkeiten. Man erhält

$$r = R_n \frac{i}{q^n - 1} \tag{2.8}$$

und

$$r = R_0 \frac{iq^n}{q^n - 1}. \tag{2.9}$$

Der Rentenendwert ist mit dem Kehrwert des Rentenendwertfaktors, der Barwert mit dem Kehrwert des Rentenbarwertfaktors zu multiplizieren, wenn die Höhe der (nachschüssigen) Rente berechnet werden soll.

Beispiel 26: Wieviel muß Dagmar am Ende eines jeden Jahres auf ihr Sparbuch einzahlen, wenn der Zinssatz 2,75% p.a. beträgt und sie nach 6 Jahren einen Kontostand von 8000 DM erreichen will?

Lösung:

$$r = 8000 \cdot \frac{0{,}0275}{1{,}0275^6 - 1} = 1244{,}57$$

Tabelle 2-4 zeigt die Entwicklung von Dagmars Konto zur Probe.

Tab. 2-4: Entwicklung eines Kapitals bei laufender Einzahlung einer nachschüssigen Rente

Jahr	Kapital zu Jahresbeginn	Zinsen 2,75%	Rente	Kapital zu Jahresende
1	0,00	0,00	1244,57	1244,57
2	1244,57	34,23	1244,57	2523,36
3	2523,36	69,39	1244,57	3837,32
4	3837,32	105,53	1244,57	5187,41
5	5187,41	142,65	1244,57	6574,63
6	6574,63	180,80	1244,57	8000,00

Beispiel 27: Eriks Großvater hinterläßt seinem Enkel einen Betrag von 64000 DM. Das Kapital wird zu 4% angelegt, und Erik hat die Absicht, davon drei Jahre lang zu leben. Wieviel kann er am Ende jeden Jahres abheben?

Lösung:

$$r = 64000 \cdot \frac{0{,}04 \cdot 1{,}04^3}{1{,}04^3 - 1} = 23062{,}31$$

Der Leser überprüfe mit Hilfe einer Aufstellung entsprechend *Tabelle 2-2*, ob diese Rechnung aufgeht.

Kehren wir für einen Augenblick noch einmal zu Gleichung (2.9) zurück. Um zu berechnen, wie hoch die Rente ist, die man bei gegebenem Zinssatz und vorgegebener Laufzeit aus einem Anfangskapital zahlen kann, multipliziert man das Anfangskapital (den Barwert) mit dem Kehrwert des nachschüssigen Rentenbarwertfaktors. Man nennt den Kehrwert auch Annuitätenfaktor oder Wiedergewinnungsfaktor, und wir werden diesem Ausdruck

$$\boxed{ANNF = \frac{iq^n}{q^n - 1} = \frac{1}{RBFN}} \qquad (2.10)$$

im Rahmen der in Kapitel 3 dieses Buches zu behandelnden Tilgungsrechnung wiederbegegnen. *Tabelle 2-5* zeigt für gängige Zinssätze und Laufzeiten, welche Werte die Annuitätenfaktoren annehmen.

Tab. 2-5: Annuitätenfaktoren (ANNF) bzw. Kehrwerte nachschüssiger Rentenbarwertfaktoren für ausgewählte Zinssätze und Laufzeiten

n	2,50%	5,00%	7,50%	10,00%
1	1,02500	1,05000	1,07500	1,10000
2	0,51883	0,53780	0,55693	0,57619
3	0,35014	0,36721	0,38454	0,40211
4	0,26582	0,28201	0,29857	0,31547
5	0,21525	0,23097	0,24716	0,26380
6	0,18155	0,19702	0,21304	0,22961
7	0,15750	0,17282	0,18880	0,20541
8	0,13947	0,15472	0,17073	0,18744
9	0,12546	0,14069	0,15677	0,17364
10	0,11426	0,12950	0,14569	0,16275
20	0,06415	0,08024	0,09809	0,11746
30	0,04778	0,06505	0,08467	0,10608

2.3.1.1.3. Berechnung des Zinssatzes

Weder die Endwertgleichung (2.4) noch die Barwertgleichung (2.6) lassen sich allgemein nach i auflösen. Will man den Zinssatz bei gegebenem End- oder Barwert ermitteln, so muß man daher zu einem geeigneten Verfahren der näherungsweisen Nullstellenbestimmung greifen. Die Vorgehensweise sei zunächst am Beispiel der Endwertgleichung

$$R_n = r \cdot \frac{q^n - 1}{i} \tag{2.4}$$

beschrieben. Gesucht ist derjenige Zinssatz i (mit $i = q - 1$), der vorstehende Gleichung erfüllt. Subtrahiert man auf beiden Seiten R_n, so geht es darum, denjenigen Wert von i zu finden, für den die Funktion

$$f(i) = -R_n + r \cdot \frac{(1+i)^n - 1}{i} \tag{2.11}$$

den Wert null hat.

Beispiel 28: Frauke möchte erfahren, welchen Zins ihre Bank bieten muß, damit vierzig nachschüssige Einzahlungen von jeweils 1000 DM zu einem Endkapital von 200000 DM führen.

Aus mathematischer Sicht ist die Berechnung der Nullstelle der Funktion f(i) nicht schwierig, weil es sich um eine stetige, monoton steigende differenzierbare Funktion handelt. Wir können daher sehr einfache Iterationsverfahren benutzen, wie beispielsweise *Newtons* Tangentenmethode. Beginnend mit einem Versuchswert i_k in der Umgebung des Lösungswerts berechnet man bei diesem Iterationsverfahren einen verbesserten Lösungswert aus

$$i_{k+1} = i_k - \frac{f(i_k)}{f'(i_k)}. \tag{2.12}$$

Dabei ist $f(i_k)$ der Wert, den die Funktion an der Stelle i_k besitzt, und $f'(i_k)$ ist der Wert, den die erste Ableitung der Funktion an der gleichen Stelle hat. Um das Tangentenverfahren in Gang setzen zu können, benötigt man also die erste Ableitung der Funktion f(i) gemäß Gleichung (2.11). Diese ergibt sich unter Beachtung der Quotientenregel zu

$$f'(i) = r \cdot \frac{i n q^{n-1} - q^n + 1}{i^2}. \tag{2.13}$$

Wählen wir als ersten Startwert $i_0 = 6\%$ und begnügen uns mit einer Zinsberechnung auf vier Stellen genau, so sind wir nach zwei Iterationen am Ziel (vgl. *Tabelle 2-6*).

Tab. 2-6: Iterative Berechnung des Zinssatzes einer nachschüssigen Rente bei gegebenem Endwert mit Hilfe des Newtonverfahrens

k	i_k	$f(i_k)$ gem. Gl. (2.11)	$f'(i_k)$ gem. Gl. (2.13)
0	0,0600	−45 238,03	3 889 638,90
1	0,0716	8 218,74	5 386 282,38
2	0,0701	173,72	5 160 235,10
3	0,0701	0,08	5 155 358,90
4	0,0701	0,00	

Bisher haben wir den Zinssatz einer Rente unter der Voraussetzung berechnet, daß der Rentenendwert gegeben ist. Entsprechend ist bei gegebenem Rentenbarwert zu verfahren.

Beispiel 29: Gerhard besitzt ein Kapital von 27 406,39 und möchte daraus viermal eine nachschüssige Rente von jeweils 8000 DM ziehen. Zu welchem Zinssatz muß er das Kapital anlegen?

Zur Lösung benutzen wir wieder Newtons Verfahren. Die Funktion, deren Nullstelle zu bestimmen ist, lautet bei gegebenem Barwert

$$f(i) = -R_0 + r \cdot \frac{(1+i)^n - 1}{i(1+i)^n}, \tag{2.14}$$

und deren erste Ableitung nach i ergibt sich (nach einigen Umformungen) zu

$$f'(i) = r \cdot \frac{q + ni - q^{n+1}}{i^2 q^{n+1}}. \tag{2.15}$$

Verwendet man im Beispiel 29 als ersten Versuchszinssatz $i_0 = 5\%$ und verbessert diesen Zinssatz mit *Newtons* Methode entsprechend Gleichung (2.12), so erhält man die in *Tabelle* 2-7 zusammengestellten Zahlen. Beschränkt man sich auf eine Genauigkeit von drei Stellen nach dem Dezimalpunkt, so hat man das Resultat $i = 6{,}5\%$ nach zwei Iterationen gefunden.

Tab. 2-7: Iterative Berechnung des Zinssatzes einer nachschüssigen Rente bei gegebenem Barwert mit Hilfe des Newtonverfahrens

k	i_k	$f(i_k)$ gem. Gl. (2.14)	$f'(i_k)$ gem. Gl. (2.15)
0	0,05000	961,21	−65895,33
1	0,06459	25,75	−62406,01
2	0,06500	0,02	−62310,88
3	0,06500	0,00	

2.3.1.1.4. Berechnung der Laufzeit

Wir kommen nun in bezug auf die gleichbleibende jährliche nachschüssige Rente zu den beiden letzten möglichen Fragestellungen. Es geht darum, die Laufzeit zu ermitteln, wenn entweder der Endwert R_n oder der Barwert R_0 gegeben sind. Die Endwertformel lautete

$$R_n = r \cdot \frac{q^n - 1}{i}. \tag{2.4}$$

Sie läßt sich nach n auflösen, indem man zunächst umformt zu

$$q^n = 1 + \frac{iR_n}{r}$$

und anschließend logarithmiert. Dividiert man noch durch ln q, so erhält man schließlich

$$n = \frac{\ln\left(1 + \frac{iR_n}{r}\right)}{\ln q}. \tag{2.16}$$

Beispiel 30: Hilke möchte wissen, wie oft sie nachschüssig jährlich 500 DM einzahlen muß, damit sie bei einem Zinssatz von 4% auf ein Endkapital von 3949,15 DM kommt.

Lösung:

$$n=\frac{\ln\left(1+\frac{0{,}04\cdot 3949{,}15}{500}\right)}{\ln 1{,}04}=7$$

Um die Laufzeit einer Rente bei gegebenem Barwert zu berechnen, gehen wir von der Barwertformel

$$R_0=r\cdot\frac{q^n-1}{iq^n} \tag{2.6}$$

aus und lösen diese nach n auf. Wir erhalten hier, bei zum Endwertproblem analoger Vorgehensweise, die Formel

$$n=\frac{\ln\left(\frac{r}{r-iR_0}\right)}{\ln q}. \tag{2.17}$$

Beispiel 31: Ingo besitzt 3001,03 DM, die er zu 4% anlegen kann. Er will aus diesem Kapital jährlich eine nachschüssige Rente in Höhe von 500 DM zahlen. Wie oft kann er das tun?

Lösung:

$$n=\frac{\ln\left(\frac{500}{500-0{,}04\cdot 3001{,}03}\right)}{\ln 1{,}04}=7$$

Die Ausführungen zur Berechnung der Laufzeit von Renten lassen sich damit aber noch nicht abschließen, denn wir können im Gegensatz zu den Bedingungen der Beispiele 30 und 31 nicht immer damit rechnen, daß wir eine ganzzahlige Lösung erhalten.

Beispiel 32: Jette verfügt über 3500 DM, die sie von einer Bank zu 5% verzinst bekommt. Sie will von diesem Kapital jährlich nachschüssig eine Rente von 500 DM zahlen. Wie lange kann sie das tun?

Lösung:

$$n = \frac{\ln\left(\frac{500}{500-0{,}05\cdot 3000}\right)}{\ln 1{,}05} = 8{,}829$$

Wie ist diese Lösung zu interpretieren? Die Rente in Höhe von 500 DM kann achtmal gezahlt werden. Für ein neuntes Mal reicht es nicht. Nach acht Jahren ist aber noch ein Restkapital vorhanden. Dieses beläuft sich (vgl. *Tabelle 2-8*) auf

$$R_0\, q^{\mathrm{int}(n)} - r\cdot\frac{q^{\mathrm{int}(n)}-1}{i} = 3500\cdot 1{,}05^8 - 500\cdot\frac{1{,}05^8-1}{0{,}05} = 396{,}54.$$

Zuzüglich der Zinsen in Höhe von 5% für das letzte Jahr reicht dies am Ende des neunten Jahres noch für eine Ausgleichszahlung in Höhe von 416,37 DM.

Tab. 2-8: Nachschüssige Rente mit nicht-ganzzahliger Laufzeit

Jahr	Kapital zu Jahresbeginn	Zinsen 5%	Rente	Kapital zu Jahresende
1	3500,00	175,00	−500,00	3175,00
2	3175,00	158,75	−500,00	2833,75
3	2833,75	141,69	−500,00	2475,44
4	2475,44	123,77	−500,00	2099,21
5	2099,21	104,96	−500,00	1704,17
6	1704,17	85,21	−500,00	1289,38
7	1289,38	64,47	−500,00	853,85
8	853,85	42,69	−500,00	396,54
9	396,54	19,83	−416,37	0,00

2.3.1.2. Vorschüssige Renten

Bisher haben wir uns ausschließlich mit gleichbleibenden jährlichen Renten beschäftigt. Dabei sind wir immer vom Fall der nachschüssigen Rentenzahlung ausgegangen, haben also unterstellt, daß die Rentenzahlung jeweils am Ende eines Jahres erfolgt. Jetzt wollen wir uns mit vorschüssigen Renten befassen, nehmen also an, daß die Zahlung der Rente jeweils zu Beginn des Jahres stattfindet (vgl. *Abbildung 2-2*).

Unser wichtigstes Anliegen wird die Entwicklung einer Formel sein, mit der man den Rentenendwert berechnen kann, wenn jemand n vorschüssige Renten konstanter Höhe ($r_t = r$) zahlt und Kapital zum Satz i verzinst wird. Es geht also um die Herleitung einer Gleichung zur Ermittlung des Rentenendwerts.

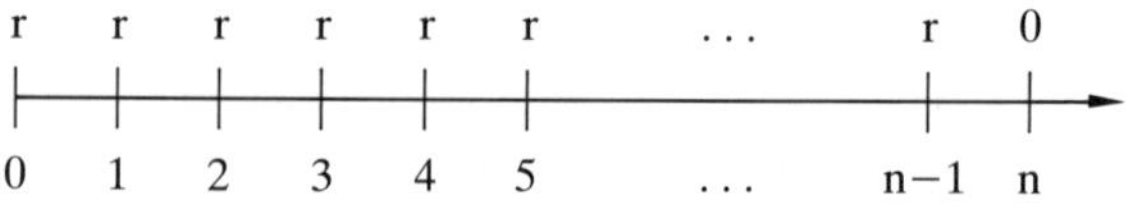

Abb. 2-2: Zeitstruktur einer gleichbleibenden endlichen vorschüssigen Rente

Bei vorschüssiger Zahlungsweise erfolgt die erste Zahlung im Zeitpunkt $t=0$, die zweite im Zeitpunkt $t=1$ und die letzte im Zeitpunkt $t=n-1$. Verwendet man wieder $q=1+i$ als Zinsfaktor und verfolgt die Kapitalentwicklung im Zeitablauf, so entsteht folgendes Bild:

$$\begin{aligned} &R_1 &&= r_0\, q \\ &R_2 = r_1\, q + R_1\, q &&= r_1\, q^1 + r_0\, q^2 \\ &R_3 = r_3\, q + R_2\, q &&= r_2\, q^1 + r_1\, q^2 + r_0\, q^3 \\ &\vdots \\ &R_n = r_{n-1}\, q + R_{n-1}\, q = r_{n-1}\, q^1 + r_{n-2}\, q^2 + \ldots + r_1\, q^{n-1} + r_0\, q^n \end{aligned}$$

Also lautet die Endwertformel allgemein

$$R_n = r_{n-1}\, q^1 + r_{n-2}\, q^2 + \ldots + r_2\, q^{n-2} + r_1\, q^{n-1} + r_0\, q^n \tag{2.18}$$

Läßt man den Zeitindex fort, weil es sich im hier speziell betrachteten Fall um eine gleichbleibende Rente mit

$$r_0 = r_1 = \ldots = r_{n-1} = r$$

handelt, so kann man r ausklammern und bekommt

$$R_n = r \cdot (q^1 + q^2 + q^3 + \ldots + q^n)$$

oder, wenn man auch noch q ausklammert,

$$R_n = r\, q \cdot (1 + q^1 + q^2 + \ldots + q^{n-1}).$$

Unter Verwendung der Summenformel für die geometrische Reihe läßt sich dafür einfacher

$$R_n = r\, q \cdot \frac{q^n - 1}{q - 1}$$

und wegen $1+i=q$ schließlich

$$\boxed{R_n = r\, q \cdot \frac{q^n - 1}{i}} \tag{2.19}$$

schreiben. Um den Rentenendwert einer gleichbleibenden jährlichen vorschüssigen Rente zu berechnen, ist also die Rentenzahlung eines Jahres mit dem vorschüssigem Rentenendwertfaktor

$$\boxed{REFV = \frac{q(q^n - 1)}{i}} \tag{2.20}$$

zu multiplizieren.

Vergleicht man die Gleichungen (2.19) und (2.20) mit den entsprechenden Gleichungen bei nachschüssigen Renten (2.4) und (2.5), so zeigt sich, daß der vorschüssige Rentenendwert nichts anderes ist als der um eine Periode aufgezinste nachschüssige Rentenendwert, oder

$$REFV = q \cdot REFN.$$

Beispiel 33: Katharina beabsichtigt, 10 Jahre lang jeweils zum 1. Januar 1000 DM auf ein Konto einzuzahlen, das mit 6,375% verzinst wird. Wie hoch ist ihr Kapital nach Ablauf des zehnten Jahres?

Lösung:

$$R_{10} = 1000 \cdot \frac{1{,}06375 \cdot (1{,}06375^{10} - 1)}{0{,}06375} = 14270{,}46$$

Tabelle 2-9 zeigt im einzelnen, wie sich das Kapital im Laufe der zehn Jahre entwickelt.

Tab. 2-9: Entwicklung eines Kapitals bei Einzahlung einer vorschüssigen gleichbleibenden Rente

Jahr	Kapital zu Jahresbeginn vor Rentenzahlung	Rente	Kapital zu Jahresbeginn nach Rentenzahlung	Zinsen 6,375%	Kapital zu Jahresende
1	0,00	1000,00	1000,00	63,75	1063,75
2	1063,75	1000,00	2063,75	131,56	2195,31
3	2195,31	1000,00	3195,31	203,70	3399,02
4	3399,02	1000,00	4399,02	280,44	4679,45
5	4679,45	1000,00	5679,45	362,07	6041,52
6	6041,52	1000,00	7041,52	448,90	7490,41
7	7490,41	1000,00	8490,41	541,26	9031,68
8	9031,68	1000,00	10031,68	639,52	10671,20
9	10671,20	1000,00	11671,20	744,04	12415,24
10	12415,24	1000,00	13415,24	855,22	14270,46

Beispiel 34: Ludwig hat die gleichen Pläne wie Katharina im Beispiel 33 mit einem einzigen Unterschied. Er will die 1000 DM jeweils erst am Jahresende einzahlen. Wie hoch ist sein Kapital nach Ablauf von zehn Jahren?

Lösung:

$$R_{10} = 1000 \cdot \frac{1{,}06375^{10} - 1}{0{,}06375} = 13415{,}24.$$

Im Beispiel 34 haben wir es mit einer nachschüssigen Rente zu tun. Daher ist Katharinas Endwert genau um den Faktor $q = 1{,}06375$ größer als Ludwigs Endwert.

Tabelle 2-10 zeigt, welche Werte die vorschüssigen Rentenendwertfaktoren bei üblichen Zinssätzen und Laufzeiten besitzen.

Tab. 2-10: Vorschüssige Rentenendwertfaktoren (REFV) für ausgewählte Zinssätze und Laufzeiten

n	2,50%	5,00%	7,50%	10,00%
1	1,02500	1,05000	1,07500	1,10000
2	2,07562	2,15250	2,23062	2,31000
3	3,15252	3,31013	3,47292	3,64100
4	4,25633	4,52563	4,80839	5,10510
5	5,38774	5,80191	6,24402	6,71561
6	6,54743	7,14201	7,78732	8,48717
7	7,73612	8,54911	9,44637	10,43589
8	8,95452	10,02656	11,22985	12,57948
9	10,20338	11,57789	13,14709	14,93742
10	11,48347	13,20679	15,20812	17,53117
20	26,18327	34,71925	46,55253	63,00250
30	45,00027	69,76079	111,15436	180,94342

Von der Endwertformel vorschüssiger Renten zur Barwertformel bedarf es nur eines kleinen Schrittes. Man zinst den Endwert gemäß Gleichung (2.19) um n Perioden ab mit dem Resultat

$$\boxed{R_0 = r \cdot \frac{q(q^n - 1)}{i q^n}}\,. \tag{2.21}$$

Von den in der Gleichung noch enthaltenen Kürzungsmöglichkeiten machen wir keinen Gebrauch. Wir erkennen so nämlich klarer, daß sich der vorschüssige Rentenbarwertfaktor

$$\boxed{\mathrm{RBFV} = \frac{q(q^n - 1)}{i q^n}} \qquad (2.22)$$

ebenfalls nur um den Faktor q vom nachschüssigem Rentenbarwertfaktor unterscheidet. Der Vergleich zwischen (2.22) und (2.7) zeigt sofort, daß

$$\mathrm{RBFV} = q \cdot \mathrm{RBFN}$$

gilt.

Tabelle 2-11 ist eine Zusammenstellung von vorschüssigen Barwertfaktoren für gängige Laufzeiten und Zinssätze. Auf solche Tafeln kann man zurückgreifen, wenn der Taschenrechner fehlt.

Tab. 2-11: Vorschüssige Rentenbarwertfaktoren (RBFV) für ausgewählte Zinssätze und Laufzeiten

n	2,50%	5,00%	7,50%	10,00%
1	1,00000	1,00000	1,00000	1,00000
2	1,97561	1,95238	1,93023	1,90909
3	2,92742	2,85941	2,79557	2,73554
4	3,85602	3,72325	3,60053	3,48685
5	4,76197	4,54595	4,34933	4,16987
6	5,64583	5,32948	5,04588	4,79079
7	6,50813	6,07569	5,69385	5,35526
8	7,34939	6,78637	6,29660	5,86842
9	8,17014	7,46321	6,85730	6,33493
10	8,97087	8,10782	7,37889	6,75902
20	15,97889	13,08532	10,95908	9,36492
30	21,45355	16,14107	12,69617	10,36961

Beispiel 35: Melanie soll 15 Jahre lang eine Rente in Höhe von 4000 DM, zahlbar jeweils zu Jahresbeginn, erhalten. Wie hoch ist der Barwert dieser Rente bei einem Zins von 5,5%?

Lösung:

$$R_0 = 4000 \cdot \frac{1{,}055 \cdot (1{,}055^{15} - 1)}{0{,}055 \cdot 1{,}055^{15}} = 42\,358{,}59$$

Die nachstehende *Tabelle 2-12* zeigt die Entwicklung des Kontos und stellt damit die Richtigkeit unserer Rechnung unter Beweis.

Tab. 2-12: Entwicklung eines Kapitals bei Auszahlung einer vorschüssigen gleichbleibenden Rente

Jahr	Kapital zu Jahresbeginn vor Rentenzahlung	Rente	Kapital zu Jahresbeginn nach Rentenzahlung	Zinsen 5,5%	Kapital zu Jahresende
1	42358,59	−4000,00	38358,59	2109,72	40468,31
2	40468,31	−4000,00	36468,31	2005,76	38474,07
3	38474,07	−4000,00	34474,07	1896,07	36370,15
4	36370,15	−4000,00	32370,15	1780,36	34150,50
5	34150,50	−4000,00	30150,50	1658,28	31808,78
6	31808,78	−4000,00	27808,78	1529,48	29338,26
7	29338,26	−4000,00	25338,26	1393,60	26731,87
8	26731,87	−4000,00	22731,87	1250,25	23982,12
9	23982,12	−4000,00	19982,12	1099,02	21081,14
10	21081,14	−4000,00	17081,14	939,46	18020,60
11	18020,60	−4000,00	14020,60	771,13	14791,73
12	14791,73	−4000,00	10791,73	593,55	11385,28
13	11385,28	−4000,00	7385,28	406,19	7791,47
14	7791,47	−4000,00	3791,47	208,53	4000,00
15	4000,00	−4000,00	0,00	0,00	0,00

Wir sind jetzt dazu in der Lage, den Endwert und den Barwert gleichbleibender vorschüssiger jährlicher Renten zu berechnen. Oben in dem Abschnitt über nachschüssige Renten hatten wir im einzelnen auch noch beschrieben, wie vorzugehen sei, wenn es darauf ankommt, die Rentenhöhe, den Zinssatz oder die Laufzeit zu berechnen, falls Endwert bzw. Barwert gegeben sind. Dies wollen wir in bezug auf die vorschüssigen Renten jetzt nicht im Detail wiederholen.

Die im Abschnitt über nachschüssige Renten angegebenen Methoden sind sinngemäß anzuwenden. Exemplarisch sei noch gezeigt, wie man den Zinssatz bei gegebenem Endwert berechnen kann.

Beispiel 36: Norbert will am Ende des zehnten Jahres über 10000 DM verfügen können. Er ist bereit, jährlich eine Zahlung von 750 DM zu leisten. Welchen Zinssatz muß Norbert verlangen, um sein Ziel zu erreichen, wenn die Rente

(a) nachschüssig,
(b) vorschüssig

gezahlt wird?

Lösung:

(a) Bei nachschüssiger Rente ist die Nullstelle der Funktion

$$f(i) = -R_n + r \cdot \frac{(1+i)^n - 1}{i}$$

zu bestimmen, deren erste Ableitung nach i

$$f'(i) = r \cdot \frac{i n q^{n-1} - q^n + 1}{i^2}$$

lautet. Beginnt man mit einem ersten Versuchswert von $i_0 = 0{,}05$, so erhält man bei Anwendung von *Newtons* Verfahren die in *Tabelle 2-13* zusammengestellten Werte.

Tab. 2-13: Iterative Berechnung des Zinssatzes einer nachschüssigen Rente bei gegebenem Endwert mit Hilfe des Newtonverfahrens

k	i_k	$f(i_k)$	$f'(i_k)$
0	0,0500	−566,58	44030,84
1	0,0629	19,75	47134,39
2	0,0624	0,02	47030,09
3	0,0624	0,00	

(b) Geht es darum, den Zinssatz im Falle vorschüssiger Rentenzahlung zu ermitteln, so ist gemäß Gleichung (2.19) die Nullstelle der Funktion

$$f(i) = -R_n + r \cdot \frac{(1+i)^{n+1} - (1+i)}{i}$$

zu ermitteln, deren erste Ableitung sich zu

$$f'(i) = r \cdot \frac{i(n+1) q^n - q^{n+1} + 1}{i^2}$$

ergibt. Beginnt man wieder mit einem Versuchswert von $i_0 = 0{,}05$, so erhält man die in *Tabelle 2-14* angegebenen Zahlen.

Tab. 2-14: Iterative Berechnung des Zinssatzes einer vorschüssigen Rente bei gegebenem Endwert mit Hilfe des Newtonverfahrens

k	i_k	$f(i_k)$	$f'(i_k)$
0	0,0500	−94,91	55665,81
1	0,0517	0,49	56236,52
2	0,0517	0,00	

Bei nachschüssiger Rentenzahlung muß also ein Zinssatz von 6,24% verlangt werden, während bei vorschüssiger Zahlung ein Zinssatz von 5,17% ausreicht.

2.3.2. Jährliche Renten mit unterjährlichen Zinssätzen

Ebenso wie im vorangehenden Abschnitt 2.3.1 betrachten wir weiterhin jährliche gleichbleibende Renten. Im Gegensatz zu den bisherigen Rentenmodellen gehen wir aber nun davon aus, daß Zinsen in kürzeren als Jahresabständen gutgeschrieben oder belastet werden. Als Zinsverrechnungsperioden kommen Semester, Quartale, Monate oder Tage in Frage.

Um Rentenrechnung bei unterjährlicher Verzinsung betreiben zu können, rekapitulieren wir ein wenig Zinsrechnung. Als Symbol für die Anzahl der Zinsperioden verwenden wir hier m_z, wobei gilt:

- wenn Zinsperiode = 1 Tag, dann $m_z = 360$,
- wenn Zinsperiode = 1 Monat, dann $m_z = 12$,
- wenn Zinsperiode = 1 Quartal, dann $m_z = 4$,
- wenn Zinsperiode = 1 Semester, dann $m_z = 2$.

Weiterhin benutzen wir für die Zinssätze folgende Symbole:

i := nomineller Jahreszinssatz
j := relativer Zinssatz je Zinsperiode
i^* := konformer Jahreszinssatz

2.3.2.1. Rentenrechnung bei gegebenem Zinssatz

Bei sechs der insgesamt acht möglichen Fragestellungen der Rentenrechnung ist der Zinssatz gegeben. Es handelt sich im einzelnen um die Fragen nach dem Endwert, nach dem Barwert, nach der Rentenhöhe bei gegebenem Endwert, der Rentenhöhe bei gegebenem Barwert sowie nach den Laufzeiten bei gegebenem Endwert oder Barwert. In all diesen Fällen kann die Rentenrechnung mit den gleichen Ansätzen erfolgen, die wir im Kapital 2.3.1 für den Fall der jährlichen Verzinsung beschrieben haben. Nur muß zuvor der nominelle bzw. der relative Zinssatz in den konformen Zinssatz umgerechnet werden. Die Umrechnungsformeln lauten bei diskreter Verzinsung

$$i^* = (1+j)^{\frac{1}{m_z}} - 1 \text{ oder} \qquad (2.23)$$

$$i^* = \left(1 + \frac{i}{m_z}\right)^{\frac{1}{m_z}} - 1. \qquad (2.24)$$

Im Falle der stetigen Verzinsung verwendet man

$$i^* = e^i - 1. \qquad (2.25)$$

Rentenrechnung mit unterjährlichen Zinssätzen kann nun mit denselben Methoden durchgeführt werden wie Rentenrechnung mit jährlichen Zinssätzen. Man muß nur anstelle des nominellen Zinssatzes i den konformen Jahreszinssatz i* benutzen. Das ist alles.

Beispiel 37: Olivia besitzt ein Kapital von 30000 DM. Ihre Bank verzinst Kapital mit 1% je Quartal. Sie will an sich selbt eine dreijährige gleichbleibende Rente aus diesem Vermögen zahlen. Wie hoch ist diese bei

(a) nachschüssiger
(b) vorschüssiger Zahlung?

Lösung:

Zunächst ist der Quartalszinssatz $j=1\%$ in den konformen Jahreszinssatz umzurechnen,

$$i^* = 1{,}01^4 - 1 = 0{,}0406.$$

Sodann ist auf die Barwertformeln der Rentenrechnung zurückzugreifen, weil in vorstehendem Beispiel der Barwert mit 30000 DM gegeben ist.

(a) Löst man die Barwertgleichung bei nachschüssiger Rentenzahlung (2.6) nach r auf, so erhält man Gleichung (2.9) und mit den Zahlen unseres Beispiels

$$r = 30000 \cdot \frac{0{,}0406 \cdot 1{,}0406^3}{1{,}0406^3 - 1} = 10822{,}85.$$

Tabelle 2-15 zeigt die Kapitalentwicklung im Zeitablauf, wenn man jährliche Abstände betrachtet.

Tab. 2-15: Entwicklung eines Kapitals bei jährlicher Verzinsung und Auszahlung einer nachschüssigen jährlichen Rente

Jahr	Kapital zu Jahresbeginn	Zinsen 4,06%	Rente	Kapital zu Jahresende
1	30000,00	1218,12	−10822,85	20395,27
2	20395,27	828,13	−10822,85	10400,55
3	10400,55	422,30	−10822,85	0,00

In *Tabelle 2-16* ist die gleiche Entwicklung ausführlicher zu sehen, da hier die Kapitalentwicklung in Vierteljahresabständen gezeigt wird.

Tab. 2-16: Entwicklung eines Kapitals bei vierteljährlicher Verzinsung und Auszahlung einer nachschüssigen jährlichen Rente

Quartal	Kapital zu Quartals-beginn	Zinsen 1%	Rente	Kapital zu Quartals-ende
1	30000,00	300,00	0,00	30300,00
2	30300,00	303,00	0,00	30603,00
3	30603,00	306,03	0,00	30909,03
4	30909,03	309,09	−10822,85	20395,27
5	20395,27	203,95	0,00	20599,22
6	20599,22	205,99	0,00	20805,21
7	20805,21	208,05	0,00	21013,27
8	21013,27	210,13	−10822,85	10400,55
9	10400,55	104,01	0,00	10504,55
10	10504,55	105,05	0,00	10609,60
11	10609,60	106,10	0,00	10715,69
12	10715,69	107,16	−10822,85	0,00

(b) Bei vorschüssiger Rentenzahlung muß die Barwertgleichung (2.21) nach r aufgelöst werden. Man erhält nach geringfügiger Umformung

$$r = R_0 \cdot \frac{i q^n}{q^{n+1} - q}$$

und mit den Beispielszahlen

$$r = 30000 \cdot \frac{0{,}0406 \cdot 1{,}0406^3}{1{,}0406^4 - 1{,}0406} = 10400{,}55.$$

In *Tabelle 2-17* läßt sich die Entwicklung des Kapitals bei vorschüssiger Zahlweise in Quartalsabständen nachvollziehen.

Beispiel 38: Peter will vier Jahre lang nachschüssig eine Rente in Höhe von 850 DM zahlen. Ihm werden Zinsen in Höhe von 10% nominal bei stetiger Verzinsung angeboten. Wie groß ist der Endwert dieser Rente?

Lösung:

Der konforme Jahreszinssatz beträgt

$$i^* = e^{0{,}1} - 1 = 0{,}1052,$$

Tab. 2-17: Entwicklung eines Kapitals bei vierteljährlicher Verzinsung und Auszahlung einer vorschüssigen jährlichen Rente

Quartal	Kapital zu Quartalsbeginn vor Rentenzahlung	Rente	Kapital zu Quartalsbeginn nach Rentenzahlung	Zinsen 1%	Kapital zu Quartalsende
1	30000,00	−10400,55	19599,45	195,99	19795,45
2	19795,45	0,00	19795,45	197,95	19993,40
3	19993,40	0,00	19993,40	199,93	20193,34
4	20193,34	0,00	20193,34	201,93	20395,27
5	20395,27	−10400,55	9994,72	99,95	10094,67
6	10094,67	0,00	10094,67	100,95	10195,62
7	10195,62	0,00	10195,62	101,96	10297,57
8	10297,57	0,00	10297,57	102,98	10400,55
9	10400,55	−10400,55	0,00	0,00	0,00
10	0,00	0,00	0,00	0,00	0,00
11	0,00	0,00	0,00	0,00	0,00
12	0,00	0,00	0,00	0,00	0,00

und der Endwert ergibt sich bei sinngemäßer Anwendung der Endwertgleichung (2.4) zu

$$R_4 = 850 \cdot \frac{1{,}1052^4 - 1}{0{,}1052} = 3974{,}97.$$

Auf eine tabellarische Darstellung der Kapitalentwicklung sei verzichtet.

2.3.2.2. Rentenrechnung bei gesuchtem Zinssatz

Bei zwei der möglichen acht Fragestellungen der Rentenrechnung kommt es darauf an, den Zinssatz aus den übrigen Parametern des Modells zu berechnen. Auch hier haben wir es nicht mit besonderen Problemen zu tun, wenn wir uns auf die in Abschnitt 2.3.1 angegebenen Ermittlungsverfahren für den Fall der jährlichen Verzinsung verlassen. Das Ergebnis solcher Berechnung ist jedoch immer ein konformer Jahreszinssatz, der abschließend in den nominellen bzw. relativen Zinssatz umzurechnen ist. Bei diesem letzten Schritt benutzt man im Falle diskreter Verzinsung

$$j = (1 + i^*)^{\frac{1}{m_z}} - 1 \quad \text{und} \tag{2.26}$$

$$i = m\left((1 + i^*)^{\frac{1}{m_z}} - 1\right) \tag{2.27}$$

sowie bei kontinuierlicher Verzinsung

$$i = \ln(1 + i^*). \tag{2.28}$$

Beispiel 39: Resi hat den Wunsch, bei nachschüssiger Zahlung von 4 Renten in Höhe von 5000 DM ein Endkapital in Höhe von 24000 DM zu erzielen. Welchen Zinssatz muß sie bei stetiger Verzinsung verlangen?

Lösung:

Es ist von der Endwertgleichung (2.4) bei nachschüssiger Rentenzahlung auszugehen. Gesucht ist daher derjenige konforme Jahreszinssatz i^*, der die Funktion

$$f(i^*) = -R_n + r \cdot \frac{(1+i^*)^n - 1}{i^*}$$

genau null werden läßt. Verwendet man zur Nullstellenbestimmung Newtons Tangentenverfahren, so benötigt man die erste Ableitung der Funktion nach i^* und erhält (vgl. (2.13))

$$f'(i^*) = r \cdot \frac{i^* n(1+i^*)^{n-1} - (1+i^*)^n + 1}{i^{*2}}.$$

Beginnend mit einem Versuchswert von $i_0^* = 0{,}1$ lauten die Ergebnisse des Iterationsverfahrens so, wie in *Tabelle 2-18* zusammengestellt.

Tab. 2-18: Ermittlung des Zinssatzes einer nachschüssigen Rente mit Hilfe des Newtonverfahrens

k	i_k^*	$f(i_k^*)$	$f'(i_k^*)$
0	0,1000	−795,00	34150,00
1	0,1233	11,71	35159,15
2	0,1229	0,00	

Der konforme Jahreszinsfuß ergibt sich zu $i^* = 12{,}29\%$, was bei stetiger Verzinsung gemäß Gleichung (2.28) einem nominellen Jahreszinssatz von

$$i = \ln(1 + 0{,}1229) = 0{,}116$$

entspricht. $i = 11{,}6\%$ ist also die gesuchte Lösung.

2.3.3. Unterjährliche Renten mit jährlicher Zinsverrechnung

In den vorangehenden Abschnitten dieses Kapitels haben wir stets nur Rentenzahlungen untersucht, die in jährlichen Abständen erfolgten. In der Finanzpraxis hat man es jedoch sehr häufig mit Renten zu tun, die in kürzeren Zeitintervallen gezahlt werden. So ist es beispielsweise üblich, daß Hypothekenkredite vierteljährlich bedient werden oder daß private Kleinkredite in monatlichen Raten zurückgezahlt werden.

Im vorigen Abschnitt, als die jährliche Rente mit unterjährlicher Zinsverrechnung unser Thema war, haben wir gesehen, wie die Lösungsidee bei voneinander abweichenden Zins- und Rententerminen grunsätzlich aussieht. In Abschnitt 2.3.2 haben wir die unterjährlichen Zinssätze in konforme Jahreszinssätze umgerechnet, und nachdem auf diese Weise Äquivalenz zwischen Renten- und Zinsterminen hergestellt war, konnte auf die Berechnungsmethoden aus Abschnitt 2.3.1 (jährliche Renten bei jährlicher Zinsverrechnung) zurückgegriffen werden.

Dieser Lösungsidee vertrauen wir uns nun abermals an. Und zwar wollen wir versuchen, die Übereinstimmung zwischen Renten- und Zinsterminen dadurch herzustellen, daß wir die unterjährlichen Renten in fiktive konforme Jahresrenten r umrechnen. Diese Vorgehensweise wird uns weiterhelfen, aber nicht alle Probleme lösen.

Als Symbol für die Anzahl der Rentenzahlungen je Jahr verwenden wir m_r, und es gilt

- wenn Rentenperiode = 1 Tag, dann $m_r = 360$,
- wenn Rentenperiode = 1 Monat, dann $m_r = 12$,
- wenn Rentenperiode = 1 Quartal, dann $m_r = 4$,
- wenn Rentenperiode = 1 Semester, dann $m_r = 2$.

Bei den bisher betrachteten jährlichen Renten entsprach die Laufzeit n zugleich der Anzahl der Rentenzahlungen. In bezug auf die Symbolik war es nicht erforderlich, zwischen diesen beiden Begriffen sauber zu unterscheiden. Dies ist bei unterjährlichen Renten anders. Wir verwenden

$n :=$ Laufzeit der unterjährlichen Rente (gemessen in Jahren)
$N :=$ Anzahl der Rentenzahlungen innerhalb der Laufzeit

Für das Verhältnis von N zu n gilt

$$N = n \cdot m_r \tag{2.29}$$

beziehungsweise

$$n = \frac{N}{m_r}, \tag{2.30}$$

wobei N immer eine natürliche Zahl sein muß. n dagegen kann eine natürliche Zahl sein, muß aber nicht. Im Rahmen der Berechnung unterjährlicher Renten mit jährlicher Zinsverrechnung sind nun zwei Fälle zu unterscheiden. Entweder ist n eine natürliche Zahl. Dies ist beispielsweise so, wenn 36, 48 oder 72 Monatsraten gezahlt werden oder wenn wir es mit 4, 8, 12 oder 16 Quartalsraten zu tun haben. Oder n ist keine natürliche Zahl, etwa wenn 47 Monatsrenten oder 15 vierteljährliche Renten zu analysieren sind. Wir behandeln zuerst den einfacheren Fall.

2.3.3.1. Rentenrechnung bei ganzzahligen Laufzeiten

Betrachten Sie *Abbildung 2-3*. Dort sehen Sie zwei übereinander liegende Zeitachsen.

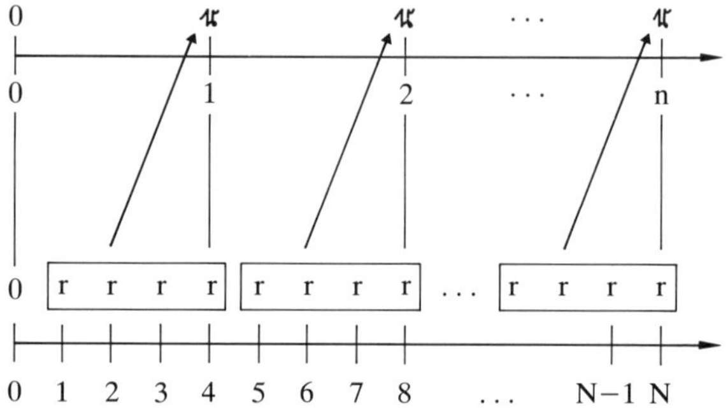

Abb. 2-3: Umrechnung nachschüssiger unterjährlicher Renten in eine konforme Jahresrente

Die untere ist in N Subperioden (hier: Quartale) eingeteilt, die obere in n Jahre. Unser Ziel besteht darin, die nachschüssige unterjährliche Rente r in eine konforme nachschüssige Jahresrente $\mathfrak{r}$ umzurechnen. Dabei ist zu berücksichtigen, daß Zinsen dem Kapitalkonto nur jährlich zugeschlagen werden. In bezug auf Festlegungsdauern, die kürzer als ein Jahr sind, werden also nur einfache Zinsen verrechnet.

Im Beispiel einer nachschüssigen Vierteljahresrente ($m_r = 4$) gemäß *Abbildung 2-3* ergibt sich so ein jährlicher Endbetrag von

$$\mathfrak{r} = r\cdot\left(1+3\cdot\frac{i}{4}\right)+r\cdot\left(1+2\cdot\frac{i}{4}\right)+r\cdot\left(1+1\cdot\frac{i}{4}\right)+r\cdot\left(1+0\cdot\frac{i}{4}\right)$$

$$= r\cdot\left(4+\frac{i}{4}\cdot(0+1+2+3)\right)$$

Geht man allgemeiner von m_r Subperioden eines Jahres aus, so heißt es

$$r = r \cdot \left(m_r + \frac{i}{m_r} \cdot [0 + 1 + 2 + \ldots + (m_r - 1)] \right) \tag{2.31}$$

Bei dem Ausdruck

$$0 + 1 + 2 + \ldots + (m_r - 1)$$

handelt es sich um eine arithmetische Reihe, da die Differenz zwischen je zwei benachbarten Summanden konstant ist. Unter Benutzung der Summenformel für die endliche arithmetische Reihe[8]

$$0 + 1 + 2 + \ldots + (m_r - 1) = \frac{(m_r - 1) \cdot m_r}{2}$$

kann man für (2.31) auch

$$r = r \cdot \left(m_r + \frac{i}{m_r} \cdot \frac{(m_r - 1) \cdot m_r}{2} \right)$$

oder kürzer

$$r = r \cdot \left(m_r + \frac{i}{2} \cdot (m_r - 1) \right) \tag{2.32}$$

schreiben.

Wenn nun die Anzahl der konformen Jahresrenten r ganzzahlig ist – und dies wird ja vorausgesetzt –, so kann man zur Berechnung des Endwerts Gleichung (2.4) sinngemäß benutzen, also

$$\boxed{\begin{aligned} R_n &= r \cdot \frac{q^n - 1}{i} \\ &= r \cdot \left(m_r + \frac{i}{2} \cdot (m_r - 1) \right) \cdot \frac{q^n - 1}{i} \end{aligned}} \quad . \tag{2.33}$$

[8] Vgl. Anhang 1.

Den Barwert berechnet man entsprechend aus

$$R_0 = r \cdot \frac{q^n - 1}{iq^n} = r \cdot \left(m_r + \frac{i}{2} \cdot (m_r - 1)\right) \cdot \frac{q^n - 1}{iq^n} \quad . \tag{2.34}$$

Beispiel 40: Stefan hat sich vorgenommen, zwei Jahre lang monatlich 150 DM auf sein Sparbuch einzuzahlen, das jährlich mit 2,25% verzinst wird. Wie hoch ist sein Endkapital, wenn er jeweils am Monatsultimo einzahlt?

Lösung:

Die konforme nachschüssige Jahresrente berechnet man aus

$$r = 150 \cdot \left(12 + \frac{0{,}0225}{2} \cdot 11\right) = 1818{,}56.$$

Für den Endwert erhält man danach

$$R_2 = 1818{,}56 \cdot \frac{1{,}0225^2 - 1}{0{,}0225} = 3678{,}04.$$

Die Entwicklung von Stefans Kapital über die einzelnen Monate zeigt *Tabelle 2-19.*

Abbildung 2-4 soll veranschaulichen, wie wir bei unterjährlichen vorschüssigen Renten vorgehen. Auch diese werden in konforme nachschüssige Jahresrenten transformiert, indem für Festlegungsdauern von weniger als einem Jahr nur einfache Zinsen angesetzt werden.

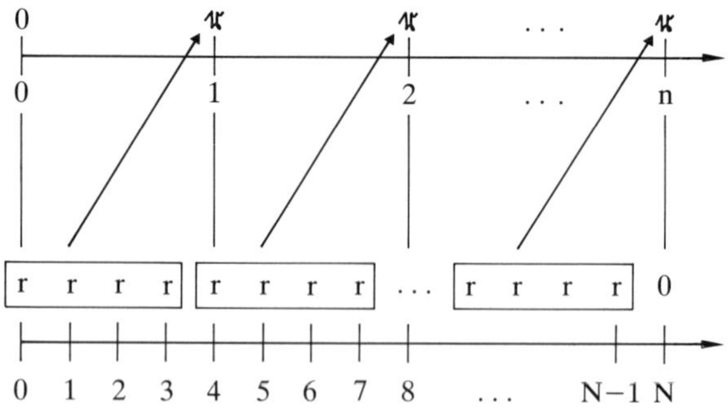

Abb. 2-4: Umrechnung vorschüssiger unterjährlicher Renten in eine konforme Jahresrente

Tab. 2-19: Entwicklung eines Kapitals bei Einzahlung einer monatlichen nachschüssigen Rente und jährlichem Zinszuschlag

Monat	Kapital zu Monatsbeginn	Rente	Kapital am Monatsende	Mtl. Zinsen 0,1875% auf Kapital zu Monatsbeginn	Jährliche Zinsen
1	0,00	150,00	150,00	0,00	
2	150,00	150,00	300,00	0,28	
3	300,00	150,00	450,00	0,56	
4	450,00	150,00	600,00	0,84	
5	600,00	150,00	750,00	1,13	
6	750,00	150,00	900,00	1,41	
7	900,00	150,00	1050,00	1,69	
8	1050,00	150,00	1200,00	1,97	
9	1200,00	150,00	1350,00	2,25	
10	1350,00	150,00	1500,00	2,53	
11	1500,00	150,00	1650,00	2,81	
12	1650,00	150,00	1800,00	3,09	18,56
13	1818,56	150,00	1968,56	3,41	
14	1968,56	150,00	2118,56	3,69	
15	2118,56	150,00	2268,56	3,97	
16	2268,56	150,00	2418,56	4,25	
17	2418,56	150,00	2568,56	4,53	
18	2568,56	150,00	2718,56	4,82	
19	2718,56	150,00	2868,56	5,10	
20	2868,56	150,00	3018,56	5,38	
21	3018,56	150,00	3168,56	5,66	
22	3168,56	150,00	3318,56	5,94	
23	3318,56	150,00	3468,56	6,22	
24	3468,56	150,00	3618,56	6,50	59,48
25	3678,04				

Man erhält hier für den Spezialfall vorschüssiger Vierteljahresrenten

$$\mathrm{r} = \mathrm{r} \cdot \left(1 + 4 \cdot \frac{i}{4}\right) + \mathrm{r} \cdot \left(1 + 3 \cdot \frac{i}{4}\right) + \mathrm{r} \cdot \left(1 + 2 \cdot \frac{i}{4}\right) + \mathrm{r} \cdot \left(1 + 1 \cdot \frac{i}{4}\right)$$

$$= \mathrm{r} \cdot \left(4 + \frac{i}{4} \cdot (1 + 2 + 3 + 4)\right)$$

und im allgemeinen Fall mit m_r Subperioden

$$\mathrm{r} = \mathrm{r} \cdot \left(m_r + \frac{i}{m_r} \cdot [1 + 2 + 3 + \ldots + m_r]\right) \qquad (2.35)$$

oder unter Benutzung der Summenformel für die arithmetische Reihe kurz

$$\begin{aligned} \mathrm{r} &= \mathrm{r} \cdot \left(\mathrm{m_r} + \frac{\mathrm{i}}{\mathrm{m_r}} \cdot \frac{\mathrm{m_r} \cdot (\mathrm{m_r}+1)}{2} \right) \\ &= \mathrm{r} \cdot \left(\mathrm{m_r} + \frac{\mathrm{i}}{2} \cdot (\mathrm{m_r}+1) \right). \end{aligned} \tag{2.36}$$

Den Endwert einer vorschüssigen unterjährlichen Rente berechnet man folglich aus

$$\boxed{\mathrm{R_n} = \mathrm{r} \cdot \left(\mathrm{m_r} + \frac{\mathrm{i}}{2} \cdot (\mathrm{m_r}+1) \right) \cdot \frac{\mathrm{q^n} - 1}{\mathrm{i}}} \tag{2.37}$$

während sich der Barwert aus

$$\boxed{\mathrm{R_0} = \mathrm{r} \cdot \left(\mathrm{m_r} + \frac{\mathrm{i}}{2} \cdot (\mathrm{m_r}+1) \right) \cdot \frac{\mathrm{q^n} - 1}{\mathrm{i q^n}}} \tag{2.38}$$

ergibt.

Beispiel 41: Tina hat einen Rechtsanspruch auf Zahlung einer vorschüssigen Quartalsrente in Höhe von je 6000 DM über einen Zeitraum von 7 Jahren. Man bietet ihr an, diesen Anspruch durch Zahlung einer einmaligen Entschädigung von 145800 DM zu befriedigen. Welchem Jahreszinssatz entspricht dieses Angebot?

Lösung:

In diesem Beispiel kommt es darauf an, den Zinssatz einer vorschüssigen unterjährlichen Rente zu berechnen, wobei der Barwert gegeben ist. Formal besteht das Problem unter Berücksichtigung von (2.38) also darin, die Nullstelle der Funktion

$$\mathrm{f(i)} = -\mathrm{R_0} + \mathrm{r} \cdot \left(\mathrm{m_r} + \frac{\mathrm{i}}{2} \cdot (\mathrm{m_r}+1) \right) \cdot \frac{\mathrm{q^n} - 1}{\mathrm{i q^n}}$$

zu ermitteln. Will man sich bei der Lösung dieser Aufgabe des Newtonverfahrens bedienen, so muß man diese Funktion einmal nach i differenzieren, mit dem Resultat

$$\mathrm{f'(i)} = \mathrm{r} \cdot \mathrm{m_r} \cdot \frac{\mathrm{q} + \mathrm{n i} - \mathrm{q^{n+1}}}{\mathrm{i^2 q^{n+1}}} + \frac{\mathrm{r(m_r+1)\,n}}{\mathrm{2 q^{n+1}}}.$$

Wir benutzen $i_0 = 10\%$ als ersten Versuchswert und verbessern die Lösung für den Zinssatz mit der bekannten Iterationsbeziehung. Dann können wir die einzelnen Ergebnisse des Näherungsverfahrens in *Tabelle 2-20* zusammenstellen.

Tab. 2-20: Ermittlung des Zinssatzes einer vorschüssigen unterjährlichen Rente mit Hilfe des Newtonverfahrens

k	i_k	$f(i_k)$	$f'(i_k)$
0	0,1000	−21655,32	−335704,84
1	0,0355	3928,82	−466684,64
2	0,0439	86,74	−446270,70
3	0,0441	0,04	

Beläßt man es bei drei Iterationsschritten, so beläuft sich der gesuchte Zinssatz auf $i = 4,41\%$.

2.3.3.2. Rentenrechnung bei nicht-ganzzahligen Laufzeiten

Bei zahlreichen Kreditarrangements in der Praxis ist es so, daß die Laufzeit nicht genau dem Vielfachen eines Jahres entspricht. Beispielsweise werden 47 Monatsraten oder 18 vierteljährliche Rentenzahlungen vereinbart, um einen Kredit zurückzuzahlen. Aus diesem Grunde müssen wir die in Abschnitt 2.3.3.1 entwickelten End- und Barwertgleichungen noch verallgemeinern.

Wenden wir uns zunächst der Endwertberechnung einer nachschüssigen unterjährlichen Rente zu. Bei N unterjährigen Zahlungen und m_r solchen Zahlungen pro Jahr beträgt die Laufzeit der Rente, gemessen in Jahren,

$$n = \frac{N}{m_r}.$$

Diese Laufzeit läßt sich in die beiden Komponenten

$$n_1 = \text{int}(n)$$
$$n_2 = n - n_1$$

zerlegen, von denen n_1 der ganzzahlige Laufzeitanteil und n_2 die restliche Laufzeit darstellt, alles in Jahren gemessen. Wir definieren ferner

$$N_1 = n_1\, m_r \quad \text{und}$$
$$N_2 = n_2\, m_r,$$

spalten also die Gesamtzahl der Rentenzahlungen in zwei Serien, von denen die erste innerhalb einer glatten Laufzeit von n_1 Jahren gezahlt wird und die zweite in der restlichen Laufzeit. Nun berechnen wir den Rentenendwert R_n in der Weise, daß wir die beiden Serien von Rentenzahlungen getrennt betrachten,

$$R_n = R_n^{(\text{Serie 1})} + R_n^{(\text{Serie 2})}$$

und später beides zusammenfügen.

Für die erste Serie von N_1 Renten können wir auf die Rentenendwertgleichung (2.33) aus Abschnitt 2.3.3.1 zurückgreifen. Bezogen auf den Zeitpunkt n_1 ergibt dieser Wert sich zu

$$R_{n_1}^{(\text{Serie 1})} = r \cdot \left(m_r + \frac{i}{2} \cdot (m_r - 1) \right) \cdot \frac{q^{n_1} - 1}{i}$$

Für die restliche Laufzeit kommen zeitanteilig einfache Zinsen dazu, so daß man

$$R_n^{(\text{Serie 1})} = r \cdot \left(m_r + \frac{i}{2} \cdot (m_r - 1) \right) \cdot \frac{q^{n_1} - 1}{i} \cdot (1 + n_2\, i) \qquad (2.39)$$

erhält.

Außerdem werden aber noch N_2 einfach zu verzinsende Renten gezahlt, deren Endwert sich auf

$$R_n^{(\text{Serie 2})} = r \cdot \left(N_2 + \frac{i}{m_r} \cdot [0 + 1 + 2 + \ldots + (N_2 - 1)] \right)$$

oder unter Benutzung der Summenformel für die arithmetische Reihe auf

$$R_n^{(\text{Serie 2})} = r \cdot \left(N_2 + \frac{i}{m_r} \cdot \frac{(N_2 - 1)\, N_2}{2} \right) \qquad (2.40)$$

beläuft.

Fügt man beides zusammen, so erhält man für die nachschüssige unterjährliche Rente die folgende Endwertgleichung.

$$\boxed{R_n = r \cdot \left[\left(m_r + \frac{i}{2} \cdot (m_r - 1) \right) \cdot \frac{q^{n_1} - 1}{i} \cdot (1 + n_2\, i) + \left(N_2 + \frac{i}{m_r} \cdot \frac{(N_2 - 1)\, N_2}{2} \right) \right]}$$

(2.41)

Wie mit diesem etwas unhandlichen Ausdruck zu arbeiten ist, sei an folgendem Beispiel erläutert.

Beispiel 42: Uwe zahlt am Ende eines jeden Quartals Rente in Höhe von 1800 DM auf ein Konto, das jährlich mit 4,5% verzinst wird. Wie hoch ist der Rentenendwert nach zehn Quartalen?

Lösung:

Wir beginnen mit der Berechnung von Laufzeit und Serienlängen. Das ergibt

$$n = \frac{10}{4} = 2{,}5 \qquad n_1 = 2 \qquad n_2 = 0{,}5$$

$$N = 10 \qquad N_1 = 8 \qquad N_2 = 2.$$

Sodann berechnen wir den Endwert aus der ersten Serie gemäß Gleichung (2.39) und erhalten

$$R_{2,5}^{(\text{Serie } 1)} = 1800 \cdot \left(4 + 3 \cdot \frac{0{,}045}{2}\right) \cdot \frac{1{,}045^2 - 1}{0{,}045} \cdot (1 + 0{,}5 \cdot 0{,}045) = 15\,309{,}35$$

und ermitteln den Endwert der zweiten Serie mit Gleichung (2.40), wobei wir

$$R_{2,5}^{(\text{Serie } 2)} = 1800 \cdot \left(2 + \frac{0{,}045}{4} \cdot \frac{1 \cdot 2}{2}\right) = 3620{,}25$$

bekommen. Insgesamt beläuft sich der Endwert bei diesen Teilergebnissen auf

$$R_{2,5} = 15\,309{,}35 + 3\,620{,}25 = 18\,929{,}60.$$

Tabelle 2-21 zeigt die Entwicklung des Kapitals über die einzelnen Quartale im Detail.

Will man den Barwert einer nachschüssigen unterjährlichen Rente unter den hier gemachten Voraussetzungen berechnen, so ist es erforderlich, auf das Konzept der gemischten Verzinsung zurückzukommen[9]. Angewandt auf die Endwertformel (2.41) führt das zu der Barwertgleichung

---

[9] Siehe oben Abschnitt 1.3.3.

Tab. 2-21: Entwicklung eines Kapitals bei Einzahlung einer vierteljährlichen nachschüssigen Rente und jährlichem Zinszuschlag

Quartal	Kapital zu Quartalsbeginn	Rente	Kapital am Quartalsende	Quart. Zinsen 1,125% auf Kapital zu Quartalsbeginn	Jährliche Zinsen
1	0,00	1800,00	1800,00	0,00	
2	1800,00	1800,00	3600,00	20,25	
3	3600,00	1800,00	5400,00	40,50	
4	5400,00	1800,00	7200,00	60,75	121,50
5	7321,50	1800,00	9121,50	82,37	
6	9121,50	1800,00	10921,50	102,62	
7	10921,50	1800,00	12721,50	122,87	
8	12721,50	1800,00	14521,50	143,12	450,97
9	14972,47	1800,00	16772,47	168,44	
10	16772,47	1800,00	18572,47	188,70	357,14
11	18929,60				

$$R_0 = \frac{\left[\left(m_r + \frac{i}{2}\cdot(m_r - 1)\right)\cdot\frac{q^{n_1}-1}{i}\cdot(1+n_2\,i) + \left(N_2 + \frac{i}{m_r}\cdot\frac{(N_2-1)\,N_2}{2}\right)\right]}{q^{n_1}(1+n_2\,i)} \tag{2.42}$$

Diese Formel ist nicht besonders handlich. Deswegen soll das folgende Beispiel zeigen, wie man am besten mit ihr umgeht.

Beispiel 43: Vera hat Anspruch auf Zahlung einer monatlichen Rente in Höhe von 650 DM, die nachschüssig zweiundeinviertel Jahre lang geleistet werden muß. Sie hat die Wahl, die Rente kapitalisieren zu lassen, sie also „auf einen Schlag“ ausgezahlt zu bekommen. Welchen Betrag sollte Vera verlangen, wenn der Zins bei 5% p.a. liegt?

Lösung:

Um die Antwort zu geben, berechnen wir zunächst den Zähler des Quotienten in Gleichung (2.42). Aus der Aufgabenstellung entnehmen wir direkt $r = 650$, $m_r = 12$, $i = 0{,}05$ und $n = 2{,}25$. Für die Laufzeitkomponenten und Serienlängen berechnen wir daraus

$n = 2{,}25 \qquad n_1 = 2 \qquad n_2 = 0{,}25$

$N = 12 \cdot 2{,}25 = 27 \qquad N_1 = 24 \qquad N_2 = 3.$

Setzen wir all diese Zahlen in den Zähler des Quotienten ein, so erhalten wir

$$\text{Zähler} = 650 \cdot \left[\left(12 + \frac{0{,}05}{2} \cdot 11\right) \cdot \frac{1{,}05^2 - 1}{0{,}05} \cdot (1 + 0{,}25 \cdot 0{,}05) + \left(3 + \frac{0{,}05}{12} \cdot \frac{2 \cdot 3}{2}\right)\right]$$
$$= 18\,519{,}02.$$

Dies entspricht zugleich dem Rentenendwert. Gesucht ist aber der Barwert. Daher berechnen wir den Nenner des Quotienten in Gleichung (2.42)

$$\text{Nenner} = 1{,}05^2 \cdot (1 + 0{,}25 \cdot 0{,}05) = 1{,}11628$$

und erhalten schließlich für den Barwert

$$R_0 = \frac{18\,519{,}02}{1{,}11628} = 16\,589{,}02.$$

Tabelle 2-22 zeigt die Entwicklung des Kapitals über alle 27 Monate im einzelnen.

Abschließend ist noch auf End- und Barwertberechnung vorschüssiger unterjährlicher Renten einzugehen. Wenden wir uns zunächst dem Endwert zu, so können wir diesen ebenso wie bei einer nachschüssigen aus zwei Summanden zusammensetzen,

$$R_n = R_n^{(\text{Serie } 1)} + R_n^{(\text{Serie } 2)}.$$

Für den Endwert aus der ersten Serie von N_1 vorschüssigen Rentenzahlungen können wir unter Beachtung von (2.36) und in Analogie zu (2.39)

$$R_n^{(\text{Serie } 1)} = r \cdot \left(m_r + \frac{i}{2} \cdot (m_r + 1)\right) \cdot \frac{q^{n_1} - 1}{i} \cdot (1 + n_2\, i) \qquad (2.43)$$

schreiben, während man für den Endwert der zweiten Serie vorschüssiger Rentenzahlungen wieder unter Beachtung von (2.36) analog zu (2.40)

$$R_n^{(\text{Serie } 2)} = r \cdot \left(N_2 + \frac{i}{m_r} \cdot \frac{(N_2 + 1)\, N_2}{2}\right) \qquad (2.44)$$

bekommt. Insgesamt beläuft sich der Endwert einer vorschüssigen unterjährlichen Rente somit bei jährlichem Zinszuschlag auf

Tab. 2-22: Entwicklung eines Kapitals bei Auszahlung einer monatlichen nachschüssigen Rente und jährlichem Zinszuschlag

Monat	Kapital zu Monatsbeginn	Rente	Kapital am Monats ende	Mtl. Zinsen 0,4166% auf Kapital zu Monatsbeginn	Jährliche Zinsen
1	16589,92	−650,00	15939,92	69,12	
2	15939,92	−650,00	15289,92	66,42	
3	15289,92	−650,00	14639,92	63,71	
4	14639,92	−650,00	13989,92	61,00	
5	13989,92	−650,00	13339,92	58,29	
6	13339,92	−650,00	12689,92	55,58	
7	12689,92	−650,00	12039,92	52,87	
8	12039,92	−650,00	11389,92	50,17	
9	11389,92	−650,00	10739,92	47,46	
10	10739,92	−650,00	10089,92	44,75	
11	10089,92	−650,00	9439,92	42,04	
12	9439,92	−650,00	8789,92	39,33	650,75
13	9440,67	−650,00	8790,67	39,34	
14	8790,67	−650,00	8140,67	36,63	
15	8140,67	−650,00	7490,67	33,92	
16	7490,67	−650,00	6840,67	31,21	
17	6840,67	−650,00	6190,67	28,50	
18	6190,67	−650,00	5540,67	25,79	
19	5540,67	−650,00	4890,67	23,09	
20	4890,67	−650,00	4240,67	20,38	
21	4240,67	−650,00	3590,67	17,67	
22	3590,67	−650,00	2940,67	14,96	
23	2940,67	−650,00	2290,67	12,25	
24	2290,67	−650,00	1640,67	9,54	293,28
25	1933,95	−650,00	1283,95	8,06	
26	1283,95	−650,00	633,95	5,35	
27	633,95	−650,00	−16,05	2,64	16,05
28	0,00				

$$R_n = r \cdot \left[\left(m_r + \frac{i}{2}\cdot(m_r+1)\right)\cdot\frac{q^{n_1}-1}{i}\cdot(1+n_2\, i) + \left(N_2 + \frac{i}{m_r}\cdot\frac{(N_2+1)\,N_2}{2}\right)\right], \tag{2.45}$$

während für den Barwert

$$R_0 = \frac{r \cdot \left[\left(m_r + \frac{i}{2}\cdot(m_r+1)\right)\cdot\frac{q^{n_1}-1}{i}\cdot(1+n_2\, i) + \left(N_2 + \frac{i}{m_r}\cdot\frac{(N_2+1)\,N_2}{2}\right)\right]}{q^{n_1}(1+n_2\, i)} \tag{2.46}$$

gilt. Ein Beispiel zum Abschluß soll die Berechnung im einzelnen verdeutlichen.

Beispiel 44: Willis Tante zahlt am Anfang jedes Quartals 900 DM auf ein Konto, das mit 4% p.a. verzinst wird. Insgesamt zahlt sie 13mal. Wie lautet der Kontostand am Ende des dreizehnten Quartals?

Lösung:

Der Aufgabenstellung direkt zu entnehmen sind die Parameter $r=900$, $m_r=4$, $i=0{,}04$ und $N=13$. Für die Laufzeitkomponenten und Serienlängen berechnet man daraus rasch

$$N=13 \qquad N_1=12 \qquad N_2=1$$

$$n=\frac{13}{4}=3{,}25 \qquad n_1=3 \qquad n_2=0{,}25$$

Einsetzen dieser Zahlen in Gleichung (2.45) führt auf

$$R_{3,25}=900\cdot\left[\left(4+\frac{0{,}04}{2}\cdot 5\right)\cdot\frac{1{,}04^3-1}{0{,}04}\cdot(1+0{,}25\cdot 0{,}04)+\left(1+\frac{0{,}04}{4}\cdot\frac{2\cdot 1}{2}\right)\right]$$
$$=12\,542{,}89.$$

Tabelle 2-23 zeigt die Kapitalentwicklung von Quartal zu Quartal in Staffelform.

2.3.3.3. Ein spezieller Anwendungsfall: Effektivzinsberechnung nach der 360-Tage-Methode

Aufgrund von § 4 Abs. 2 der Verordnung zur Regelung der Preisangaben (PAngVO) ist das Kreditgewerbe verpflichtet, Kredite über die Angabe eines Effektivzinssatzes miteinander vergleichbar zu machen. Bei Krediten, die in Form von regelmäßig in gleicher Höhe wiederkehrenden Zahlungen getilgt werden, hat die Effektivzinsberechnung laut PAngVO in der Fassung vom 14. März 1985 nach der sogenannten 360-Tage-Methode zu erfolgen. Dahinter verbirgt sich nichts anderes als ein besonderer Anwendungsfall des in Abschnitt 2.3.3.2 beschriebenen unterjährlichen nachschüssigen Barwertmodells. Dies werden wir am Beispiel eines Kredits mit monatlichen Ratenzahlungen zeigen.

Beispiel 45: Yvonne hat eine neue Wohnung bezogen. Um die Renovierung und einige Neuanschaffungen zu finanzieren, nimmt sie einen Kredit über 8500 DM auf. Diesen Kredit will sie „innerhalb von zwei

Tab. 2-23: Entwicklung eines Kapitals bei Einzahlung einer vorschüssigen vierteljährlichen Rente und jährlichem Zinszuschlag

Quartal	Rente	Kapital zu Quartalsbeginn	Kapital zu Quartalsende	Quartals-Zinsen 1%	Jährliche Zinsen
1	900,00	900,00	900,00	9,00	
2	900,00	1800,00	1800,00	18,00	
3	900,00	2700,00	2700,00	27,00	
4	900,00	3600,00	3690,00	36,00	90,00
5	900,00	4590,00	4590,00	45,90	
6	900,00	5490,00	5490,00	54,90	
7	900,00	6390,00	6390,00	63,90	
8	900,00	7290,00	7527,60	72,90	237,60
9	900,00	8427,60	8427,60	84,28	
10	900,00	9327,60	9327,60	93,28	
11	900,00	10227,60	10227,60	102,28	
12	900,00	11127,60	11518,70	111,28	391,10
13	900,00	12418,70	12542,89	124,19	

bis drei Jahren" zurückzahlen. Sie hat Angebote zweier Banken mit nachstehenden Konditionen erhalten.

A-Bank: 30 Monate Laufzeit, monatliche Rate 336,60 DM bei einer Bearbeitungsgebühr von 2% und monatlichen Zinsen auf die anfängliche Kreditsumme von 0,56%.

B-Bank: 35 Monate Laufzeit, monatliche Rate 294,34 DM bei einer Bearbeitungsgebühr von 3% und monatlichen Zinsen von 0,52%.

Freunde haben Yvonne geraten, die beiden Angebote anhand des Effektivzinses miteinander zu vergleichen. Welcher Kredit ist danach günstiger?

Lösung:

Da Yvonne am Ende eines jeden Monats gleichbleibende Zahlungen zu leisten hat, ist das in Abschnitt 2.3.3.2 angegebene Barwertmodell zu benutzen. Es lautete

$$R_0 = \frac{\left[\left(m_r + \frac{i}{2}\cdot(m_r - 1)\right)\cdot\frac{q^{n_1}-1}{i}\cdot(1+n_2\,i) + \left(N_2 + \frac{i}{m_r}\cdot\frac{(N_2-1)\,N_2}{2}\right)\right]}{q^{n_1}(1+n_2\,i)} \tag{2.42}$$

$$\text{mit}\quad n = \frac{N}{m_r}$$

$$n_1 = \mathrm{int}(n), \qquad n_2 = n - n_1$$
$$N_1 = n_1\, m_r, \qquad N_2 = n_2\, m_r$$

Im hier zu betrachtenden Spezialfall ist $m_r = 12$, da monatliche Renten zu zahlen sind. Setzen wir das in (2.42) ein, so können wir umformen zu

$$R_0 = \frac{r \cdot \left[(12 + 5{,}5i) \cdot \frac{q^{n_1} - 1}{i} \cdot \left(1 + \frac{iN_2}{12}\right) + N_2\left(1 + \frac{i(N_2 - 1)}{24}\right)\right]}{q^{n_1} \cdot \left(1 + \frac{iN_2}{12}\right)}$$

oder

$$1 = \frac{r}{R_0} \cdot \frac{\left[\left(\frac{12}{i} + 5{,}5\right) \cdot \left(q^{n_1} - 1\right) \cdot \left(1 + \frac{iN_2}{12}\right) + N_2\left(1 + \frac{i(N_2 - 1)}{24}\right)\right]}{q^{n_1} \cdot \left(1 + \frac{iN_2}{12}\right)}$$

oder auch

$$q^{n_1}\left(1 + \frac{iN_2}{12}\right) = \frac{r}{R_0} \cdot \left[\left(\frac{12}{i} + 5{,}5\right)\left(q^{n_1} - 1\right)\left(1 + \frac{iN_2}{12}\right) + N_2\left(1 + \frac{i(N_2 - 1)}{24}\right)\right] \tag{2.47}$$

Nun betrachten wir, wie sich die monatlich zu zahlende Rente bei solchen Ratenkrediten aus den Parametern

R_0 := Kreditbetrag
p := nomineller Monatszinssatz in Prozent vom anfänglichen Kreditbetrag
b := Bearbeitungsgebührensatz in Prozent vom anfänglichen Kreditbetrag
N := Anzahl der zu zahlenden Raten, zugleich Laufzeit des Kredits in Monaten

ergibt. Die Gesamtschuld des Kreditnehmers setzt sich aus drei Beträgen zusammen, im Beispiel der A-Bank

Kreditbetrag Gebühr Zinsen	8500 0,02·8500=170 30·0,0056·8500=1428	R_0 bR_0 NpR_0
Gesamtschuld	10098	$(Np+1+b)\cdot R_0$

Die monatlich zu zahlende Rente berechnet sich, indem man die Gesamtschuld durch die Zahl der Laufzeitmonate dividiert, also

$$r=\left(p+\frac{1+b}{N}\right)\cdot R_0, \tag{2.48}$$

oder mit den Zahlen unseres Beispiels für die A-Bank

$$r=\left(0{,}0056+\frac{1{,}02}{30}\right)\cdot 8500=336{,}60.$$

Normiert man die zu zahlende Rente auf einen Kreditbetrag in Höhe einer Geldeinheit, indem man beide Seiten von (2.48) durch R_0 dividiert, und setzt das Ergebnis in (2.47) ein, so entsteht

$$q^{n_1}\left(1+\frac{iN_2}{12}\right)=\left(p+\frac{1+b}{N}\right)\cdot\left[\left(\frac{12}{i}+5{,}5\right)(q^{n_1}-1)\left(1+\frac{iN_2}{12}\right)+N_2\left(1+\frac{i(N_2-1)}{24}\right)\right].$$

Die Suche nach dem Effektivzinssatz nach der 360-Tage-Methode ist nun nichts anderes als die Bestimmung desjenigen Zinssatzes i, für den vorstehende Gleichung erfüllt ist. Es geht also um die Nullstellenbestimmung der Funktion

$$f(i)=-q^{n_1}\left(1+\frac{iN_2}{12}\right)+\left(p+\frac{1+b}{N}\right)\cdot\left[\left(\frac{12}{i}+5{,}5\right)\left(q^{n_1}-1\right)\left(1+\frac{iN_2}{12}\right)+N_2\left(1+\frac{i(N_2-1)}{24}\right)\right]. \tag{2.49}$$

Eben dies ist die „offizielle Formel“, wie man sie etwa in den Ausführungshinweisen der Wirtschaftsminister der Länder zur Preisangabenverordnung findet.

Will man die Nullstellenberechnung mit Hilfe des Newton-Verfahrens vornehmen, so muß man f(i) einmal nach i ableiten. Wenn man sich dieser etwa mühseligen Arbeit unterzieht, erhält man das Resultat

$$f'(i) = -n_1 q^{n_1-1}\left(1+\frac{iN_2}{12}\right) - \frac{N_2}{12} q^{n_1} + \left(p+\frac{1+b}{N}\right) \cdot \left[n_1 q^{n_1-1} \cdot \frac{(12+iN_2)(24+11\,i)}{24i} + \left(\frac{11\,N_2}{24} - \frac{12}{i^2}\right)\left(q^{n_1}-1\right) + \frac{N_2(N_2-1)}{24}\right]. \tag{2.50}$$

Damit sind wir im Besitz aller Werkzeuge, die man zur Lösung der Aufgabe aus Beispiel 46 benötigt. Beginnt man mit dem Angebot der A-Bank und benutzt als ersten Versuchszinssatz $i_0 = 10\%$, so erhält man die in *Tabelle 2-24* zusammengestellten Zahlen. Der Effektivzins beläuft sich auf $i = 14{,}81\%$.

Tab. 2-24: Effektivzinsberechnung für einen Ratenkredit mit monatlichen Zahlungen (Monatsprozentsatz $p = 0{,}56\%$, Bearbeitungsgebühr $b = 2\%$ vom anfänglichen Kreditbetrag, Laufzeit 30 Monate)

k	i_k	$f(i_k)$ gem. Gl. (2.49)	$f'(i_k)$ gem. Gl. (2.50)
0	0,10000	0,06789090	−1,34159300
1	0,15060	−0,00374886	−1,49075713
2	0,14809	−0,00000950	−1,48320272
3	0,14808	0,00000000	

Führt man die entsprechende Rechnung für das Kreditangebot der B-Bank durch, kommt man auf einen effektiven Jahreszins von $i = 14{,}25\%$. Dieser Kredit ist demnach günstiger als das konkurrierende Angebot der A-Bank, vgl. *Tabelle 2-25*.

Tab. 2-25: Effektivzinsberechnung für einen Ratenkredit mit monatlichen Zahlungen (Monatsprozentsatz $p = 0{,}52\%$, Bearbeitungsgebühr $b = 3\%$ vom anfänglichen Kreditbetrag, Laufzeit 35 Monate)

k	i_k	$f(i_k)$ gem. Gl. (2.49)	$f'(i_k)$ gem. Gl. (2.50)
0	0,10000	0,07216335	−1,60448719
1	0,14498	−0,00438711	−1,80107516
2	0,14254	−0,00001325	−1,79019758
3	0,14253	0,00000000	

2.3.4. Unterjährliche Renten mit unterjährlicher Zinsverrechnung

Wenn sowohl die Rentenperiode als auch das Intervall der Zinsverrechnung kürzer als ein Jahr sind, so sind drei Fälle denkbar:

(1) Rentenperiode gleich Zinsperiode ($m_r = m_z$)
(2) Rentenperiode länger als Zinsperiode ($m_r < m_z$)
(3) Rentenperiode kürzer als Zinsperiode ($m_r > m_z$)

Wir wenden uns zunächst dem ersten Fall zu, danach den beiden anderen.

2.3.4.1. Rentenrechnung unter der Voraussetzung, daß Rentenperiode und Zinsperiode identisch sind

2.3.4.1.1. Die grundsätzliche Vorgehensweise

Falls die Rentenperiode mit der Zinsperiode übereinstimmt, haben wir es beispielsweise mit einer Situation zu tun, in der Renten vierteljährlich gezahlt werden ($m_r = 4$) und Zinsen auch quartalsweise verrechnet werden ($m_z = 4$). Es gilt also immer

$$m_r = m_z.$$

Aus Gründen der Bequemlichkeit lassen wir bei diesem speziellen Fall die Indizes r und z fort, verwenden also das Symbol für die Subperioden ohne Index,

$$m_r = m_z = m.$$

Der unterjährliche Zinssatz sei

$$j = \frac{i}{m}, \qquad (2.51)$$

und die Laufzeit der Rente beträgt N Subperioden bzw. n Jahre, wobei

$$N = m \cdot n \qquad (2.52)$$

gilt. Wir können nun auf den hier zu behandelnden Fall identischer Renten- und Zinsperioden alle Berechnungsformeln anwenden, die wir in Abschnitt 2.3.1 für den Fall jährlicher Renten mit jährlicher Zinsverrechnung angegeben haben. Dabei müssen wir nur folgende Substitutionsregeln beherzigen:

an die Stelle von n tritt N und
an die Stelle von i tritt j.

An drei Beispielen wollen wir lernen, damit umzugehen.

Beispiel 46: Zacharias bringt am Ende jeden Quartals 400 DM zur Bank, wo er je Quartal Zinsen in Höhe von 1% erhält. Wie hoch ist sein Kapital nach 14 Vierteljahren?

Lösung:

Gefragt ist nach dem nachschüssigen Rentenendwert. Die entsprechende Formel bei jährlicher Rente und jährlichem Zinszuschlag lautete

$$R_n = r \cdot \frac{q^n - 1}{i}. \tag{2.4}$$

Läßt man j an die Stelle von i und N an die Stelle von n treten, so heißt die entsprechende Gleichung im unterjährlichen Fall

$$R_N = r \cdot \frac{(1+j)^N - 1}{j} \tag{2.53}$$

und mit den Zahlen unseres Beispiels

$$R_{14} = 400 \cdot \frac{1{,}01^{14} - 1}{0{,}01} = 5978{,}97.$$

Beispiel 47: Almut besitzt 14000 DM, die bei der Bank mit 0,5% je Monat verzinst werden. Sie will zwei Jahre lang am Ende jeden Monats einen gleichbleibenden Betrag abheben. Wie hoch ist diese Rente?

Lösung:

Zu berechnen ist die nachschüssige Rente bei gegebenem Barwert. Die Barwertformel bei jährlicher Rente und jährlicher Zinsverrechnung lautete

$$R_0 = r \cdot \frac{q^n - 1}{iq^n}. \tag{2.6}$$

Setzt man j an die Stelle von i und N an die Stelle von n, so erhält man

$$R_0 = r \cdot \frac{(1+j)^N - 1}{j(1+j)^N}. \tag{2.54}$$

Aufgelöst nach r ergibt sich (vgl. (2.9))

$$r = R_0 \cdot \frac{j(1+j)^N}{(1+j)^N - 1}$$

und mit den Zahlen des Beispiels

$$r = 140000 \cdot \frac{0{,}005 \cdot 1{,}005^{24}}{1{,}005^{24} - 1} = 620{,}49.$$

Beispiel 48: Björn will am Anfang jedes Monats 300 DM auf ein Konto zahlen, das monatlich mit 0,4% verzinst wird. Er benötigt am Ende der Rentenlaufzeit 4646,72 DM. Wie lange muß er zahlen?

Lösung:

Gefragt ist nach der Laufzeit einer vorschüssigen Rente bei gegebenem Rentenendwert. Die vorschüssige Rentenendwertformel im Standardfall jährlicher Renten und jährlicher Zinsen lautete

$$R_n = r \cdot \frac{q(q^n - 1)}{i}. \tag{2.19}$$

Daraus wird bei unterjährlicher Rente und unterjährlichen Zinsen

$$R_N = r \cdot \frac{(1+j) \cdot ((1+j)^N - 1)}{j}. \tag{2.55}$$

Löst man nach N auf, so entsteht

$$N = \frac{\ln\left(1 + \frac{jR_N}{r(1+j)}\right)}{\ln(1+j)}$$

oder, bezogen auf unsere Beispielsdaten,

$$N = \frac{\ln\left(1 + \frac{0{,}004 \cdot 4646{,}72}{300 \cdot 1{,}004}\right)}{\ln 1{,}004} = 15.$$

2.3.4.1.2. Ein spezieller Anwendungsfall: Effektivzinsberechnung nach international üblichem Standard

In Abschnitt 2.3.3.3 hatten wir gezeigt, wie man den Effektivzins nach der 360-Tage-Methode berechnet, und gesehen, daß es sich dabei um eine Anwendung des Barwertmodells bei unterjährlicher Rentenzahlung mit jährlicher Zinsverrechnung handelt. Diese Form der Effektivzinsberechnung ist in Deutschland durch die Preisangabenverordnung 1985 vorgeschrieben. International üblich ist dieses relativ schwerfällige Verfahren jedoch nicht. Statt dessen benutzt man sonst das in Abschnitt 2.3.4.1.1 angegebene nachschüssige Barwertmodell und rechnet den unterjährlichen Zinsfuß j abschließend mit Hilfe von

$$i^* = (1+j)^m - 1 \tag{2.56}$$

in den konformen Jahreszinsfuß um[10].

Beispiel 49: Cordula nimmt Kredit über 7200 DM auf, den sie in 20 Monatsraten zu je 397,80 DM zurückzahlt. Wie hoch ist die jährliche Effektivverzinsung

(a) nach internationalem Standard,
(b) nach Preisangabenverordnung (360-Tage-Methode)?

Lösung:

(a) Der international übliche Ansatz zur Berechnung der jährlichen Effektivverzinsung benutzt das nachschüssige Barwertmodell in der Form

$$R_0 = r \cdot \frac{(1+j)^N - 1}{j(1+j)^N} \tag{2.54}$$

und rechnet j abschließend in den konformen Jahreszinssatz i^* gemäß Gleichung (2.56) um.

Um den unterjährlichen Zinssatz j aus Gleichung (2.54) zu ermitteln, suchen wir die Nullstelle der Funktion

$$f(j) = -R_0 + r \cdot \frac{(1+j)^N - 1}{j(1+j)^N}. \tag{2.57}$$

Dies geschieht am zweckmäßigsten mit dem Newtonverfahren.

[10] Vgl. oben Gleichung (1.31).

Dazu brauchen wir die erste Ableitung

$$f'(j)=r\cdot\frac{1+j+Nj-(1+j)^{N+1}}{j^2(1+j)^{N+1}}. \tag{2.58}$$

Wir beginnen mit einem Versuchszinssatz von $j=1\%$ und sind, wie *Tabelle 2-26* zeigt, rasch am Ziel. Das Zwischenergebnis lautet $j=0{,}0097$, woraus gemäß Gleichung (2.56) ein effektiver Jahreszins von

$$i^*=1{,}00970^{12}-1=0{,}1229$$

folgt.

Tab. 2-26: Iterative Berechnung des Effektivzinssatzes für einen Ratenkredit nach international üblichem Standard

k	j_k	$f(j_k)$ gem. Gl. (2.57)	$f'(j_k)$ gem. Gl. (2.58)
0	0,01000	−21,48	−72278,25
1	0,00970	0,05	−72585,95
2	0,00970	0,00	

(b) Ist der Effektivzinssatz nach der 360-Tage-Methode zu berechnen, so empfiehlt sich das in Abschnitt 2.3.3.3 angegebene Vorgehen. Man erhält einen vom internationalen Standard geringfügig abweichenden Wert mit

$$i=0{,}1236.$$

Tabelle 2-27 zeigt die Zwischenresultate des Newtonverfahrens, wenn man als ersten Jahreszinssatz $i_0=10\%$ verwendet.

Tab. 2-27: Iterative Berechnung des Effektivzinssatzes für einen Ratenkredit nach der 360-Tage-Methode

k	i_k	$f(i_k)$ gem. Gl. (2.49)	$f'(i_k)$ gem. Gl. (2.50)
0	0,10000	0,02117167	−0,88469167
1	0,12393	−0,00026578	−0,90690374
2	0,12364	−0,00000004	−0,90663173
3	0,12364	0,00000000	

2.3.4.2. Rentenrechnung unter der Voraussetzung, daß Renten- und Zinsperiode nicht identisch sind

Wenn Renten- und Zinsperioden nicht übereinstimmen, beide aber zugleich kürzer als ein Jahr sind, so muß man zwei Fälle unterscheiden.

Fall 1: $m_z > m_r > 1$
Fall 2: $m_r > m_z > 1$

Entweder gibt es je Jahr mehr Zins- als Rentenperioden oder umgekehrt. Mit ähnlichen Voraussetzungen haben wir uns aber oben bereits ausführlich beschäftigt. So wurden in Abschnitt 2.3.2 jährliche Renten bei unterjährlicher Zinsverrechnung behandelt ($m_z > m_r = 1$), und in Abschnitt 2.3.3 ging es um unterjährliche Renten bei jährlicher Zinsverrechnung ($m_r > m_z = 1$). Wir können die grundsätzlichen Lösungsmuster, die dort entwickelt wurden, hier übernehmen. Da Rentenmodelle, bei denen sowohl die Renten- als auch die Zinsperiode kürzer als ein Jahr ist, praktisch keine nennenswerte Rolle spielen, wollen wir die folgende Darstellung aber exemplarisch auf die Berechnung von Endwerten nachschüssiger Renten beschränken. Wir wenden uns zunächst dem Fall zu, daß die Zinsperiode kürzer als die Rentenperiode ist (Fall 1).

Beispiel 50: Daniel zahlt am Ende eines jeden Halbjahres 400 DM auf ein Konto, das vierteljährlich mit 1,25% verzinst wird. Wie hoch ist sein Kapital nach der siebenten Einzahlung?

Zur Lösung verwenden wir die gleiche Idee wie oben in Abschnitt 2.3.2, als es darum ging, jährliche Rentenzahlungen und unterjährliche Zinsen auf einen Nenner zu bringen.

Dort haben wir den unterjährlichen Zinssatz j in den konformen jährlichen Zinssatz i* mit

$$i^* = (1 + j)^{m_z} - 1 \qquad (2.23)$$

umgerechnet und anschließend die Standard-Endwertgleichung für jährliche Rentenzahlungen und jährliche Zinsen benutzt.

Jetzt rechnen wir den unterjährlichen Zins der Zinsperiode j in den (unterjährlichen) konformen Zins der Rentenperiode j* um, und zwar mit

$$j^* = (1 + j)^{m_z/m_r} - 1. \qquad (2.59)$$

Danach berechnen wir den Rentenendwert nach N Rentenzahlungen aus

$$R_N = r \cdot \frac{(1+j^*)^N - 1}{j^*}, \qquad (2.60)$$

wenden also die Standard-Endwertgleichung für nachschüssige Renten[11] sinngemäß an. Mit den Zahlen unseres Beispiels erhält man

$$j^* = 1{,}0125^{4/2} - 1 = 0{,}02516$$

$$R_7 = 400 \cdot \frac{1{,}02516^7 - 1}{0{,}02516} = 3020{,}40.$$

Tabelle 2-28 zeigt die Entwicklung von Daniels Kapital in Halbjahresabständen.

Tab. 2-28: Entwicklung eines Kapitals bei vierteljährlicher Verzinsung und Einzahlung einer nachschüssigen halbjährlichen Rente

Semester	Kapital zu Semester-beginn	Zinsen 2,516%	Rente	Kapital zu Semester-ende
1	0,00	0,00	400,00	400,00
2	400,00	10,06	400,00	810,06
3	810,06	20,38	400,00	1230,44
4	1230,44	30,95	400,00	1661,39
5	1661,39	41,79	400,00	2103,19
6	2103,19	52,91	400,00	2556,10
7	2556,10	64,30	400,00	3020,40

Abschließend ist noch der Fall zu erörtern, daß die Zinsperiode länger als die Rentenperiode ist (Fall 2).

Beispiel 51: Eva will am Ende jedes Monats 150 DM auf ein Konto zahlen, das mit 1,2% je Quartal verzinst wird. Wie hoch ist ihr Kapital am Ende des ersten Jahres?

Bei dem vorstehenden Beispielsproblem können wir sinngemäß auf die in Abschnitt 2.3.3 beschriebenen Lösungsmuster zurückgreifen. Dort ging es um unterjährliche Rentenzahlungen bei jährlicher Zinsverrechnung, und die Lösungsidee bestand darin, die unterjährliche

[11] Vgl. oben Gleichung (2.4).

Rente r in eine äquivalente nachschüssige Jahresrente

$$\mathfrak{r} = r \cdot \left(m_r + \frac{i}{2} \cdot (m_r - 1) \right) \tag{2.32}$$

umzurechnen, sowie anschließend auf diese die Standard-Endwertgleichung für jährliche Renten bei jährlichen Zinsen anzuwenden.

Analog rechnen wir nun die unterjährliche Rente der Rentenperiode in die äquivalente (unterjährliche) Rente der Zinsperiode um, wobei wir

$$\mathfrak{r} = r \cdot \left(\mathfrak{m}_r + \frac{i}{2} \cdot (\mathfrak{m}_r - 1) \right) \tag{2.61}$$

benutzen und $\mathfrak{m}_r$ die Zahl der Rentenperioden je Zinsperiode darstellt. Mit den Daten unseres Beispiels ergibt sich dann

$$\mathfrak{r} = 150 \cdot \left(3 + \frac{0{,}012}{2} \cdot 2 \right) = 451{,}8.$$

Die Endwertformel lautet nun

$$R_N = \mathfrak{r} \cdot \frac{(1+j)^N - 1}{j} \tag{2.62}$$

und mit den Zahlen unseres Beispiels

$$R_4 = 451{,}8 \cdot \frac{1{,}012^4 - 1}{0{,}012} = 1839{,}99.$$

Aus *Tabelle 2-29* ist die Entwicklung von Evas Kapital von Monat zu Monat zu sehen.

2.4. Veränderliche Renten

Im gesamten vorhergehenden Abschnitt haben wir uns nur mit gleichbleibenden Renten beschäftigt. Jetzt wenden wir uns veränderlichen Renten zu, werden also den allgemeineren Fall wiederkehrender Zahlungen behandeln, die im Zeitablauf schwanken. Um die Darstellung nicht un-

Tab. 2-29: Entwicklung eines Kapitals bei Einzahlung einer monatlichen Rente und vierteljährlichem Zinszuschlag

Monat	Kapital zu Monatsbeginn vor Rentenzahlung	Rente	Kapital zu Monatsende	Zinsen 0,4% auf Kapital zu Monatsbeginn	Quartals-Zinsen
1	0,00	150,00	150,00	0,00	
2	150,00	150,00	300,00	0,60	
3	300,00	150,00	450,00	1,20	1,80
4	451,80	150,00	601,80	1,81	
5	601,80	150,00	751,80	2,41	
6	751,80	150,00	901,80	3,01	7,22
7	909,02	150,00	1059,02	3,64	
8	1059,02	150,00	1209,02	4,24	
9	1209,02	150,00	1359,02	4,84	12,71
10	1371,73	150,00	1521,73	5,49	
11	1521,73	150,00	1671,73	6,09	
12	1671,73	150,00	1821,73	6,69	18,26
13	1839,99				

übersichtlich werden zu lassen, wollen wir uns dabei aber auf jährliche Rentenzahlungen bei jährlicher Zinsverrechnung beschränken.

Bei den veränderlichen Renten ist es möglich, daß die Veränderung einer bestimmten Regel folgt, oder es kann sein, daß die Rente sich ohne erkennbare Regel verändert. Ein Beispiel für eine sich regelmäßig ändernde Rente wäre die Zahlungsreihe

$$r_1 = 100 \qquad r_2 = 200 \qquad r_3 = 400 \qquad r_4 = 800,$$

denn hier ist (vom Zeitpunkt $t = 2$ an) eine Rentenzahlung immer das Doppelte des entsprechenden Vorjahresbetrages. Eine sich regellos verändernde Rente wäre dagegen etwa

$$r_1 = 100 \qquad r_2 = 800 \qquad r_3 = 200 \qquad r_4 = 400.$$

Wir beginnen unsere weiteren Überlegungen mit dem allgemeineren Fall, gehen also davon aus, daß eine bestimmte Änderungsregel, der die Zahlungsreihe folgt, nicht bekannt ist.

2.4.1. Sich regellos ändernde Renten

2.4.1.1. Berechnung von End- und Barwerten

Wird die erste Rente im Zeitpunkt $t=1$ und die letzte Rente im Zeitpunkt $t=n$ gezahlt und wird das Konto, auf dem die Rentenzahlungen gesammelt werden, jeweils am Jahresende zum Zinssatz i verzinst, so braucht man für die Endwertberechnung nur die Kontostände im Zeitablauf zu verfolgen. Verwendet man wie gewohnt $q=1+i$ als Zinsfaktor, so entsteht ein Bild, das wir oben in Abschnitt 2.3.1.1.1 bereits einmal gezeichnet haben.

$$\begin{aligned}
&R_1 && = r_1 \\
&R_2 = r_2 + R_1 q && = r_2 + r_1 q \\
&R_3 = r_3 + R_2 q && = r_3 + r_2 q + r_1 q^2 \\
&\vdots \\
&R_n = r_n + R_{n-1} q && = r_n + r_{n-1} q + r_{n-2} q^2 + \ldots + r_2 q^{n-2} + r_1 q^{n-1}.
\end{aligned}$$

Die Endwertgleichung ist daher

$$R_n = r_n + r_{n-1} q + r_{n-2} q^2 + \ldots + r_2 q^{n-2} + r_1 q^{n-1}$$

oder in anderer Reihenfolge der Summanden

$$\begin{aligned}
R_n &= r_1 q^{n-1} + r_2 q^{n-2} + \ldots + r_{n-1} q^1 + r_n q^0 \\
&= q^n \cdot (r_1 q^{-1} + r_2 q^{-2} + \ldots + r_{n-1} q^{-n+1} + r_n q^{-n})
\end{aligned}$$

oder unter Verwendung des Summenoperators kürzer

$$\boxed{R_n = q^n \sum_{t=1}^{n} r_t q^{-t}}\,. \tag{2.63}$$

Beispiel 52: Fabians Eltern zahlen auf das Sparbuch ihres Sohnes am Jahresende Beträge in wechselnder Höhe ein, und zwar laut folgender Aufstellung.

1. Jahr	1200 DM
2. Jahr	2100 DM
3. Jahr	1700 DM
4. Jahr	0 DM
5. Jahr	2600 DM

Über welches Kapital kann Fabian am Ende des fünften Jahres verfügen, wenn jährlich Zinsen in Höhe von 6,5% zugeschlagen werden?

Lösung:

$$R_5 = 1{,}065^5 \cdot (1200 \cdot 1{,}065^{-1} + 2100 \cdot 1{,}065^{-2} + 1700 \cdot 1{,}065^{-3} + 2600 \cdot 1{,}065^{-5}) = 8608{,}64.$$

Wen die Entwicklung des Kapitals im Zeitablauf interessiert, der mag *Tabelle 2-30* nachrechnen.

Tab. 2-30: Entwicklung eines Kapitals bei Einzahlung einer jährlichen veränderlichen Rente

Jahr	Kapital zu Jahresbeginn	Rente	Zinsen 6,5%	Kapital zu Jahresende
1	0,00	1200,00	0,00	1200,00
2	1200,00	2100,00	78,00	3378,00
3	3378,00	1700,00	219,50	5297,57
4	5297,57	0,00	344,34	5641,91
5	5641,91	2600,00	366,72	8608,64

Um von der Endwertformel (2.63) für Renten mit beliebiger zeitlicher Struktur zu einer entsprechenden Barwertformel zu gelangen, braucht man nur um n Perioden abzuzinsen. Also

$$R_0 = R_n q^{-n}$$

oder nach Einsetzen von (2.63) und Kürzen

$$\boxed{R_0 = \sum_{t=1}^{n} r_t q^{-t}} \,. \tag{2.64}$$

Mit dieser Gleichung läßt sich der Barwert künftiger Zahlungen in allgemeiner Weise berechnen, weil keinerlei Voraussetzungen bezüglich der zeitlichen Struktur der Zahlungen gemacht werden. Insofern sind alle oben angegebenen Barwertformeln (für jährliche Rentenzahlungen bei jährlicher Zinsverrechnung) Spezialfälle der Gleichung (2.64).

Beispiel 53: Gabi hat Anspruch auf Unterhaltszahlungen in folgender Höhe:

1. Jahr 18000 DM
2. Jahr 24000 DM
3. Jahr 28000 DM
4. Jahr 24000 DM

Die Zahlungen haben jeweils am Jahresende zu erfolgen. Der Schuldner hat jedoch das Recht, Gabi in einer Summe zu entschädigen und diesen Betrag sofort zu zahlen. Dabei müßte ein Zinssatz von 4,5% verrechnet werden.

Lösung:

$$R_0 = 18000 \cdot 1{,}045^{-1} + 24000 \cdot 1{,}045^{-2} + 28000 \cdot 1{,}045^{-3} + 24000 \cdot 1{,}045^{-4} = 83864{,}18$$

Das ist der Barwert von Gabis Zahlungsansprüchen, denn wenn sie diesen Betrag ihrerseits zu 4,5% Zins anlegt, kann sie die ihr zustehenden Zahlungen von dem Konto termin- und betragsgerecht abheben, so daß das Kapital schließlich verbraucht ist (vgl. *Tabelle 2-31*).

Tab. 2-31: Entwicklung eines Kapitals bei Auszahlung einer jährlichen veränderlichen Rente

Jahr	Kapital zu Jahresbeginn	Rente	Zinsen 4,5%	Kapital zu Jahresende
1	83864,18	−18000,00	3773,89	69638,06
2	69638,06	−24000,00	3133,71	48771,78
3	48771,78	−28000,00	2194,73	22966,51
4	22966,51	−24000,00	1033,49	0,00

2.4.1.2. Berechnung des Zinssatzes

Sind die Rentenzahlungsreihe $(r_1, r_2, \ldots, r_n)$ und der Zinssatz i gegeben, so sind Endwerte und Barwerte (R_n und R_0) eindeutig berechenbar. Man verwendet die Gleichungen (2.63) und (2.64). Sind umgekehrt die Zahlungsreihe $(r_1, r_2, \ldots, r_n)$ sowie der Endwert R_n (Barwert R_0) gegeben, so kann man daraus eindeutig einen bestimmten Zinssatz berechnen[12].

Hat man den Zinssatz bei gegebenem Endwert zu ermitteln, so geht es um die Nullstellenbestimmung der Funktion

$$f(i) = -R_n + q^n \sum_{t=1}^{n} r_t q^{-t}. \tag{2.65}$$

Soll die Nullstelle mit dem Newtonverfahren berechnet werden, so braucht man die erste Ableitung dieser Funktion nach i (oder q). Diese

[12] Es muß jedoch vorausgesetzt werden, daß alle Rentenzahlungen positives Vorzeichen haben.

ergibt sich zu

$$f'(i) = q^{n-1} \sum_{t=1}^{n} (n-t)\, r_t\, q^{-t}. \tag{2.66}$$

Wenn die Laufzeiten nicht allzu lang sind, so kann man beide Formeln mit Taschenrechnern noch recht gut auswerten. Bei längeren Laufzeiten und häufig wiederkehrenden Aufgaben dieses Typs empfiehlt sich der Einsatz programmierbarer Rechner.

Beispiel 54: Hans will am Ende des vierten Jahres 13000 DM besitzen. Von seinen laufenden Einkünften will er am Ende jedes Jahres folgende Beträge auf ein Sparbuch einzahlen.

1. Jahr	2000 DM
2. Jahr	3000 DM
3. Jahr	4000 DM
4. Jahr	3000 DM

Den fehlenden Tausendmarkschein sollen die Zinsen bringen. Zu welchem Zinssatz muß Hans sein Kapital anlegen, damit er sein Ziel erreicht?

Lösung:

Beginnt man mit $i_0 = 10\%$ und beschränkt sich auf eine Genauigkeit von zwei Stellen nach dem Dezimalpunkt, so ist man nach zwei Iterationsschritten am Ziel (vgl. *Tabelle 2-32*).

Tab. 2-32: Iterative Berechnung des Zinssatzes einer nachschüssigen veränderlichen Rente bei gegebenem Endwert mit Hilfe des Newtonverfahrens

k	i_k	$f(i_k)$ gem. Gl. (2.65)	$f'(i_k)$ gem. Gl. (2.66)
0	0,1000	692,00	17860,00
1	0,0613	14,30	17125,09
2	0,0604	0,01	17109,45
3	0,0604	0,00	

Geht es darum, den Zinssatz bei gegebenem Barwert zu ermitteln, so ist die Nullstelle der Funktion

$$f(i) = -R_0 + \sum_{t=1}^{n} r_t\, q^{-t} \tag{2.67}$$

zu suchen, deren erste Ableitung

$$f'(i) = -q^{-1} \sum_{t=1}^{n} t r_t q^{-t} \qquad (2.68)$$

lautet.

Beispiel 55: Ingrid hat Kapital in Höhe von 17000 DM und die Absicht, von dem entsprechendem Konto am Ende der kommenden Jahre folgende Abhebungen vorzunehmen.

1. Jahr 4000 DM
2. Jahr 5000 DM
3. Jahr 7000 DM
4. Jahr 5000 DM

Zu welchem Zinssatz muß Ingrid ihr Kapital anlegen, so daß diese Rechnung aufgeht?

Lösung:

Verwendet man Newtons Methode und nimmt als ersten Versuchszinssatz $i_0 = 10\%$, so erhält man die in *Tabelle 2-33* zusammengestellten Zahlen. Demnach muß das Kapital zu $i = 8{,}56\%$ angelegt werden.

Tab. 2-33: Iterative Berechnung des Zinssatzes einer nachschüssigen veränderlichen Rente bei gegebenem Barwert mit Hilfe des Newtonverfahrens

k	i_k	$f(i_k)$ gem. Gl. (2.67)	$f'(i_k)$ gem. Gl. (2.68)
0	0,1000	−557,13	37580,64
1	0,0852	15,20	−39655,50
2	0,0856	0,01	−39599,99
3	0,0856	0,00	

2.4.2. Sich regelmäßig ändernde Renten

Bei den Renten, die sich nach einer bestimmten Regel ändern, spielen in der Literatur besonders die arithmetisch fortschreitende und die geometrisch sich ändernde Rente eine größere Rolle. In der nachfolgenden Darstellung beschränken wir uns auf diese beiden, behandeln dabei aber nur den Fall der nachschüssigen Rente.

2.4.2.1. Arithmetisch fortschreitende Renten

Von einer arithmetisch fortschreitenden Rente ist dann die Rede, wenn die einzelnen Rentenzahlungen eine arithmetische Folge bilden. Dies ist dann der Fall, wenn die Differenz zwischen zwei benachbarten Rentenzahlungen eine Konstante ist. Es muß also immer

$$r_t + d = r_{t+1} \tag{2.69}$$

gelten (vgl. *Abbildung 2-5*). Vereinbart man

$$\begin{aligned} r_1 &= r \\ r_2 &= r + d \\ r_3 &= r + 2d \\ &\vdots \\ r_n &= r + (n-1)\,d \end{aligned}$$

so ergibt sich das Bildungsgesetz für eine Rentenzahlung im Zeitpunkt t aus

$$r_t = r + (t-1)\,d. \tag{2.70}$$

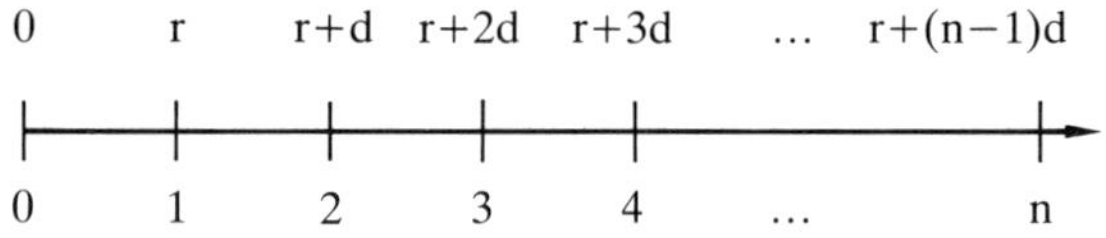

Abb. 2-5: Zeitstruktur einer arithmetisch fortschreitenden Rente

Die allgemeine Formel zur Berechnung des Endwerts einer sich regellos ändernden Rente lautete

$$R_n = q^n \sum_{t=1}^{n} r_t\, q^{-t}. \tag{2.63}$$

Setzt man (2.70) ein, so entsteht

$$R_n = \sum_{t=1}^{n} (r + (t-1)\,d)\, q^{n-t}, \tag{2.71}$$

was sich zu dem bequemeren Ausdruck

$$\boxed{R_n = r \cdot \frac{q^n - 1}{i} + \frac{d}{i} \cdot \left(\frac{q^n - 1}{i} - n\right)} \tag{2.72}$$

umformen läßt.

Um nachzuvollziehen, wie aus (2.71) die Gleichung (2.72) entsteht, schreiben wir die rechte Seite von Gleichung (2.71) mit zwei Summenzeichen:

$$R_n = \sum_{t=1}^{n} r q^{n-t} + \sum_{t=1}^{n} (t-1) d q^{n-t}$$

Der erste Term ist nichts anderes als der Endwert einer gewöhnlichen nachschüssigen gleichbleibenden Rente, also

$$R_n = r \cdot \frac{q^n - 1}{i} + d \sum_{t=1}^{n} (t-1) q^{n-t}. \tag{2.73}$$

Nun konzentrieren wir uns auf den Ausdruck

$$\begin{aligned} X &= \sum_{t=1}^{n} (t-1) q^{n-t} \\ &= 0q^{n-1} + 1q^{n-2} + 2q^{n-3} + \ldots + (n-1) q^0. \end{aligned}$$

Multiplizieren wir diese Gleichung mit q, so entsteht

$$qX = 1q^{n-1} + 2q^{n-2} + 3q^{n-3} + \ldots + (n-1) q^1$$

Zieht man hiervon die vorige Gleichung ab, so erhält man

$$\begin{aligned} qX - X &= q^{n-1} + q^{n-2} + q^{n-3} + \ldots + q^1 - (n-1) \\ &= q^0 + q^1 + q^2 + \ldots + q^{n-1} - n \\ &= \frac{q^n - 1}{i} - n \end{aligned}$$

und

$$X = \frac{1}{i} \cdot \left(\frac{q^n - 1}{i} - n\right).$$

Setzt man nun alles wieder in (2.73) ein, dann kommt man zu der oben angegebenen Endwertgleichung (2.72).

Beispiel 56: Joachim zahlt am Jahresende 1000 DM auf ein Konto, das mit 5% verzinst wird. Ferner zahlt er am Ende jedes folgenden Jahres einen Betrag, der jeweils 300 DM über dem Vorjahreswert liegt. Wie groß ist Joachims Kapital nach sieben Jahren?

Lösung:

$$R_7 = 1000 \cdot \frac{1{,}05^7 - 1}{0{,}05} + \frac{300}{0{,}05} \cdot \left(\frac{1{,}05^7 - 1}{0{,}05} - 7 \right) = 14994{,}06.$$

Wer die Entwicklung des Kapitals von Jahr zu Jahr verfolgen will, der vertiefe sich in *Tabelle 2-34*.

Tab. 2-34: Entwicklung eines Kapitals bei Einzahlung einer arithmetisch fortschreitenden Rente

Jahr	Kapital zu Jahresbeginn	Rente	Zinsen 5%	Kapital zu Jahresende
1	0,00	1000,00	0,00	1000,00
2	1000,00	1300,00	50,00	2350,00
3	2350,00	1600,00	117,50	4067,50
4	4067,50	1900,00	203,38	6170,88
5	6170,88	2200,00	308,54	8679,42
6	8679,42	2500,00	433,97	11613,39
7	11613,39	2800,00	580,67	14994,06

Von der Endwert- zur Barwertformel kommt man durch Diskontieren über n Perioden. Daher

$$\boxed{R_0 = r \cdot \frac{q^n - 1}{iq^n} + \frac{d}{i} \cdot \left(\frac{q^n - 1}{iq^n} - nq^{-n} \right)}\ . \qquad (2.74)$$

Beispiel 57: Katrin ist verpflichtet, fünf Jahre lang eine Rente zu zahlen, die mit 8000 DM beginnt und jährlich um 750 DM wächst. Wieviel Kapital muß sie heute bereitstellen, wenn der Zinssatz bei 6% liegt?

Lösung:

$$R_0 = 8000 \cdot \frac{1{,}06^5 - 1}{0{,}06 \cdot 1{,}06^5} + \frac{750}{0{,}06} \cdot \left(\frac{1{,}06^5 - 1}{0{,}06 \cdot 1{,}06^5} - \frac{7}{1{,}06^5} \right) = 39649{,}82.$$

Tabelle 2-35 zeigt, daß die Rechnung aufgeht.

Tab. 2-35: Entwicklung eines Kapitals bei Auszahlung einer arithmetisch fortschreitenden Rente

Jahr	Kapital zu Jahresbeginn	Rente	Zinsen 6%	Kapital zu Jahresende
1	39 649,82	− 8 000,00	2 378,99	34 028,81
2	34 028,81	− 8 750,00	2 041,73	27 320,54
3	27 320,54	− 9 500,00	1 639,23	19 459,77
4	19 459,77	− 10 250,00	1 167,59	10 377,36
5	10 377,36	− 11 000,00	622,64	0,00

Sowohl die Endwertgleichung als auch die Barwertgleichung lassen sich problemlos nach der im Zeitpunkt $t=1$ fälligen Rente r auflösen. Die entsprechenden Gleichungen ergeben sich zu

$$r=\frac{R_n-\frac{d}{i}\cdot\left(\frac{q^n-1}{i}-n\right)}{\frac{q^n-1}{i}} \tag{2.75}$$

und

$$r=\frac{R_0-\frac{d}{i}\cdot\left(\frac{q^n-1}{iq^n}-nq^{-n}\right)}{\frac{q^n-1}{iq^n}} \tag{2.76}$$

Beispiel 58: Lothar verfügt über 60000 DM, die er zu 4% Zins anlegen kann. Er will davon nachschüssig sechs Jahre lang eine Rente zahlen, die jedes Jahr um 2000 DM steigt. Wieviel kann er im ersten Jahr auszahlen?

Lösung:

$$r=\frac{60000-\frac{2000}{0{,}06}\cdot\left(\frac{1{,}06^4-1}{0{,}06\cdot 1{,}06^4}-\frac{6}{1{,}06^4}\right)}{\frac{1{,}06^4-1}{0{,}06\cdot 1{,}06^4}}=6674{,}29.$$

Schwieriger gestaltet sich die Berechnung von Zinssätzen und Laufzeiten, weil weder die Endwertgleichung noch die Barwertgleichung nach i bzw.

n aufgelöst werden kann. In beiden Fällen ist man auf Näherungsverfahren angewiesen. Benutzt man standardmäßig das Newtonverfahren und will den Zins bei gegebenem Endwert ermitteln, so ist die Nullstelle der Funktion

$$f(i) = -R_n + r \cdot \frac{q^n - 1}{i} + \frac{d}{i} \cdot \left(\frac{q^n - 1}{i} - n\right) \tag{2.77}$$

zu bestimmen, deren erste Ableitung

$$f'(i) = \frac{r}{i} \cdot \left(n q^{n-1} - \frac{q^n - 1}{i}\right) + \frac{d}{i^2} \cdot \left(n + n q^{n-1} - 2\,\frac{q^n - 1}{i}\right) \tag{2.78}$$

lautet.

Soll dagegen der Zins bei gegebenem Barwert berechnet werden, so ist die Funktion

$$f(i) = -R_0 + r \cdot \frac{q^n - 1}{i q^n} + \frac{d}{i} \cdot \left(\frac{q^n - 1}{i q^n} - n q^{-n}\right) \tag{2.79}$$

sowie deren erste Ableitung

$$f'(i) = \frac{r}{i} \cdot \left(\frac{n}{q^{n+1}} - \frac{q^n - 1}{i q^n}\right) + \frac{d}{i^2} \cdot \left(\frac{n}{q^{n+1}}(1 + q + i n) - 2\,\frac{q^n - 1}{i q^n}\right) \tag{2.80}$$

zu verwenden.

Beispiel 59: Maren besitzt 30000 DM und möchte vier Jahre lang von diesem Kapital eine Rente zahlen, die jährlich um 1000 DM fällt. Die erste Zahlung soll 10000 DM betragen. Zu welchem Zinssatz muß Maren das Kapital anlegen?

Lösung:

Beginnt man die Rechnung mit einem Zinssatz von $i_0 = 7\%$, so erhält man die in *Tabelle 2-36* zusammengestellten Zahlen. Die Lösung ergibt sich zu $i = 5{,}54\%$.

Um die Laufzeit einer arithmetisch fortschreitenden Rente bei gegebenem Endwert zu ermitteln, muß man die Nullstelle der Funktion

$$f(n) = -R_n + r \cdot \frac{q^n - 1}{i} + \frac{d}{i} \cdot \left(\frac{q^n - 1}{i} - n\right) \tag{2.81}$$

Tab. 2-36: Iterative Berechnung des Zinssatzes einer nachschüssigen arithmetisch fortschreitenden Rente bei gegebenem Barwert mit Hilfe des Newtonverfahrens

k	i_k	$f(i_k)$ gem. Gl. (2.79)	$f'(i_k)$ gem. Gl. (2.80)
0	0,0700	−922,61	−61700,85
1	0,0550	25,11	−65099,44
2	0,0554	0,02	−65008,68
3	0,0554	0,00	

bestimmen, deren erste Ableitung

$$f'(n) = -\frac{d}{i} + \frac{q^n \ln q}{i}\left(r + \frac{d}{i}\right) \tag{2.82}$$

ist.

Soll die gleiche Aufgabe für den Fall gelöst werden, daß der Barwert bekannt ist, verwendet man

$$f(n) = -R_0 + r \cdot \frac{q^n - 1}{iq^n} + \frac{d}{i} \cdot \left(\frac{q^n - 1}{iq^n} - n q^{-n}\right) \tag{2.83}$$

und

$$f'(n) = -q^{-n}\left(\frac{d}{i} - \frac{\ln q}{i}\left(r + n d + \frac{d}{i}\right)\right). \tag{2.84}$$

Beispiel 60: Niels hat Kapital in Höhe von 4489,80 DM, das er zu 5% Zins anlegen kann. Er will davon eine Rente zahlen, die mit 500 DM beginnt und jährlich um 60 DM steigt. In welchem Jahr ist der letzte Rest verbraucht?

Lösung:

Wir benutzen das Newtonverfahren zur Lösung des Problems, verbessern also iterativ einen Versuchswert n_k mit Hilfe von

$$n_{k+1} = n_k - \frac{f(n_k)}{f'(n_k)},$$

wobei $f(n_k)$ und $f'(n_k)$ gemäß Gleichung (2.83) und (2.84) ermittelt werden. Um einen brauchbaren ersten Versuchswert n_0 zu finden, gehen wir für einen Moment von der Fiktion aus, daß der Zinssatz 0% beträgt. Unter dieser Voraussetzung ist der Barwert nichts anderes als die Summe aller Rentenzahlungen, also

$$R_0 = \sum_{t=1}^{n} (r + (t-1)\,d)$$
$$= n\,r + d\,\frac{(n-1)\,n}{2}.$$

Löst man diese Gleichung nach n auf, so erhält man

$$n = \frac{1}{2} - \frac{r}{d} + \frac{\sqrt{8\,d\,R_n + (d-2\,r)^2}}{2\,d}$$

oder mit unseren Beispielszahlen

$$n = \frac{1}{2} - \frac{500}{60} + \frac{\sqrt{8\cdot 60\cdot 4489{,}90 + (60-2\cdot 500)^2}}{2\cdot 60} = 6{,}69.$$

Von diesem Wert ausgehend bekommt man die in *Tabelle 2-37* angegebenen Zahlen. Die Lösung ist danach n = 8.

Tab. 2-37: Iterative Berechnung der Laufzeit einer nachschüssigen arithmetisch fortschreitenden Rente bei gegebenem Barwert mit Hilfe des Newtonverfahrens

k	n_k	$f(n_k)$ gem. Gl. (2.83)	$f'(n_k)$ gem. Gl. (2.84)
0	6,6900	−813,51	613,68
1	8,0156	9,80	627,74
2	8,0000	0,00	

2.4.2.2. Geometrisch fortschreitende Renten

Geometrisch fortschreitend nennt man eine Rente dann, wenn die einzelnen Rentenzahlungen eine geometrische Folge bilden, wenn also der Quotient aus je zwei benachbarten Gliedern der Zahlungsreihe eine Konstante ist. Für geometrische Renten muß deswegen immer

$$r_t \cdot g = r_{t+1} \tag{2.85}$$

gelten (vgl. *Abbildung 2-6*). Wir vereinbaren

$$
\begin{aligned}
r_1 &= r\\
r_2 &= r\,g\\
r_3 &= r\,g^2\\
&\vdots\\
r_n &= r\,g^{n-1}
\end{aligned}
$$

und können dann allgemein für eine Rentenzahlung im Zeitpunkt t den Ausdruck

$$r_t = r\,g^{t-1} \tag{2.86}$$

verwenden.

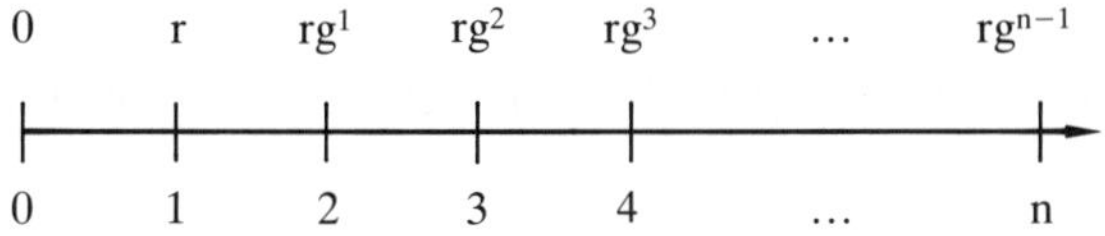

Abb. 2-6: Zeitstruktur einer geometrisch fortschreitenden Rente

Um eine Endwertformel für den Fall einer nachschüssigen geometrischen Rente zu erhalten, beginnen wir mit der allgemeinen Endwertformel für sich regellos ändernde Renten

$$R_n = q^n \sum_{t=1}^{n} r_t\, q^{-t} \tag{2.63}$$

und setzen (2.86) ein. Das ergibt

$$R_n = \sum_{t=1}^{n} r\, g^{t-1}\, q^{n-t}, \tag{2.87}$$

was sich zu der wesentlich bequemeren Schreibweise

$$\boxed{R_n = r \cdot \frac{q^n - g^n}{q - g}} \qquad (\text{wenn } q \neq g) \tag{2.88}$$

oder

$$\boxed{R_n = r\,n\,q^{n-1}} \qquad (\text{wenn } q = g) \tag{2.89}$$

vereinfachen läßt.

Bevor wir ein Beispiel rechnen, wollen wir sehen, wie Gleichung (2.88) aus Gleichung (2.87) abgeleitet werden kann. Zunächst gewinnt man durch Ausklammern konstanter Faktoren

$$R_n = r \frac{q^n}{g} \sum_{t=1}^{n} \left(\frac{q}{g}\right)^{-t}.$$

Das läßt sich unter Verwendung der Summenformel der geometrischen Reihe umschreiben zu

$$R_n = r \cdot \frac{q^n}{g} \cdot \frac{\left(\frac{q}{g}\right)^n - 1}{\left(\frac{q}{g} - 1\right)\left(\frac{q}{g}\right)^n},$$

was sich durch Kürzen drastisch vereinfachen läßt, bis man schließlich (2.88) erhält.

Beispiel 61: Ottilie zahlt nachschüssig eine jährlich um 10% steigende Rente auf ein Konto, das mit 4% verzinst wird. Man berechne das Kapital am Ende des vierten Jahres, wenn die erste Zahlung 1000 DM beträgt.

Lösung:

$$R_4 = 1000 \cdot \frac{1{,}04^4 - 1{,}1^4}{1{,}04 - 1{,}1} = 4904{,}02.$$

Die Barwertformel hat man sofort, indem man den Endwert nach Gleichung (2.88) um n Perioden diskontiert. Das Resultat ist

$$\boxed{R_0 = r \cdot \frac{q^n - g^n}{(q - g)\, q^n}}. \qquad (2.90)$$

Beispiel 62: Philipp hat drei Jahre lang eine Rente zu zahlen, die mit einem Betrag von 7000 DM beginnt und jährlich um 5% steigt. Wieviel Kapital muß Philipp heute aufbieten, wenn der Zins 10% p.a. ist?

Lösung:

$$R_0 = 7000 \cdot \frac{1{,}1^3 - 1{,}05^3}{(1{,}1 - 1{,}05) \cdot 1{,}1^3} = 18\,236{,}29.$$

Tabelle 2-38: zeigt die Zahlen der Kapitalentwicklung im einzelnen zur Probe.

Tab. 2-38: Entwicklung eines Kapitals bei Auszahlung einer geometrisch fortschreitenden Rente

Jahr	Kapital zu Jahresbeginn	Rente	Zinsen 10%	Kapital zu Jahresende
1	18236,29	−7000,00	1823,63	13059,92
2	13059,92	−7350,00	1305,99	7015,91
3	7015,91	−7717,50	701,59	0,00

Endwert- und Barwertgleichung lassen sich mühelos nach r auflösen mit dem Ergebnis

$$r = R_n \cdot \frac{q g}{q^n - g^n} \tag{2.91}$$

und

$$r = R_0 \cdot \frac{(q-g)\, q^n}{q^n - g^n}. \tag{2.92}$$

Beispiel 63: Renate besitzt 21000 DM, die sie zu 4,5% Zins p.a. anlegen kann. Sie will von diesem Kapital fünf Jahre lang eine Rente zahlen, die jährlich um 2% steigt. Welchen Betrag kann sie im ersten Jahr zahlen?

Lösung:

$$r = 21000 \cdot \frac{(1{,}045 - 1{,}02) \cdot 1{,}045^5}{1{,}045^5 - 1{,}02^5} = 4604{,}08.$$

Wird im Zusammenhang mit einer geometrischen Rente nach einem Zinssatz gefragt, so läuft das wieder auf die Nullstellenbestimmung einer Funktion heraus. Wir empfehlen Newtons Verfahren mit

$$f(i) = -R_n + r \cdot \frac{q^n - g^n}{q - g} \quad \text{und} \tag{2.93}$$

$$f'(i) = \frac{r}{q-g} \cdot \left(n q^{n-1} - \frac{q^n - g^n}{q - g} \right) \tag{2.94}$$

für den Fall, daß der Endwert bekannt ist und

$$f(i) = -R_0 + r \cdot \frac{q^n - g^n}{(q-g)\,q^n} \quad \text{und} \tag{2.95}$$

$$f'(i) = \frac{r}{q-g} \cdot \left(\frac{n\,g^n}{q^{n+1}} - \frac{q^n - g^n}{(q-g)\,q^n}\right), \tag{2.96}$$

wenn der Barwert gegeben ist. Letzteres ist im kommenden Beispiel der Fall.

Beispiel 64: Sven will drei Jahre lang eine Rente zahlen, die jährlich um 10% steigt und mit $r = 7000$ DM beginnt. Er besitzt heute 20000 DM und fragt, zu welchem Zinssatz das Kapital anzulegen ist, damit die Rechnung aufgeht.

Lösung:

Wir benutzen *Newtons* Iterationsformel unter Verwendung von (2.95) und (2.96) und beginnen unsere Rechnung willkürlich mit dem Versuchswert $i_0 = 0{,}09$. Dann erhalten wir die in *Tabelle 2-39* zusammengestellten Zahlen. Der gesuchte Zinssatz liegt daher bei $i = 7{,}48\%$.

Tab. 2-39: Iterative Berechnung des Zinssatzes einer nachschüssigen geometrisch fortschreitenden Rente bei gegebenem Barwert mit Hilfe des Newtonverfahrens

k	i_k	$f(i_k)$ gem. Gl. (2.95)	$f'(i_k)$ gem. Gl. (2.96)
0	0,0900	−556,65	−35784,47
1	0,0744	13,55	−37545,64
2	0,0748	0,01	−37503,47
3	0,0748	0,00	

Auch dann, wenn es um die Berechnung von Laufzeiten geometrischer Renten geht, muß man die Lösungen mit Hilfe von Iterationsverfahren suchen. Vertraut man sich auch dabei wieder *Newtons* Methode an, so kann man bei gegebenem Endwert

$$f(n) = -R_n + r \cdot \frac{q^n - g^n}{q-g} \quad \text{und} \tag{2.97}$$

$$f'(n) = r \cdot \frac{q^n \ln q - g^n \ln g}{q-g} \tag{2.98}$$

sowie bei gegebenem Barwert

$$f(n) = -R_0 + r \cdot \frac{q^n - g^n}{(q-g)\,q^n} \quad \text{und} \qquad (2.99)$$

$$f'(n) = r \cdot \frac{g^n(\ln q - \ln g)}{q^n(q-g)} \qquad (2.100)$$

benutzen.

Beispiel 65: Thea will ein Endvermögen von 74269,66 DM erreichen. Ihr Sparplan sieht so aus, daß sie eine Rente einzahlen will, die mit $r = 5000$ DM beginnt und jährlich um 20% steigt. Das Kapital wird mit 6% verzinst. Wie lange muß Thea zahlen, um ihr Ziel zu erreichen?

Lösung:

Beginnt man das Iterationsverfahren mit dem Versuchswert $n_0 = 10$, so ist man nach vier Iterationsschritten fertig (vgl. *Tabelle 2-40*). Thea muß sieben Jahre sparen.

Tab. 2-40: Iterative Berechnung der Laufzeit einer nachschüssigen geometrisch fortschreitenden Rente bei gegebenem Endwert mit Hilfe des Newtonverfahrens

k	n_k	$f(n_k)$ gem. Gl. (2.97)	$f'(n_k)$ gem. Gl. (2.98)
0	10,00	82904,94	36590,58
1	7,73	15983,72	23408,10
2	7,05	1044,35	20413,12
3	7,00	5,36	20203,80
4	7,00	0,00	

2.5. Ewige Renten

Nachdem wir gleichbleibende sowie veränderliche Renten ausführlich erörtert haben, müssen wir nun noch kurz auf ewige Renten eingehen, auf Zahlungsströme also, die unendlich lange fließen. Bisher haben wir immer nur Renten mit endlicher Laufzeit betrachtet. Um den Kern herauszuschälen, genügt es, wenn wir bei den ewigen Renten nur die gleichbleibenden jährlichen Zahlungen unter der Voraussetzung jährlicher Verzinsung behandeln. Auf unterjährliche Renten, unterjährliche Verzinsung sowie veränderliche Renten wollen wir nicht eingehen.

Es bedarf keiner besonderen Vorstellungskraft, sich klar zu machen, daß der Endwert einer ewigen Rente unendlich groß ist. Die Summe einer nicht endenden Folge von Zahlungen wächst selbst dann über alle Grenzen, wenn keine Zinsen verrechnet werden. Im Gegensatz dazu hat der Barwert einer ewigen Rente regelmäßig einen endlichen Wert; jedenfalls dann, wenn man es mit positiven Zinssätzen ($i > 0$) zu tun hat, wovon man immer ausgehen kann.

Betrachten wir den Barwert einer gleichbleibenden nachschüssigen Rente mit endlicher Laufzeit, so ergibt sich dieser aus

$$\begin{aligned} R_0 &= r \cdot \frac{q^n - 1}{i q^n} \\ &= r \cdot \left(\frac{1}{i} - \frac{1}{i q^n}\right). \end{aligned} \tag{2.6}$$

Um den Barwert der ewigen nachschüssigen Rente zu berechnen, lassen wir n gegen unendlich gehen und betrachten den Grenzwert

$$R_0 = r \cdot \lim_{n \to \infty} \left(\frac{1}{i} - \frac{1}{i q^n}\right).$$

Aus der ökonomisch sinnvollen Voraussetzung eines positiven Zinssatzes folgt nun:

$$\text{wenn } i > 0, \qquad \text{dann } q > 1 \text{ und } \lim_{n \to \infty} q^n \to \infty.$$

Unter Verwendung dieses Zusammenhangs ergibt sich für den Grenzwert des Rentenbarwerts

$$\boxed{R_0 = \frac{r}{i}}\,. \tag{2.101}$$

Das ist sehr einfach zu berechnen.

Beispiel 66: Ulrich will ein Mietshaus erwerben, das jährlich Nettomieten in Höhe von 45000 DM abwirft. Welchen Preis sollte Ulrich für diesen Einnahmenstrom bezahlen, wenn als Zins 9% p.a. veranschlagt werden und das Haus ewig genutzt werden kann?

Lösung:

$$R_0 = \frac{45000}{0{,}09} = 500000.$$

Die Barwertgleichung (2.101) hat große praktische Bedeutung. Diese Bedeutung resultiert nicht etwa daraus, daß es ewige Renten wirklich häufig gibt. Tatsächlich ist das ja kaum der Fall. Aber man kann Gleichung (2.101) zur Abschätzung von Barwerten benutzen, wenn man es mit „sehr langen" Laufzeiten zu tun hat. Dabei ist der Abschätzungsfehler um so kleiner, je länger die Laufzeit und je größer der Zinssatz ist. *Abbildung 2-7* veranschaulicht das. Den gleichen Zweck verfolgt das nachfolgende Beispiel.

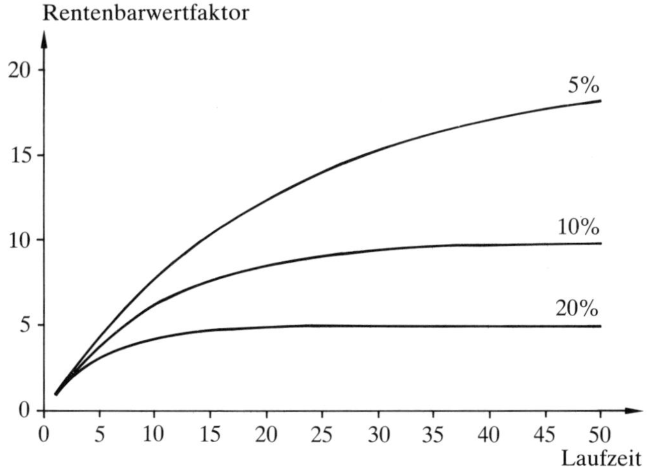

Abb. 2-7: Abhängigkeit des (nachschüssigen) Rentenbarwertfaktors von der Laufzeit und vom Zinssatz

Beispiel 67: Valeska hat den Barwert dreier nachschüssiger Renten bei einem Marktzinssatz von $i = 10\%$ zu berechnen. Die Renten belaufen sich auf 100000 DM je Jahr und unterscheiden sich nur durch ihre Laufzeit, nämlich 10, 20 und 30 Jahre.

Lösung:

$$\text{(a) } R_0 = 100000 \cdot \frac{1{,}1^{10} - 1}{0{,}1 \cdot 1{,}1^{10}} = 614456{,}71$$

$$\text{(b) } R_0 = 100000 \cdot \frac{1{,}1^{20} - 1}{0{,}1 \cdot 1{,}1^{20}} = 851356{,}37$$

(c) $R_0 = 100000 \cdot \frac{1{,}1^{30}-1}{0{,}1 \cdot 1{,}1^{30}} = 942691{,}45$

Bei ewiger Laufzeit beliefe sich der Barwert auf 1 Million DM. Die Lösung zu (c) zeigt, daß 94% davon durch die Rentenzahlungen der ersten dreißig Jahre erklärt werden.

Wird eine Rente nicht nachschüssig, sondern vorschüssig gezahlt, so berechnet man ihren Barwert bei endlicher Laufzeit aus

$$\begin{aligned} R_0 &= r \cdot \frac{q(q^n-1)}{iq^n} \\ &= rq \cdot \left(\frac{1}{i} - \frac{1}{iq^n}\right). \end{aligned} \tag{2.21}$$

Beachtet man die Tatsache, daß q^n gegen unendlich geht, wenn n über alle Grenzen wächst, so beläuft sich der Grenzwert des Barwerts auf

$$\boxed{R_0 = \frac{rq}{i}}\ . \tag{2.102}$$

Mit dieser Gleichung kann man daher den Barwert einer ewigen vorschüssigen Rente berechnen.

2.6. BASIC-Programme zur Rentenrechnung

```
10 ' PROGRAMM ZUR BERECHNUNG VON RENTENBARWERT- UND RENTENENDWERTFAKTOREN
20 '
30 CLS : GOSUB 310 : PRINT
40 PRINT TAB(58) ">>> RENTENFAKTOREN <<<" : PRINT : GOSUB 310 : PRINT
50 INPUT "Zinssatz in % p.a.    ", P : I=P/100 : Q=1+I
60 IF P<=0 THEN 50
70 T=0 : ZEILE=0
80 CLS : GOSUB 310
90 PRINT TAB(30) "Zinssatz = "; USING "####.###"; P ; : PRINT " %" : GOSUB 310
100 PRINT " n";
110 PRINT TAB(5) "Endwertfaktor(n)";
120 PRINT TAB(23) "Barwertfaktor(n)";
130 PRINT TAB(41) "Endwertfaktor(v)";
140 PRINT TAB(59) "Barwertfaktor(v)" : GOSUB 310
150 T=T+1 : ZEILE=ZEILE+1
160 PRINT ; USING "###"; T;
170 PRINT TAB(7) ; USING "########.#####"; (Q^T-1)/I ;
180 PRINT TAB(25) ; USING "########.#####"; (Q^T-1)/I/Q^T ;
190 PRINT TAB(43) ; USING "########.#####"; Q*(Q^T-1)/I ;
200 PRINT TAB(61) ; USING "########.#####"; Q*(Q^T-1)/I/Q^T
210 IF ZEILE<15 THEN 150
220 ZEILE=0 : PRINT : PRINT "Ausgabe fortsetzen ?  ( j / n )";
```

```
230 A$=INPUT$(1)
240 IF A$="j" THEN 80
250 IF A$="n" THEN 270
260 GOTO 230
270 GOSUB 310 : PRINT "noch einmal ?   ( j / n )";
280 A$=INPUT$(1)
290 IF A$="n" THEN END
300 IF A$="j" THEN 30 ELSE 280
310 PRINT "---------------------------------------------------------------------
--------"
320 RETURN
330 END
```

```
10 ' PROGRAMM ZUR RENTENRECHNUNG BEI JÄHRLICHEN RENTEN
20 ' UND JÄHRLICHER VERZINSUNG
30 '
40 CLS : GOSUB 1860 : PRINT
50 PRINT TAB(18) ">>> RENTENRECHNUNG (JÄHRLICHE RENTE, JÄHRLICHE VERZINSUNG) <<<"
60 PRINT : GOSUB 1860
70 PRINT : PRINT "Sie können folgende Größen berechnen : " : PRINT
80 PRINT "1.    Endwert"
90 PRINT "2.    Barwert"
100 PRINT "3.    Rente bei gegebenem Barwert"
110 PRINT "4.    Rente bei gegebenem Endwert"
120 PRINT "5.    Zins bei gegebenem Barwert"
130 PRINT "6.    Zins bei gegebenem Endwert"
140 PRINT "7.    Laufzeit bei gegebenem Barwert"
150 PRINT "8.    Laufzeit bei gegebenem Endwert"
160 PRINT : PRINT "Ihre Wahl       =>";
170 K$=INPUT$(1) : K=VAL(K$)
180 IF K=1 THEN PRINT TAB(25) "Endwert" : GOTO 270
190 IF K=2 THEN PRINT TAB(25) "Barwert" : GOTO 270
200 IF K=3 THEN PRINT TAB(25) "Rente bei gegebenem Barwert" : GOTO 270
210 IF K=4 THEN PRINT TAB(25) "Rente bei gegebenem Endwert" : GOTO 270
220 IF K=5 THEN PRINT TAB(25) "Zins bei gegebenem Barwert" : GOTO 270
230 IF K=6 THEN PRINT TAB(25) "Zins bei gegebenem Endwert" : GOTO 270
240 IF K=7 THEN PRINT TAB(25) "Laufzeit bei gegebenem Barwert" : GOTO 270
250 IF K=8 THEN PRINT TAB(25) "Laufzeit bei gegebenem Endwert" : GOTO 270
260 GOTO 170
270 PRINT : GOSUB 1860
280 MZ=1 : MR=1 : B$="Jahre"
290 PRINT
300 IF K<=2 OR K>=5 THEN 310 ELSE 320
310 INPUT "Rente                              ", R
320 IF K<7 THEN 330 ELSE 340
330 PRINT "Laufzeit der Rente in ";:PRINT B$;:PRINT "n";:INPUT"          ",N
340 IF K=3 OR K=5 OR K=7 THEN 350 ELSE 360
350 INPUT "Barwert                            ", A
360 IF K=4 OR K=6 OR K=8 THEN 370 ELSE 380
370 INPUT "Endwert                            ", E
380 IF K<5 OR K>6 THEN 390 ELSE 400
390 INPUT "Zinssatz in % p.a.                 ", P
400 PRINT
410 IF K>1 THEN 490
420 ' ----------------------
430 ' Berechnung des Endwerts
440 ' ----------------------
450 GOSUB 1100
460 PRINT "Endwert (vorschüssig)    "; USING "##########.##"; EV
470 PRINT "Endwert (nachschüssig)   "; USING "##########.##"; EN
480 GOTO 1030
490 IF K>2 THEN 570
500 ' ----------------------
510 ' Berechnung des Barwerts
520 ' ----------------------
530 GOSUB 1160
540 PRINT "Barwert (vorschüssig)    "; USING "##########.##"; AV
550 PRINT "Barwert (nachschüssig)   "; USING "##########.##"; AN
```

```
560 GOTO 1030
570 IF K>3 THEN 650
580 ' ------------------------------------------
590 ' Berechnung der Rente bei gegebenem Barwert
600 ' ------------------------------------------
610 GOSUB 1280
620 PRINT "Rente (vorschüssig)    "; USING "##########.##"; RV
630 PRINT "Rente (nachschüssig)   "; USING "##########.##"; RN
640 GOTO 1030
650 IF K>4 THEN 730
660 ' ------------------------------------------
670 ' Berechnung der Rente bei gegebenem Endwert
680 ' ------------------------------------------
690 GOSUB 1220
700 PRINT "Rente (vorschüssig)    "; USING "##########.##"; RV
710 PRINT "Rente (nachschüssig)   "; USING "##########.##"; RN
720 GOTO 1030
730 IF K>5 THEN 810
740 ' ------------------------------------
750 ' Zinsberechnung bei gegebenem Barwert
760 ' ------------------------------------
770 GOSUB 1530
780 PRINT "Zinssatz (vorschüssig)    "; USING "####.###"; PV; : PRINT " % p.a."
790 PRINT "Zinssatz (nachschüssig)   "; USING "####.###"; PN; : PRINT " % p.a."
800 GOTO 1030
810 IF K>6 THEN 890
820 ' ------------------------------------
830 ' Zinsberechnung bei gegebenem Endwert
840 ' ------------------------------------
850 GOSUB 1340
860 PRINT "Zinssatz (vorschüssig)    "; USING "####.###"; PV; : PRINT " % p.a."
870 PRINT "Zinssatz (nachschüssig)   "; USING "####.###"; PN; : PRINT " % p.a."
880 GOTO 1030
890 IF K>7 THEN 970
900 ' ----------------------------------------
910 ' Laufzeitberechnung bei gegebenem Barwert
920 ' ----------------------------------------
930 GOSUB 1720
940 PRINT "Laufzeit (vorschüssig)    "; USING "#####.##"; NV; : PRINT "  "; B$
950 PRINT "Laufzeit (nachschüssig)   "; USING "#####.##"; NN; : PRINT "  "; B$
960 GOTO 1030
970 ' ----------------------------------------
980 ' Laufzeitberechnung bei gegebenem Endwert
990 ' ----------------------------------------
1000 GOSUB 1790
1010 PRINT "Laufzeit (vorschüssig)    "; USING "#####.##"; NV; : PRINT "  "; B$
1020 PRINT "Laufzeit (nachschüssig)   "; USING "#####.##"; NN; : PRINT "  "; B$
1030 PRINT : GOSUB 1860 : PRINT
1040 PRINT "noch einmal?   ( j / n )";
1050 A$=INPUT$(1)
1060 IF A$="n" THEN END
1070 IF A$="j" THEN 40 ELSE 1050
1080 ' --------------
1090 ' Unterprogramme
1100 ' -----------------
1110 ' Endwertberechnung
1120 ' -----------------
1130 Q=(1+P/100) : I=Q-1 : QN=Q^N
1140 EN=R*(QN-1)/I : EV=EN*Q
1150 RETURN
1160 ' -----------------
1170 ' Barwertberechnung
1180 ' -----------------
1190 GOSUB 1100
1200 AV=EV/QN : AN=EN/QN
1210 RETURN
1220 ' --------------------------------------
1230 ' Rentenberechnung bei gegebenem Endwert
1240 ' --------------------------------------
1250 Q=(1+P/100) : I=Q-1 : QN=Q^N
```

```
1260 RN=I*E/(QN-1) : RV = RN/Q
1270 RETURN
1280 ' -------------------------------------
1290 ' Rentenberechnung bei gegebenem Barwert
1300 ' -------------------------------------
1310 Q=(1+P/100) : I=Q-1 : QN=Q^N
1320 RN=I*QN*A/(QN-1) : RV = RN/Q
1330 RETURN
1340 ' -----------------------------------
1350 ' Zinsberechnung bei gegebenem Endwert
1360 ' -----------------------------------
1370 P=5
1380 Q=(1+P/100) : I=Q-1
1390 F1=E-R*(Q^N-1)/I
1400 F2=-R/I*(N*Q^(N-1)-(Q^N-1)/I)
1410 I=I-F1/F2
1420 P=100*I
1430 IF ABS(F1/F2)>.00001 THEN 1380
1440 PN=P
1450 Q=(1+P/100) : I=Q-1
1460 F1=E-R*Q*(Q^N-1)/I
1470 F2=-R/I*(N*Q^(N-1)-(Q^N-1)/I)-N*Q^(N-1)*R
1480 I=I-F1/F2
1490 P=100*I
1500 IF ABS(F1/F2)>.00001 THEN 1450
1510 PV=P
1520 RETURN
1530 ' -----------------------------------
1540 ' Zinsberechnung bei gegebenem Barwert
1550 ' -----------------------------------
1560 P=5
1570 Q=(1+P/100) : I=Q-1
1580 F1=A-R*(Q^N-1)/I/Q^N
1590 F2=R/I*((Q^N-1)/I/Q^N-N/Q^(N+1))
1600 I=I-F1/F2
1610 P=100*I
1620 IF ABS(F1/F2)>.00001 THEN 1570
1630 PN=P
1640 Q=(1+P/100) : I=Q-1
1650 F1=A-R*Q*(Q^N-1)/I/Q^N
1660 F2=R/I*((Q^N-Q)/I/Q^N-(N-1)/Q^N)
1670 I=I-F1/F2
1680 P=100*I
1690 IF ABS(F1/F2)>.00001 THEN 1640
1700 PV=P
1710 RETURN
1720 ' ----------------------------------------
1730 ' Laufzeitberechnung bei gegebenem Barwert
1740 ' ----------------------------------------
1750 Q=(1+P/100) : I=Q-1
1760 NN=LOG(R/(R-A*I))/LOG(Q)
1770 NV=1-LOG(Q-A*I/R)/LOG(Q)
1780 RETURN
1790 ' ----------------------------------------
1800 ' Laufzeitberechnung bei gegebenem Endwert
1810 ' ----------------------------------------
1820 Q=(1+P/100) : I=Q-1
1830 NN=LOG(1+E*I/R)/LOG(Q)
1840 NV=LOG(Q+E*I/R)/LOG(Q)-1
1850 RETURN
1860 PRINT "-----------------------------------------------------------------------
---------"
1870 RETURN
1880 END
```

```
10 ' PROGRAMM ZUR RENTENRECHNUNG BEI JÄHRLICHER RENTE
20 ' UND UNTERJÄHRLICHER VERZINSUNG
30 '
40 CLS : GOSUB 1950 : PRINT
```

```
50 PRINT TAB(13) ">>> RENTENRECHNUNG (JÄHRLICHE RENTE, UNTERJÄHRLICHE VERZINSUNG)
<<<"
60 PRINT : GOSUB 1950
70 PRINT : PRINT "Sie können folgende Größen berechnen : " : PRINT
80 PRINT "1.    Endwert"
90 PRINT "2.    Barwert"
100 PRINT "3.    Rente bei gegebenem Barwert"
110 PRINT "4.    Rente bei gegebenem Endwert"
120 PRINT "5.    Zins bei gegebenem Barwert"
130 PRINT "6.    Zins bei gegebenem Endwert"
140 PRINT "7.    Laufzeit bei gegebenem Barwert"
150 PRINT "8.    Laufzeit bei gegebenem Endwert"
160 PRINT : PRINT "Ihre Wahl     ->";
170 K$=INPUT$(1) : K=VAL(K$)
180 IF K=1 THEN PRINT TAB(25) "Endwert" : GOTO 270
190 IF K=2 THEN PRINT TAB(25) "Barwert" : GOTO 270
200 IF K=3 THEN PRINT TAB(25) "Rente bei gegebenem Barwert" : GOTO 270
210 IF K=4 THEN PRINT TAB(25) "Rente bei gegebenem Endwert" : GOTO 270
220 IF K=5 THEN PRINT TAB(25) "Zins bei gegebenem Barwert" : GOTO 270
230 IF K=6 THEN PRINT TAB(25) "Zins bei gegebenem Endwert" : GOTO 270
240 IF K=7 THEN PRINT TAB(25) "Laufzeit bei gegebenem Barwert" : GOTO 270
250 IF K=8 THEN PRINT TAB(25) "Laufzeit bei gegebenem Endwert" : GOTO 270
260 GOTO 170
270 PRINT : GOSUB 1950 : PRINT
280 PRINT "Als Zinsverrechnungsperioden kommen in Frage:"
290 PRINT "Jahre, Halbjahre, Quartale oder Monate " : PRINT
300 PRINT "Bitte wählen Sie !   ( J / H / Q / M )  ";
310 A$=INPUT$(1)
320 IF A$="j" OR A$="J" THEN MZ=1 : PRINT "Jahre" : GOTO 370
330 IF A$="h" OR A$="H" THEN MZ=2 : PRINT "Halbjahre" : GOTO 370
340 IF A$="q" OR A$="Q" THEN MZ=4 : PRINT "Quartale" : GOTO 370
350 IF A$="m" OR A$="M" THEN MZ=12 : PRINT "Monate" : GOTO 370
360 GOTO 310
370 PRINT : GOSUB 1950 : PRINT
380 MR=1 : B$="Jahre"
390 IF K<=2 OR K>=5 THEN 400 ELSE 410
400 INPUT "Rente                              ", R
410 IF K<7 THEN 420 ELSE 430
420 PRINT "Laufzeit der Rente in ";:PRINT B$;:PRINT "n";:INPUT"          ",N
430 IF K=3 OR K=5 OR K=7 THEN 440 ELSE 450
440 INPUT "Anfangskapital                     ", A
450 IF K=4 OR K=6 OR K=8 THEN 460 ELSE 470
460 INPUT "Endkapital----", E
470 IF K<5 OR K>6 THEN 480 ELSE 490
480 INPUT "Zinssatz in % p.a.                 ", P
490 PRINT
500 IF K>1 THEN 580
510 ' ----------------------
520 ' Berechnung des Endwerts
530 ' ----------------------
540 GOSUB 1190
550 PRINT "Endwert (vorschüssig)    "; USING "##########.##"; EV
560 PRINT "Endwert (nachschüssig)   "; USING "##########.##"; EN
570 GOTO 1120
580 IF K>2 THEN 660
590 ' ----------------------
600 ' Berechnung des Barwerts
610 ' ----------------------
620 GOSUB 1250
630 PRINT "Barwert (vorschüssig)    "; USING "##########.##"; AV
640 PRINT "Barwert (nachschüssig)   "; USING "##########.##"; AN
650 GOTO 1120
660 IF K>3 THEN 740
670 ' ----------------------------------------
680 ' Berechnung der Rente bei gegebenem Barwert
690 ' ----------------------------------------
700 GOSUB 1370
710 PRINT "Rente (vorschüssig)    "; USING "##########.##"; RV
720 PRINT "Rente (nachschüssig)   "; USING "##########.##"; RN
730 GOTO 1120
```

```
740 IF K>4 THEN 820
750 ' -----------------------------------------
760 ' Berechnung der Rente bei gegebenem Endwert
770 ' -----------------------------------------
780 GOSUB 1310
790 PRINT "Rente (vorschüssig)     "; USING "##########.##"; RV
800 PRINT "Rente (nachschüssig)    "; USING "##########.##"; RN
810 GOTO 1120
820 IF K>5 THEN 900
830 ' -----------------------------------
840 ' Zinsberechnung bei gegebenem Barwert
850 ' -----------------------------------
860 GOSUB 1620
870 PRINT "Zinssatz (vorschüssig)    "; USING "####.###"; PV; : PRINT " % p.a."
880 PRINT "Zinssatz (nachschüssig)   "; USING "####.###"; PN; : PRINT " % p.a."
890 GOTO 1120
900 IF K>6 THEN 980
910 ' -----------------------------------
920 ' Zinsberechnung bei gegebenem Endwert
930 ' -----------------------------------
940 GOSUB 1430
950 PRINT "Zinssatz (vorschüssig)    "; USING "####.###"; PV; : PRINT " % p.a."
960 PRINT "Zinssatz (nachschüssig)   "; USING "####.###"; PN; : PRINT " % p.a."
970 GOTO 1120
980 IF K>7 THEN 1060
990 ' ----------------------------------------
1000 ' Laufzeitberechnung bei gegebenem Barwert
1010 ' ----------------------------------------
1020 GOSUB 1810
1030 PRINT "Laufzeit (vorschüssig)    "; USING "#####.##"; NV; : PRINT "  "; B$
1040 PRINT "Laufzeit (nachschüssig)   "; USING "#####.##"; NN; : PRINT "  "; B$
1050 GOTO 1120
1060 ' ----------------------------------------
1070 ' Laufzeitberechnung bei gegebenem Endwert
1080 ' ----------------------------------------
1090 GOSUB 1880
1100 PRINT "Laufzeit (vorschüssig)    "; USING "#####.##"; NV; : PRINT "  "; B$
1110 PRINT "Laufzeit (nachschüssig)   "; USING "#####.##"; NN; : PRINT "  "; B$
1120 PRINT : GOSUB 1950 : PRINT
1130 PRINT "noch einmal?   ( j / n )";
1140 A$=INPUT$(1)
1150 IF A$="n" THEN END
1160 IF A$="j" THEN 40 ELSE 1140
1170 ' -------------
1180 ' Unterprogramme
1190 ' ----------------
1200 ' Endwertberechnung
1210 ' ----------------
1220 Q=(1+P/100/MZ)^(MZ/MR) : I=Q-1 : QN=Q^N
1230 EN=R*(QN-1)/I : EV=EN*Q
1240 RETURN
1250 ' ----------------
1260 ' Barwertberechnung
1270 ' ----------------
1280 GOSUB 1190
1290 AV=EV/QN : AN=EN/QN
1300 RETURN
1310 ' -------------------------------------
1320 ' Rentenberechnung bei gegebenem Endwert
1330 ' -------------------------------------
1340 Q=(1+P/100/MZ)^(MZ/MR) : I=Q-1 : QN=Q^N
1350 RN=I*E/(QN-1) : RV = RN/Q
1360 RETURN
1370 ' -------------------------------------
1380 ' Rentenberechnung bei gegebenem Barwert
1390 ' -------------------------------------
1400 Q=(1+P/100/MZ)^(MZ/MR) : I=Q-1 : QN=Q^N
1410 RN=I*QN*A/(QN-1) : RV = RN/Q
1420 RETURN
1430 ' ----------------------------------
```

```
1440 ' Zinsberechnung bei gegebenem Endwert
1450 ' ----------------------------------
1460 P=5
1470 Q=(1+P/100/MZ)^(MZ/MR) : I=Q-1
1480 F1=E-R*(Q^N-1)/I
1490 F2=-R/I*(N*Q^(N-1)-(Q^N-1)/I)
1500 I=I-F1/F2
1510 P=100*MZ*((1+I)^(MR/MZ)-1)
1520 IF ABS(F1/F2)>.00001 THEN 1470
1530 PN=P
1540 Q=(1+P/100/MZ)^(MZ/MR) : I=Q-1
1550 F1=E-R*Q*(Q^N-1)/I
1560 F2=-R/I*(N*Q^(N-1)-(Q^N-1)/I)-N*Q^(N-1)*R
1570 I=I-F1/F2
1580 P=100*MZ*((1+I)^(MR/MZ)-1)
1590 IF ABS(F1/F2)>.00001 THEN 1540
1600 PV=P
1610 RETURN
1620 ' ----------------------------------
1630 ' Zinsberechnung bei gegebenem Barwert
1640 ' ----------------------------------
1650 P=5
1660 Q=(1+P/100/MZ)^(MZ/MR) : I=Q-1
1670 F1=A-R*(Q^N-1)/I/Q^N
1680 F2=R/I*((Q^N-1)/I/Q^N-N/Q^(N+1))
1690 I=I-F1/F2
1700 P=100*MZ*((1+I)^(MR/MZ)-1)
1710 IF ABS(F1/F2)>.00001 THEN 1660
1720 PN=P
1730 Q=(1+P/100/MZ)^(MZ/MR) : I=Q-1
1740 F1=A-R*Q*(Q^N-1)/I/Q^N
1750 F2=R/I*((Q^N-Q)/I/Q^N-(N-1)/Q^N)
1760 I=I-F1/F2
1770 P=100*MZ*((1+I)^(MR/MZ)-1)
1780 IF ABS(F1/F2)>.00001 THEN 1730
1790 PV=P
1800 RETURN
1810 ' --------------------------------------
1820 ' Laufzeitberechnung bei gegebenem Barwert
1830 ' --------------------------------------
1840 Q=(1+P/100/MZ)^(MZ/MR) : I=Q-1
1850 NN=LOG(R/(R-A*I))/LOG(Q)
1860 NV=1-LOG(Q-A*I/R)/LOG(Q)
1870 RETURN
1880 ' --------------------------------------
1890 ' Laufzeitberechnung bei gegebenem Endwert
1900 ' --------------------------------------
1910 Q=(1+P/100/MZ)^(MZ/MR) : I=Q-1
1920 NN=LOG(1+E*I/R)/LOG(Q)
1930 NV=LOG(Q+E*I/R)/LOG(Q)-1
1940 RETURN
1950 PRINT "-----------------------------------------------------------------
---------"
1960 RETURN
1970 END

10 ' PROGRAMM ZUR RENTENRECHNUNG BEI UNTERJÄHRLICHER RENTE
20 ' UND JÄHRLICHER VERZINSUNG
30 '
40 CLS : GOSUB 2380 : PRINT
50 PRINT TAB(13) ">>> RENTENRECHNUNG (UNTERJÄHRLICHE RENTE, JÄHRLICHE VERZINSUNG)
<<<"
60 PRINT : GOSUB 2380
70 PRINT : PRINT "Sie können folgende Größen berechnen : " : PRINT
80 PRINT "1.    Endwert"
90 PRINT "2.    Barwert"
100 PRINT "3.    Rente bei gegebenem Barwert"
110 PRINT "4.    Rente bei gegebenem Endwert"
120 PRINT "5.    Zins bei gegebenem Barwert"
130 PRINT "6.    Zins bei gegebenem Endwert"
```

```
140 PRINT "7.    Laufzeit bei gegebenem Barwert"
150 PRINT "8.    Laufzeit bei gegebenem Endwert"
160 PRINT : PRINT "Ihre Wahl      =>";
170 K$=INPUT$(1) : K=VAL(K$)
180 IF K=1 THEN PRINT TAB(25) "Endwert" : GOTO 270
190 IF K=2 THEN PRINT TAB(25) "Barwert" : GOTO 270
200 IF K=3 THEN PRINT TAB(25) "Rente bei gegebenem Barwert" : GOTO 270
210 IF K=4 THEN PRINT TAB(25) "Rente bei gegebenem Endwert" : GOTO 270
220 IF K=5 THEN PRINT TAB(25) "Zins bei gegebenem Barwert" : GOTO 270
230 IF K=6 THEN PRINT TAB(25) "Zins bei gegebenem Endwert" : GOTO 270
240 IF K=7 THEN PRINT TAB(25) "Laufzeit bei gegebenem Barwert" : GOTO 270
250 IF K=8 THEN PRINT TAB(25) "Laufzeit bei gegebenem Endwert" : GOTO 270
260 GOTO 170
270 PRINT : GOSUB 2380
280 MZ=1
290 PRINT : PRINT "Als Rentenzahlungsperioden kommen in Frage:"
300 PRINT "Jahre, Halbjahre, Quartale, Doppelmonate  oder Monate" : PRINT
310 PRINT "Bitte wählen Sie !   ( J / H / Q / D / M )  ";
320 A$=INPUT$(1)
330 IF A$="j" OR A$="J" THEN MR=1 : B$="        Jahre" : GOTO 390
340 IF A$="h" OR A$="H" THEN MR=2 : B$="    Halbjahre" : GOTO 390
350 IF A$="q" OR A$="Q" THEN MR=4 : B$="     Quartale" : GOTO 390
360 IF A$="d" OR A$="D" THEN MR=6 : B$="Doppelmonate" : GOTO 390
370 IF A$="m" OR A$="M" THEN MR=12 : B$="       Monate" : GOTO 390
380 GOTO 320
390 PRINT B$ : PRINT : GOSUB 2380 : PRINT
400 IF K<=2 OR K>=5 THEN 410 ELSE 420
410 INPUT "Rente                                      ", R
420 IF K<7 THEN 430 ELSE 440
430 PRINT "Laufzeit der Rente in ";:PRINT B$;:PRINT "n"; : INPUT "           ", N
440 IF K=3 OR K=5 OR K=7 THEN 450 ELSE 460
450 INPUT "Barwert                                    ", A
460 IF K=4 OR K=6 OR K=8 THEN 470 ELSE 480
470 INPUT "Endwert                                    ", E
480 IF K<5 OR K>6 THEN 490 ELSE 500
490 INPUT "Zinssatz in % p.a.                         ", P
500 PRINT
510 IF K>1 THEN 590
520 ' ----------------------
530 ' Berechnung des Endwerts
540 ' ----------------------
550 GOSUB 1200
560 PRINT "Endwert (vorschüssig)     "; USING "##########.##"; EV
570 PRINT "Endwert (nachschüssig)    "; USING "##########.##"; EN
580 GOTO 1130
590 IF K>2 THEN 670
600 ' ----------------------
610 ' Berechnung des Barwerts
620 ' ----------------------
630 GOSUB 1300
640 PRINT "Barwert (vorschüssig)     "; USING "##########.##"; AV
650 PRINT "Barwert (nachschüssig)    "; USING "##########.##"; AN
660 GOTO 1130
670 IF K>3 THEN 750
680 ' ----------------------------------------
690 ' Berechnung der Rente bei gegebenem Barwert
700 ' ----------------------------------------
710 GOSUB 1460
720 PRINT "Rente (vorschüssig)     "; USING "##########.##"; RV
730 PRINT "Rente (nachschüssig)    "; USING "##########.##"; RN
740 GOTO 1130
750 IF K>4 THEN 830
760 ' ----------------------------------------
770 ' Berechnung der Rente bei gegebenem Endwerts
780 ' ----------------------------------------
790 GOSUB 1360
800 PRINT "Rente (vorschüssig)     "; USING "##########.##"; RV
810 PRINT "Rente (nachschüssig)    "; USING "##########.##"; RN
820 GOTO 1130
830 IF K>5 THEN 910
```

```
840 ' ------------------------------------
850 ' Zinsberechnung bei gegebenem Barwert
860 ' ------------------------------------
870 GOSUB 1800
880 PRINT "Zinssatz (vorschüssig)      "; USING "####.###"; PV; : PRINT " % p.a."
890 PRINT "Zinssatz (nachschüssig)     "; USING "####.###"; PN; : PRINT " % p.a."
900 GOTO 1130
910 IF K>6 THEN 990
920 ' ------------------------------------
930 ' Zinsberechnung bei gegebenem Endwert
940 ' ------------------------------------
950 GOSUB 1560
960 PRINT "Zinssatz (vorschüssig)      "; USING "####.###"; PV; : PRINT " % p.a."
970 PRINT "Zinssatz (nachschüssig)     "; USING "####.###"; PN; : PRINT " % p.a."
980 GOTO 1130
990 IF K>7 THEN 1070
1000 ' ----------------------------------------
1010 ' Laufzeitberechnung bei gegebenem Barwert
1020 ' ----------------------------------------
1030 GOSUB 2230
1040 PRINT "Laufzeit (vorschüssig)      "; USING "#####.##"; NV; : PRINT "   "; B$
1050 PRINT "Laufzeit (nachschüssig)     "; USING "#####.##"; NN; : PRINT "   "; B$
1060 GOTO 1130
1070 ' ----------------------------------------
1080 ' Laufzeitberechnung bei gegebenem Endwert
1090 ' ----------------------------------------
1100 GOSUB 2080
1110 PRINT "Laufzeit (vorschüssig)      "; USING "#####.##"; NV; : PRINT "   "; B$
1120 PRINT "Laufzeit (nachschüssig)     "; USING "#####.##"; NN; : PRINT "   "; B$
1130 PRINT : GOSUB 2380 : PRINT
1140 PRINT "noch einmal?   ( j / n )";
1150 A$=INPUT$(1)
1160 IF A$="n" THEN END
1170 IF A$="j" THEN 40 ELSE 1150
1180 ' -------------
1190 ' Unterprogramme
1200 ' ----------------
1210 ' Endwertberechnung
1220 ' ----------------
1230 NA=INT(N/MR*MZ) : NB=N-NA*MR/MZ
1240 IR=P/100/MR : IZ=P/100/MZ : QN=(1+IZ)^NA
1250 T1V=MR/MZ*(1+IR*(MR/MZ+1)/2) : T1N=MR/MZ*(1+IR*(MR/MZ-1)/2)
1260 T2=(QN-1)/IZ*(1+NB*IR)
1270 T3V=NB*(1+IR*(NB+1)/2) : T3N=NB*(1+IR*(NB-1)/2)
1280 EV=R*(T1V*T2+T3V) : EN=R*(T1N*T2+T3N)
1290 RETURN
1300 ' ----------------
1310 ' Barwertberechnung
1320 ' ----------------
1330 GOSUB 1200
1340 AV=EV/QN/(1+NB*IR) : AN=EN/QN/(1+NB*IR)
1350 RETURN
1360 ' ---------------------------------------
1370 ' Rentenberechnung bei gegebenem Endwert
1380 ' ---------------------------------------
1390 NA=INT(N/MR*MZ) : NB=N-NA*MR/MZ
1400 IR=P/100/MR : IZ=P/100/MZ : QN=(1+IZ)^NA
1410 T1V=MR/MZ*(1+IR*(MR/MZ+1)/2) : T1N=MR/MZ*(1+IR*(MR/MZ-1)/2)
1420 T2=(QN-1)/IZ*(1+NB*IR)
1430 T3V=NB*(1+IR*(NB+1)/2) : T3N=NB*(1+IR*(NB-1)/2)
1440 RV=E/(T1V*T2+T3V) : RN=E/(T1N*T2+T3N)
1450 RETURN
1460 ' ---------------------------------------
1470 ' Rentenberechnung bei gegebenem Barwert
1480 ' ---------------------------------------
1490 NA=INT(N/MR*MZ) : NB=N-NA*MR/MZ
1500 IR=P/100/MR : IZ=P/100/MZ : QN=(1+IZ)^NA
1510 T1V=MR/MZ*(1+IR*(MR/MZ+1)/2) : T1N=MR/MZ*(1+IR*(MR/MZ-1)/2)
1520 T2=(QN-1)/IZ*(1+NB*IR)
1530 T3V=NB*(1+IR*(NB+1)/2) : T3N=NB*(1+IR*(NB-1)/2)
```

```
1540 RV=A*QN*(1+NB*IR)/(T1V*T2+T3V) : RN=A*QN*(1+NB*IR)/(T1N*T2+T3N)
1550 RETURN
1560 ' ----------------------------------
1570 ' Zinsberechnung bei gegebenem Endwert
1580 ' ----------------------------------
1590 NA=INT(N/MR*MZ) : NB=N-NA*MR/MZ
1600 P=5
1610 I=P/100 : Q=1+I/MZ : QN=Q^NA
1620 T1=1+I/2/MR*(1+NB) : T2=1+I*NB/MR : T3=MZ/I*(QN-1)
1630 T4=MR/MZ+I/2/MZ*(1+MR/MZ) : T5=(T1-1)/I : T6=(T4-MR/MZ)/I
1640 T7=NA*Q^(NA-1)/I-T3/I : T8=MZ/I/MR*(1-QN)
1650 F1=E-R*(NB*T1+T2*T3*T4)
1660 F2=-R*NB*(T5-T8*T4)-R*T2*(T3*T6+T4*T7)
1670 I=I-F1/F2 : P=100*I
1680 IF ABS (F1/F2)>.00001 THEN 1610
1690 PV=P
1700 I=P/100 : Q=1+I/MZ : QN=Q^NA
1710 T1=1+I/2/MR*(-1+NB) : T2=1+I*NB/MR : T3=MZ/I*(QN-1)
1720 T4=MR/MZ+I/2/MZ*(-1+MR/MZ) : T5=(NB-1)/2/MR : T6=(T4-MR/MZ)/I
1730 T7=NA*Q^(NA-1)/I-T3/I : T8=MZ/I/MR*(1-QN)
1740 F1=E-R*(NB*T1+T2*T3*T4)
1750 F2=-R*NB*(T5-T8*T4)-R*T2*(T3*T6+T4*T7)
1760 I=I-F1/F2 : P=100*I
1770 IF ABS (F1/F2)>.00001 THEN 1700
1780 PN=P
1790 RETURN
1800 ' ----------------------------------
1810 ' Zinsberechnung bei gegebenem Barwert
1820 ' ----------------------------------
1830 NA=INT(N/MR*MZ) : NB=N-NA*MR/MZ
1840 P=5
1850 I=P/100 : Q=1+I/MZ : QN=Q^NA
1860 T1=1+I/2/MR*(1+NB) : T2=1+I*NB/MR : T3=MZ/I*(QN-1)
1870 T4=MR/MZ+I/2/MZ*(1+MR/MZ)
1880 F1=A-R*(NB*T1+T2*T3*T4)/QN/T2
1890 T5=NB^2*T1/MR/QN/T2/T2 : T6=NB*(NA*T1/MZ/QN/Q-(1+NB)/2/MR/QN)/T2
1900 T7=(NA*T4/Q-(1+MR/MZ)/2)*T3/MZ/QN
1910 T8=(NA*Q^(NA-1)-T3)*T4/I/QN
1920 F2=R*(T5+T6+T7-T8)
1930 I=I-F1/F2 : P=100*I
1940 IF ABS(F1/F2)>.00001 THEN 1850
1950 PV=P
1960 I=P/100 : Q=1+I/MZ : QN=Q^NA
1970 T1=1+I/2/MR*(-1+NB) : T2=1+I*NB/MR : T3=MZ/I*(QN-1)
1980 T4=MR/MZ+I/2/MZ*(-1+MR/MZ)
1990 F1=A-R*(NB*T1+T2*T3*T4)/QN/T2
2000 T5=NB^2*T1/MR/QN/T2/T2 : T6=NB*(NA*T1/MZ/QN/Q-(-1+NB)/2/MR/QN)/T2
2010 T7=(NA*T4/Q-(-1+MR/MZ)/2)*T3/MZ/QN
2020 T8=(NA*Q^(NA-1)-T3)*T4/I/QN
2030 F2=R*(T5+T6+T7-T8)
2040 I=I-F1/F2 : P=100*I
2050 IF ABS(F1/F2)>.00001 THEN 1960
2060 PN=P
2070 RETURN
2080 ' ----------------------------------------
2090 ' Laufzeitberechnung bei gegebenem Endwert
2100 ' ----------------------------------------
2110 DELTA=.1 : Q=(1+P/100/MZ)^(MZ/MR) : I=Q-1
2120 N=LOG(1+E*I/R)/LOG(Q)
2130 GOSUB 1200 : F1=E-EN : N=N+DELTA
2140 GOSUB 1200 : F2=(E-EN-F1)/DELTA : N=N-DELTA-F1/F2
2150 IF ABS (F1/F2)>.01 THEN 2130
2160 NN=N
2170 N=LOG(Q+E*I/R)/LOG(Q)-1
2180 GOSUB 1200 : F1=E-EV : N=N+DELTA
2190 GOSUB 1200 : F2=(E-EV-F1)/DELTA : N=N-DELTA-F1/F2
2200 IF ABS (F1/F2)>.01 THEN 2180
2210 NV=N
2220 RETURN
2230 ' ----------------------------------------
```

```
2240 ' Laufzeitberechnung bei gegebenem Barwert
2250 ' ---------------------------------------
2260 ZAHL=1 : ZAHLMAX=15
2270 N=A/R : DELTA=10
2280 N=N+DELTA : GOSUB 1300 : F=A-AV
2290 IF F>0 THEN 2280
2300 N=N-DELTA : DELTA=DELTA/2 : ZAHL=ZAHL+1
2310 IF ZAHL<ZAHLMAX THEN 2280 ELSE NV=N
2320 DELTA=10 : ZAHL=1
2330 N=N+DELTA : GOSUB 1300 : F=A-AN
2340 IF F>0 THEN 2330
2350 N=N-DELTA : DELTA=DELTA/2 : ZAHL=ZAHL+1
2360 IF ZAHL<ZAHLMAX THEN 2330 ELSE NN=N
2370 RETURN
2380 PRINT "-----------------------------------------------------------------------
---------"
2390 RETURN
2400 END
```

```
10 ' PROGRAMM ZUR RENTENRECHNUNG BEI UNTERJÄHRLICHER RENTE
20 ' UND UNTERJÄHRLICHER VERZINSUNG
30 '
40 CLS : GOSUB 3310 : PRINT
50 PRINT TAB(21) ">>> RENTENRECHNUNG (RENTE UND ZINSVERRECHNUNG BELIEBIG) <<<"
60 PRINT : GOSUB 3310
70 PRINT : PRINT "Sie können folgende Größen berechnen : " : PRINT
80 PRINT "1.    Endwert"
90 PRINT "2.    Barwert"
100 PRINT "3.    Rente bei gegebenem Barwert"
110 PRINT "4.    Rente bei gegebenem Endwert"
120 PRINT "5.    Zins bei gegebenem Barwert"
130 PRINT "6.    Zins bei gegebenem Endwert"
140 PRINT "7.    Laufzeit bei gegebenem Barwert"
150 PRINT "8.    Laufzeit bei gegebenem Endwert"
160 PRINT : PRINT "Ihre Wahl      =>";
170 K$=INPUT$(1) : K=VAL(K$)
180 IF K=1 THEN PRINT TAB(25) "Endwert" : GOTO 270
190 IF K=2 THEN PRINT TAB(25) "Barwert" : GOTO 270
200 IF K=3 THEN PRINT TAB(25) "Rente bei gegebenem Barwert" : GOTO 270
210 IF K=4 THEN PRINT TAB(25) "Rente bei gegebenem Endwert" : GOTO 270
220 IF K=5 THEN PRINT TAB(25) "Zins bei gegebenem Barwert" : GOTO 270
230 IF K=6 THEN PRINT TAB(25) "Zins bei gegebenem Endwert" : GOTO 270
240 IF K=7 THEN PRINT TAB(25) "Laufzeit bei gegebenem Barwert" : GOTO 270
250 IF K=8 THEN PRINT TAB(25) "Laufzeit bei gegebenem Endwert" : GOTO 270
260 GOTO 170
270 PRINT : GOSUB 3310
280 PRINT : PRINT "Als Zinsverrechnungsperioden kommen in Frage:"
290 PRINT "Jahre, Halbjahre, Quartale oder Monate " : PRINT
300 PRINT "Bitte wählen Sie !   ( J / H / Q / M )  ";
310 A$=INPUT$(1)
320 IF A$="j" OR A$="J" THEN MZ=1 : PRINT "Jahre" : GOTO 370
330 IF A$="h" OR A$="H" THEN MZ=2 : PRINT "Halbjahre" : GOTO 370
340 IF A$="q" OR A$="Q" THEN MZ=4 : PRINT "Quartale" : GOTO 370
350 IF A$="m" OR A$="M" THEN MZ=12 : PRINT "Monate" : GOTO 370
360 GOTO 310
370 PRINT : GOSUB 3310 : PRINT
380 PRINT "Als Rentenzahlungsperioden kommen in Frage:"
390 PRINT "Jahre, Halbjahre, Quartale, Doppelmonate  oder Monate" : PRINT
400 PRINT "Bitte wählen Sie !   ( J / H / Q / D / M )  ";
410 A$=INPUT$(1)
420 IF A$="j" OR A$="J" THEN MR=1 : B$="       Jahre" : GOTO 480
430 IF A$="h" OR A$="H" THEN MR=2 : B$="   Halbjahre" : GOTO 480
440 IF A$="q" OR A$="Q" THEN MR=4 : B$="    Quartale" : GOTO 480
450 IF A$="d" OR A$="D" THEN MR=6 : B$="Doppelmonate" : GOTO 480
460 IF A$="m" OR A$="M" THEN MR=12 : B$="      Monate" : GOTO 480
470 GOTO 410
480 PRINT B$ : PRINT : GOSUB 3310 : PRINT
490 IF K<=2 OR K>=5 THEN 500 ELSE 510
500 INPUT "Rente                                     ", R
```

```
510 IF K<7 THEN 520 ELSE 530
520 PRINT "Laufzeit der Rente in ";:PRINT B$;:PRINT "n";:INPUT"           ",N
530 IF K=3 OR K=5 OR K=7 THEN 540 ELSE 550
540 INPUT "Barwert                                ", A
550 IF K=4 OR K=6 OR K=8 THEN 560 ELSE 570
560 INPUT "Endwert                                ", E
570 IF K<5 OR K>6 THEN 580 ELSE 590
580 INPUT "Zinssatz in % p.a.                     ", P
590 PRINT
600 IF K>1 THEN 690
610 ' ----------------------
620 ' Berechnung des Endwerts
630 ' ----------------------
640 IF MR>MZ THEN GOSUB 1430 : GOTO 660
650 GOSUB 1370
660 PRINT "Endwert (vorschüssig)     "; USING "##########.##"; EV
670 PRINT "Endwert (nachschüssig)    "; USING "##########.##"; EN
680 GOTO 1300
690 IF K>2 THEN 780
700 ' ----------------------
710 ' Berechnung des Barwerts
720 ' ----------------------
730 IF MR>MZ THEN GOSUB 1590 : GOTO 750
740 GOSUB 1530
750 PRINT "Barwert (vorschüssig)     "; USING "##########.##"; AV
760 PRINT "Barwert (nachschüssig)    "; USING "##########.##"; AN
770 GOTO 1300
780 IF K>3 THEN 870
790 ' ----------------------------------------
800 ' Berechnung der Rente bei gegebenem Barwert
810 ' ----------------------------------------
820 IF MR>MZ THEN GOSUB 1870 : GOTO 840
830 GOSUB 1810
840 PRINT "Rente (vorschüssig)     "; USING "##########.##"; RV
850 PRINT "Rente (nachschüssig)    "; USING "##########.##"; RN
860 GOTO 1300
870 IF K>4 THEN 960
880 ' ----------------------------------------
890 ' Berechnung der Rente bei gegebenem Endwert
900 ' ----------------------------------------
910 IF MR>MZ THEN GOSUB 1710 : GOTO 930
920 GOSUB 1650
930 PRINT "Rente (vorschüssig)     "; USING "##########.##"; RV
940 PRINT "Rente (nachschüssig)    "; USING "##########.##"; RN
950 GOTO 1300
960 IF K>5 THEN 1050
970 ' ---------------------------------
980 ' Zinsberechnung bei gegebenem Barwert
990 ' ---------------------------------
1000 IF MR>MZ THEN GOSUB 2730 : GOTO 1020
1010 GOSUB 2160
1020 PRINT "Zinssatz (vorschüssig)     "; USING "####.###"; PV; : PRINT " % p.a."
1030 PRINT "Zinssatz (nachschüssig)    "; USING "####.###"; PN; : PRINT " % p.a."
1040 GOTO 1300
1050 IF K>6 THEN 1140
1060 ' ---------------------------------
1070 ' Zinsberechnung bei gegebenem Endwert
1080 ' ---------------------------------
1090 IF MR>MZ THEN GOSUB 2490 : GOTO 1110
1100 GOSUB 1970
1110 PRINT "Zinssatz (vorschüssig)     "; USING "####.###"; PV; : PRINT " % p.a."
1120 PRINT "Zinssatz (nachschüssig)    "; USING "####.###"; PN; : PRINT " % p.a."
1130 GOTO 1300
1140 IF K>7 THEN 1230
1150 ' ----------------------------------------
1160 ' Laufzeitberechnung bei gegebenem Barwert
1170 ' ----------------------------------------
1180 IF MR>MZ THEN GOSUB 3160 : GOTO 1200
1190 GOSUB 2350
1200 PRINT "Laufzeit (vorschüssig)     "; USING "#####.##"; NV; : PRINT "  "; B$
```

```
1210 PRINT "Laufzeit (nachschüssig)    "; USING "#####.##"; NN; : PRINT "   "; B$
1220 GOTO 1300
1230 ' ----------------------------------------
1240 ' Laufzeitberechnung bei gegebenem Endwert
1250 ' ----------------------------------------
1260 IF MR>MZ THEN GOSUB 3010 : GOTO 1280
1270 GOSUB 2420
1280 PRINT "Laufzeit (vorschüssig)     "; USING "#####.##"; NV; : PRINT "   "; B$
1290 PRINT "Laufzeit (nachschüssig)    "; USING "#####.##"; NN; : PRINT "   "; B$
1300 PRINT : GOSUB 3310 : PRINT
1310 PRINT "noch einmal?   ( j / n )";
1320 A$=INPUT$(1)
1330 IF A$="n" THEN END
1340 IF A$="j" THEN 40 ELSE 1320
1350 ' -------------
1360 ' Unterprogramme
1370 ' ------------------------------
1380 ' Endwertberechnung, wenn mr <= mz
1390 ' ------------------------------
1400 Q=(1+P/100/MZ)^(MZ/MR) : I=Q-1 : QN=Q^N
1410 EN=R*(QN-1)/I : EV=EN*Q
1420 RETURN
1430 ' -----------------------------
1440 ' Endwertberechnung, wenn mr > mz
1450 ' -----------------------------
1460 NA=INT(N/MR*MZ) : NB=N-NA*MR/MZ
1470 IR=P/100/MR : IZ=P/100/MZ : QN=(1+IZ)^NA
1480 T1V=MR/MZ*(1+IR*(MR/MZ+1)/2) : T1N=MR/MZ*(1+IR*(MR/MZ-1)/2)
1490 T2=(QN-1)/IZ*(1+NB*IR)
1500 T3V=NB*(1+IR*(NB+1)/2) : T3N=NB*(1+IR*(NB-1)/2)
1510 EV=R*(T1V*T2+T3V) : EN=R*(T1N*T2+T3N)
1520 RETURN
1530 ' ------------------------------
1540 ' Barwertberechnung, wenn mr <= mz
1550 ' ------------------------------
1560 GOSUB 1370
1570 AV=EV/QN : AN=EN/QN
1580 RETURN
1590 ' -----------------------------
1600 ' Barwertberechnung, wenn mr > mz
1610 ' -----------------------------
1620 GOSUB 1430
1630 AV=EV/QN/(1+NB*IR) : AN=EN/QN/(1+NB*IR)
1640 RETURN
1650 ' ---------------------------------------------------
1660 ' Rentenberechnung bei gegebenem Endwert, wenn mr <= mz
1670 ' ---------------------------------------------------
1680 Q=(1+P/100/MZ)^(MZ/MR) : I=Q-1 : QN=Q^N
1690 RN=I*E/(QN-1) : RV = RN/Q
1700 RETURN
1710 ' --------------------------------------------------
1720 ' Rentenberechnung bei gegebenem Endwert, wenn mr > mz
1730 ' --------------------------------------------------
1740 NA=INT(N/MR*MZ) : NB=N-NA*MR/MZ
1750 IR=P/100/MR : IZ=P/100/MZ : QN=(1+IZ)^NA
1760 T1V=MR/MZ*(1+IR*(MR/MZ+1)/2) : T1N=MR/MZ*(1+IR*(MR/MZ-1)/2)
1770 T2=(QN-1)/IZ*(1+NB*IR)
1780 T3V=NB*(1+IR*(NB+1)/2) : T3N=NB*(1+IR*(NB-1)/2)
1790 RV=E/(T1V*T2+T3V) : RN=E/(T1N*T2+T3N)
1800 RETURN
1810 ' ---------------------------------------------------
1820 ' Rentenberechnung bei gegebenem Barwert, wenn mr <= mz
1830 ' ---------------------------------------------------
1840 Q=(1+P/100/MZ)^(MZ/MR) : I=Q-1 : QN=Q^N
1850 RN=I*QN*A/(QN-1) : RV = RN/Q
1860 RETURN
1870 ' --------------------------------------------------
1880 ' Rentenberechnung bei gegebenem Barwert, wenn mr > mz
1890 ' --------------------------------------------------
1900 NA=INT(N/MR*MZ) : NB=N-NA*MR/MZ
```

```
1910 IR=P/100/MR : IZ=P/100/MZ : QN=(1+IZ)^NA
1920 T1V=MR/MZ*(1+IR*(MR/MZ+1)/2) : T1N=MR/MZ*(1+IR*(MR/MZ-1)/2)
1930 T2=(QN-1)/IZ*(1+NB*IR)
1940 T3V=NB*(1+IR*(NB+1)/2) : T3N=NB*(1+IR*(NB-1)/2)
1950 RV=A*QN*(1+NB*IR)/(T1V*T2+T3V) : RN=A*QN*(1+NB*IR)/(T1N*T2+T3N)
1960 RETURN
1970 ' ------------------------------------------------
1980 ' Zinsberechnung bei gegebenem Endwert, wenn mr <= mz
1990 ' ------------------------------------------------
2000 P=5
2010 Q=(1+P/100/MZ)^(MZ/MR) : I=Q-1
2020 F1=E-R*(Q^N-1)/I
2030 F2=-R/I*(N*Q^(N-1)-(Q^N-1)/I)
2040 I=I-F1/F2
2050 P=100*MZ*((1+I)^(MR/MZ)-1)
2060 IF ABS(F1/F2)>.00001 THEN 2010
2070 PN=P
2080 Q=(1+P/100/MZ)^(MZ/MR) : I=Q-1
2090 F1=E-R*Q*(Q^N-1)/I
2100 F2=-R/I*(N*Q^(N-1)-(Q^N-1)/I)-N*Q^(N-1)*R
2110 I=I-F1/F2
2120 P=100*MZ*((1+I)^(MR/MZ)-1)
2130 IF ABS(F1/F2)>.00001 THEN 2080
2140 PV=P
2150 RETURN
2160 ' ------------------------------------------------
2170 ' Zinsberechnung bei gegebenem Barwert, wenn mr <= mz
2180 ' ------------------------------------------------
2190 P=5
2200 Q=(1+P/100/MZ)^(MZ/MR) : I=Q-1
2210 F1=A-R*(Q^N-1)/I/Q^N
2220 F2=R/I*((Q^N-1)/I/Q^N-N/Q^(N+1))
2230 I=I-F1/F2
2240 P=100*MZ*((1+I)^(MR/MZ)-1)
2250 IF ABS(F1/F2)>.00001 THEN 2200
2260 PN=P
2270 Q=(1+P/100/MZ)^(MZ/MR) : I=Q-1
2280 F1=A-R*Q*(Q^N-1)/I/Q^N
2290 F2=R/I*((Q^N-Q)/I/Q^N-(N-1)/Q^N)
2300 I=I-F1/F2
2310 P=100*MZ*((1+I)^(MR/MZ)-1)
2320 IF ABS(F1/F2)>.00001 THEN 2270
2330 PV=P
2340 RETURN
2350 ' ---------------------------------------------------
2360 ' Laufzeitberechnung bei gegebenem Barwert, wenn mr <= mz
2370 ' ---------------------------------------------------
2380 Q=(1+P/100/MZ)^(MZ/MR) : I=Q-1
2390 NN=LOG(R/(R-A*I))/LOG(Q)
2400 NV=1-LOG(Q-A*I/R)/LOG(Q)
2410 RETURN
2420 ' ---------------------------------------------------
2430 ' Laufzeitberechnung bei gegebenem Endwert, wenn mr <= mz
2440 ' ---------------------------------------------------
2450 Q=(1+P/100/MZ)^(MZ/MR) : I=Q-1
2460 NN=LOG(1+E*I/R)/LOG(Q)
2470 NV=LOG(Q+E*I/R)/LOG(Q)-1
2480 RETURN
2490 ' -----------------------------------------------
2500 ' Zinsberechnung bei gegebenem Endwert, wenn mr > mz
2510 ' -----------------------------------------------
2520 NA=INT(N/MR*MZ) : NB=N-NA*MR/MZ
2530 P=5
2540 I=P/100 : Q=1+I/MZ : QN=Q^NA
2550 T1=1+I/2/MR*(1+NB) : T2=1+I*NB/MR : T3=MZ/I*(QN-1)
2560 T4=MR/MZ+I/2/MZ*(1+MR/MZ) : T5=(T1-1)/I : T6=(T4-MR/MZ)/I
2570 T7=NA*Q^(NA-1)/I-T3/I : T8=MZ/I/MR*(1-QN)
2580 F1=E-R*(NB*T1+T2*T3*T4)
2590 F2=-R*NB*(T5-T8*T4)-R*T2*(T3*T6+T4*T7)
2600 I=I-F1/F2 : P=100*I
```

```
2610 IF ABS (F1/F2)>.00001 THEN 2540
2620 PV=P
2630 I=P/100 : Q=1+I/MZ : QN=Q^NA
2640 T1=1+I/2/MR*(-1+NB) : T2=1+I*NB/MR : T3=MZ/I*(QN-1)
2650 T4=MR/MZ+I/2/MZ*(-1+MR/MZ) : T5=(NB-1)/2/MR : T6=(T4-MR/MZ)/I
2660 T7=NA*Q^(NA-1)/I-T3/I : T8=MZ/I/MR*(1-QN)
2670 F1=E-R*(NB*T1+T2*T3*T4)
2680 F2=-R*NB*(T5-T8*T4)-R*T2*(T3*T6+T4*T7)
2690 I=I-F1/F2 : P=100*I
2700 IF ABS (F1/F2)>.00001 THEN 2630
2710 PN=P
2720 RETURN
2730 ' ------------------------------------------------
2740 ' Zinsberechnung bei gegebenem Barwert, wenn mr > mz
2750 ' ------------------------------------------------
2760 NA=INT(N/MR*MZ) : NB=N-NA*MR/MZ
2770 P=5
2780 I=P/100 : Q=1+I/MZ : QN=Q^NA
2790 T1=1+I/2/MR*(1+NB) : T2=1+I*NB/MR : T3=MZ/I*(QN-1)
2800 T4=MR/MZ+I/2/MZ*(1+MR/MZ)
2810 F1=A-R*(NB*T1+T2*T3*T4)/QN/T2
2820 T5=NB^2*T1/MR/QN/T2/T2 : T6=NB*(NA*T1/MZ/QN/Q-(1+NB)/2/MR/QN)/T2
2830 T7=(NA*T4/Q-(1+MR/MZ)/2)*T3/MZ/QN
2840 T8=(NA*Q^(NA-1)-T3)*T4/I/QN
2850 F2=R*(T5+T6+T7-T8)
2860 I=I-F1/F2 : P=100*I
2870 IF ABS(F1/F2)>.00001 THEN 2780
2880 PV=P
2890 I=P/100 : Q=1+I/MZ : QN=Q^NA
2900 T1=1+I/2/MR*(-1+NB) : T2=1+I*NB/MR : T3=MZ/I*(QN-1)
2910 T4=MR/MZ+I/2/MZ*(-1+MR/MZ)
2920 F1=A-R*(NB*T1+T2*T3*T4)/QN/T2
2930 T5=NB^2*T1/MR/QN/T2/T2 : T6=NB*(NA*T1/MZ/QN/Q-(-1+NB)/2/MR/QN)/T2
2940 T7=(NA*T4/Q-(-1+MR/MZ)/2)*T3/MZ/QN
2950 T8=(NA*Q^(NA-1)-T3)*T4/I/QN
2960 F2=R*(T5+T6+T7-T8)
2970 I=I-F1/F2 : P=100*I
2980 IF ABS(F1/F2)>.00001 THEN 2890
2990 PN=P
3000 RETURN
3010 ' ----------------------------------------------------
3020 ' Laufzeitberechnung bei gegebenem Endwert, wenn mr > mz
3030 ' ----------------------------------------------------
3040 DELTA=.1 : Q=(1+P/100/MZ)^(MZ/MR) : I=Q-1
3050 N=LOG(1+E*I/R)/LOG(Q)
3060 GOSUB 1430 : F1=E-EN : N=N+DELTA
3070 GOSUB 1430 : F2=(E-EN-F1)/DELTA : N=N-DELTA-F1/F2
3080 IF ABS (F1/F2)>.01 THEN 3060
3090 NN=N
3100 N=LOG(Q+E*I/R)/LOG(Q)-1
3110 GOSUB 1430 : F1=E-EV : N=N+DELTA
3120 GOSUB 1430 : F2=(E-EV-F1)/DELTA : N=N-DELTA-F1/F2
3130 IF ABS (F1/F2)>.01 THEN 3110
3140 NV=N
3150 RETURN
3160 ' ----------------------------------------------------
3170 ' Laufzeitberechnung bei gegebenem Barwert, wenn mr > mz
3180 ' ----------------------------------------------------
3190 ZAHL=1 : ZAHLMAX=15
3200 N=A/R : DELTA=10
3210 N=N+DELTA : GOSUB 1590 : F=A-AV
3220 IF F>0 THEN 3210
3230 N=N-DELTA : DELTA=DELTA/2 : ZAHL=ZAHL+1
3240 IF ZAHL<ZAHLMAX THEN 3210 ELSE NV=N
3250 DELTA=10 : ZAHL=1
3260 N=N+DELTA : GOSUB 1590 : F=A-AN
3270 IF F>0 THEN 3260
3280 N=N-DELTA : DELTA=DELTA/2 : ZAHL=ZAHL+1
3290 IF ZAHL<ZAHLMAX THEN 3260 ELSE NN=N
3300 RETURN
```

```
3310 PRINT "-------------------------------------------------------------------
---------"
3320 RETURN
3330 END


10 ' PROGRAMM ZUR RENTENRECHNUNG BEI EWIGER RENTENDAUER
20 ' MIT JÄHRLICHEN ODER UNTERJÄHRLICHEN RENTEN UND
30 ' JÄHRLICHER ODER UNTERJÄHRLICHER VERZINSUNG
40 '
50 CLS : GOSUB 1180 : PRINT
60 PRINT TAB(44) ">>> RENTENRECHNUNG (EWIGE RENTE) <<<"
70 PRINT : GOSUB 1180
80 PRINT : PRINT "Sie können folgende Größen berechnen : " : PRINT
90 PRINT "1.    Barwert"
100 PRINT "2.    Rente bei gegebenem Barwert"
110 PRINT "3.    Zins bei gegebenem Barwert"
120 PRINT : PRINT "Ihre Wahl      =>";
130 K$=INPUT$(1) : K=VAL(K$)
140 IF K=1 THEN PRINT TAB(25) "Barwert" : GOTO 180
150 IF K=2 THEN PRINT TAB(25) "Rente bei gegebenem Barwert" : GOTO 180
160 IF K=3 THEN PRINT TAB(25) "Zins bei gegebenem Barwert" : GOTO 180
170 GOTO 130
180 PRINT : GOSUB 1180
190 PRINT : PRINT "Als Zinsverrechnungsperioden kommen in Frage:"
200 PRINT "Jahre, Halbjahre, Quartale oder Monate " : PRINT
210 PRINT "Bitte wählen Sie !   ( J / H / Q / M )  ";
220 A$=INPUT$(1)
230 IF A$="j" OR A$="J" THEN MZ=1 : PRINT "Jahre" : GOTO 280
240 IF A$="h" OR A$="H" THEN MZ=2 : PRINT "Halbjahre" : GOTO 280
250 IF A$="q" OR A$="Q" THEN MZ=4 : PRINT "Quartale" : GOTO 280
260 IF A$="m" OR A$="M" THEN MZ=12 : PRINT "Monate" : GOTO 280
270 GOTO 220
280 PRINT : GOSUB 1180 : PRINT
290 PRINT "Als Rentenzahlungsperioden kommen in Frage:"
300 PRINT "Jahre, Halbjahre, Quartale, Doppelmonate, oder Monate" : PRINT
310 PRINT "Bitte wählen Sie !   ( J / H / Q / D / M )  ";
320 A$=INPUT$(1)
330 IF A$="j" OR A$="J" THEN MR=1 : B$="Jahre" : GOTO 390
340 IF A$="h" OR A$="H" THEN MR=2 : B$="Halbjahre" : GOTO 390
350 IF A$="q" OR A$="Q" THEN MR=4 : B$="Quartale" : GOTO 390
360 IF A$="d" OR A$="D" THEN MR=6 : B$="Doppelmonate" : GOTO 390
370 IF A$="m" OR A$="M" THEN MR=12 : B$="Monate" : GOTO 390
380 GOTO 320
390 PRINT B$ : PRINT : GOSUB 1180 : PRINT
400 IF K<>1 THEN 410 ELSE 420
410 INPUT "Barwert                             ", A
420 IF K<>2 THEN 430 ELSE 440
430 INPUT "Rente                               ", R
440 IF K<>3 THEN 450 ELSE 460
450 INPUT "Zinssatz in % p.a.                  ", P
460 PRINT
470 IF K>1 THEN 560
480 ' ----------------------
490 ' Berechnung des Barwerts
500 ' ----------------------
510 IF MR>MZ THEN GOSUB 860 : GOTO 530
520 GOSUB 800
530 PRINT "Barwert (vorschüssig)    "; USING "##########.##"; AV
540 PRINT "Barwert (nachschüssig)   "; USING "##########.##"; AN
550 GOTO 730
560 IF K>2 THEN 650
570 ' ---------------------------------------
580 ' Berechnung der Rente bei gegebenem Barwert
590 ' ---------------------------------------
600 IF MR>MZ THEN GOSUB 990 : GOTO 620
610 GOSUB 930
620 PRINT "Rente (vorschüssig)     "; USING "##########.##"; RV
630 PRINT "Rente (nachschüssig)    "; USING "##########.##"; RN
640 GOTO 730
```

```
650 ' -----------------------------------
660 ' Zinsberechnung bei gegebenem Barwert
670 ' -----------------------------------
680 IF MR>MZ THEN GOSUB 1120 : GOTO 700
690 GOSUB 1060
700 PRINT "Zinssatz (vorschüssig)    "; USING "####.###"; PV; : PRINT " % p.a."
710 PRINT "Zinssatz (nachschüssig)   "; USING "####.###"; PN; : PRINT " % p.a."
720 GOTO 730
730 PRINT : GOSUB 1180 : PRINT
740 PRINT "noch einmal?   ( j / n )";
750 A$=INPUT$(1)
760 IF A$="n" THEN END
770 IF A$="j" THEN 50 ELSE 750
780 ' -------------
790 ' Unterprogramme
800 ' ------------------------------
810 ' Barwertberechnung, wenn mr <= mz
820 ' ------------------------------
830 Q=(1+P/100/MZ)^(MZ/MR) : I=Q-1
840 AV=R*Q/I : AN=R/I
850 RETURN
860 ' ------------------------------
870 ' Barwertberechnung, wenn mr > mz
880 ' ------------------------------
890 IR=P/100/MR : IZ=P/100/MZ
900 T1V=MR/MZ*(1+IR*(MR/MZ+1)/2) : T1N=MR/MZ*(1+IR*(MR/MZ-1)/2)
910 AV=R*T1V/IZ : AN=R*T1N/IZ
920 RETURN
930 ' ---------------------------------------------------
940 ' Rentenberechnung bei gegebenem Barwert, wenn mr <= mz
950 ' ---------------------------------------------------
960 Q=(1+P/100/MZ)^(MZ/MR) : I=Q-1
970 RV=A*I/Q : RN=A*I
980 RETURN
990 ' ---------------------------------------------------
1000 ' Rentenberechnung bei gegebenem Barwert, wenn mr > mz
1010 ' ---------------------------------------------------
1020 IR=P/100/MR : IZ=P/100/MZ
1030 T1V=MR/MZ*(1+IR*(MR/MZ+1)/2) : T1N=MR/MZ*(1+IR*(MR/MZ-1)/2)
1040 RV=A*IZ/T1V : RN=A*IZ/T1N
1050 RETURN
1060 ' -------------------------------------------------
1070 ' Zinsberechnung bei gegebenem Barwert, wenn mr <= mz
1080 ' -------------------------------------------------
1090 PV=(MZ*(A/(A-R))^(MR/MZ)-MZ)*100
1100 PN=(MZ*((A+R)/A)^(MR/MZ)-MZ)*100
1110 RETURN
1120 ' -------------------------------------------------
1130 ' Zinsberechnung bei gegebenem Barwert, wenn mr > mz
1140 ' -------------------------------------------------
1150 PV=200*R*MR*MZ/(2*A*MZ-R*(MR+MZ))
1160 PN=200*R*MR*MZ/(2*A*MZ-R*(MR-MZ))
1170 RETURN
1180 PRINT "-----------------------------------------------------------------------
---------"
1190 RETURN
1200 END
```

```
10 ' PROGRAMM ZUR RENTENRECHNUNG
20 ' BEI ARITHMETISCH FORTSCHREITENDEN RENTEN
30 ' (JÄHRLICHE RENTE UND JÄHRLICHE VERZINSUNG)
40 '
50 CLS : GOSUB 2100 : PRINT
60 PRINT TAB(21) ">>> RENTENRECHNUNG (ARITHMETISCH FORTSCHREITENDE RENTE) <<<"
70 PRINT : GOSUB 2100
80 PRINT : PRINT "Sie können folgende Größen berechnen : " : PRINT
90 PRINT "1.    Endwert"
100 PRINT "2.    Barwert"
110 PRINT "3.    Rente bei gegebenem Barwert"
```

```
120 PRINT "4.    Rente bei gegebenem Endwert"
130 PRINT "5.    Zins bei gegebenem Barwert"
140 PRINT "6.    Zins bei gegebenem Endwert"
150 PRINT "7.    Laufzeit bei gegebenem Barwert"
160 PRINT "8.    Laufzeit bei gegebenem Endwert"
170 PRINT : PRINT "Ihre Wahl      =>";
180 K$=INPUT$(1) : K=VAL(K$)
190 IF K=1 THEN PRINT TAB(25) "Endwert" : GOTO 280
200 IF K=2 THEN PRINT TAB(25) "Barwert" : GOTO 280
210 IF K=3 THEN PRINT TAB(25) "Rente bei gegebenem Barwert" : GOTO 280
220 IF K=4 THEN PRINT TAB(25) "Rente bei gegebenem Endwert" : GOTO 280
230 IF K=5 THEN PRINT TAB(25) "Zins bei gegebenem Barwert" : GOTO 280
240 IF K=6 THEN PRINT TAB(25) "Zins bei gegebenem Endwert" : GOTO 280
250 IF K=7 THEN PRINT TAB(25) "Laufzeit bei gegebenem Barwert" : GOTO 280
260 IF K=8 THEN PRINT TAB(25) "Laufzeit bei gegebenem Endwert" : GOTO 280
270 GOTO 180
280 PRINT : GOSUB 2100
290 MZ=1 : MR=1 : B$="Jahre"
300 PRINT
310 PRINT "Differenzbetrag zwischen zwei aufeinander"
320 PRINT "folgenden Renten                              "; : INPUT "", D
330 PRINT
340 IF K<=2 OR K>=5 THEN 350 ELSE 360
350 INPUT "Rente                                         ", R
360 IF K<7 THEN 370 ELSE 380
370 PRINT "Laufzeit der Rente in Jahren                  ";:INPUT"",N
380 IF K=3 OR K=5 OR K=7 THEN 390 ELSE 400
390 INPUT "Barwert                                       ", A
400 IF K=4 OR K=6 OR K=8 THEN 410 ELSE 420
410 INPUT "Endwert                                       ", E
420 IF K<5 OR K>6 THEN 430 ELSE 440
430 INPUT "Zinssatz in % p.a.                            ", P
440 PRINT
450 IF K>1 THEN 530
460 ' ----------------------
470 ' Berechnung des Endwerts
480 ' ----------------------
490 GOSUB 1140
500 PRINT "Endwert (vorschüssig)    "; USING "##########.##"; EV
510 PRINT "Endwert (nachschüssig)   "; USING "##########.##"; EN
520 GOTO 1070
530 IF K>2 THEN 610
540 ' ----------------------
550 ' Berechnung des Barwerts
560 ' ----------------------
570 GOSUB 1200
580 PRINT "Barwert (vorschüssig)    "; USING "##########.##"; AV
590 PRINT "Barwert (nachschüssig)   "; USING "##########.##"; AN
600 GOTO 1070
610 IF K>3 THEN 690
620 ' ---------------------------------------
630 ' Berechnung der Rente bei gegebenem Barwert
640 ' ---------------------------------------
650 GOSUB 1320
660 PRINT "Rente (vorschüssig)    "; USING "##########.##"; RV
670 PRINT "Rente (nachschüssig)   "; USING "##########.##"; RN
680 GOTO 1070
690 IF K>4 THEN 770
700 ' ---------------------------------------
710 ' Berechnung der Rente bei gegebenem Endwert
720 ' ---------------------------------------
730 GOSUB 1260
740 PRINT "Rente (vorschüssig)    "; USING "##########.##"; RV
750 PRINT "Rente (nachschüssig)   "; USING "##########.##"; RN
760 GOTO 1070
770 IF K>5 THEN 850
780 ' ---------------------------------
790 ' Zinsberechnung bei gegebenem Barwert
800 ' ---------------------------------
810 GOSUB 1550
```

```
820 PRINT "Zinssatz (vorschüssig)    "; USING "####.###"; PV; : PRINT " % p.a."
830 PRINT "Zinssatz (nachschüssig)   "; USING "####.###"; PN; : PRINT " % p.a."
840 GOTO 1070
850 IF K>6 THEN 930
860 ' ----------------------------------
870 ' Zinsberechnung bei gegebenem Endwert
880 ' ----------------------------------
890 GOSUB 1380
900 PRINT "Zinssatz (vorschüssig)    "; USING "####.###"; PV; : PRINT " % p.a."
910 PRINT "Zinssatz (nachschüssig)   "; USING "####.###"; PN; : PRINT " % p.a."
920 GOTO 1070
930 IF K>7 THEN 1010
940 ' --------------------------------------
950 ' Laufzeitberechnung bei gegebenem Barwert
960 ' --------------------------------------
970 GOSUB 1720
980 PRINT "Laufzeit (vorschüssig)    "; USING "#####.##"; NV; : PRINT "  "; B$
990 PRINT "Laufzeit (nachschüssig)   "; USING "#####.##"; NN; : PRINT "  "; B$
1000 GOTO 1070
1010 ' --------------------------------------
1020 ' Laufzeitberechnung bei gegebenem Endwert
1030 ' --------------------------------------
1040 GOSUB 1920
1050 PRINT "Laufzeit (vorschüssig)    "; USING "#####.##"; NV; : PRINT "  "; B$
1060 PRINT "Laufzeit (nachschüssig)   "; USING "#####.##"; NN; : PRINT "  "; B$
1070 PRINT : GOSUB 2100 : PRINT
1080 PRINT "noch einmal?   ( j / n )";
1090 A$=INPUT$(1)
1100 IF A$="n" THEN END
1110 IF A$="j" THEN 50 ELSE 1090
1120 ' -------------
1130 ' Unterprogramme
1140 ' ----------------
1150 ' Endwertberechnung
1160 ' ----------------
1170 Q=(1+P/100) : I=Q-1 : QN=Q^N : REFN=(QN-1)/I : REFV=Q*REFN
1180 EN=R*REFN+D/I*(REFN-N) : EV=R*REFV+D/I*(REFV-N*Q)
1190 RETURN
1200 ' ----------------
1210 ' Barwertberechnung
1220 ' ----------------
1230 GOSUB 1140
1240 AV=EV/QN : AN=EN/QN
1250 RETURN
1260 ' ------------------------------------
1270 ' Rentenberechnung bei gegebenem Endwert
1280 ' ------------------------------------
1290 Q=(1+P/100) : I=Q-1 : QN=Q^N : REFN=(QN-1)/I : REFV=Q*REFN
1300 RN=E/REFN+N*D/I/REFN-D/I : RV=E/REFV+N*D*Q/I/REFV-D/I
1310 RETURN
1320 ' ------------------------------------
1330 ' Rentenberechnung bei gegebenem Barwert
1340 ' ------------------------------------
1350 Q=(1+P/100) : I=Q-1 : QN=Q^N : RBFN=(QN-1)/I/QN : RBFV=Q*RBFN
1360 RN=A/RBFN+N*D/I/QN/RBFN-D/I : RV=A/RBFV+N*D*Q/I/QN/RBFV-D/I
1370 RETURN
1380 ' ----------------------------------
1390 ' Zinsberechnung bei gegebenem Endwert
1400 ' ----------------------------------
1410 P=5
1420 Q=(1+P/100) : I=Q-1 : QN=Q^N : REFN=(QN-1)/I
1430 F1=E-R*REFN-D/I*(REFN-N)
1440 F2=-R/I*(N*Q^(N-1)-REFN)-D/I/I*(N+N*Q^(N-1)-2*REFN)
1450 I=I-F1/F2 : P=100*I
1460 IF ABS(F1/F2)>.00001 THEN 1420
1470 PN=P
1480 Q=(1+P/100) : I=Q-1 : QN=Q^N : REFN=(QN-1)/I : REFV=Q*REFN
1490 F1=E-R*REFV-D/I*(REFV-Q*N)
1500 F2=-R*REFN-R*Q/I*(N*QN/Q-REFN)-Q*D/I/I*(N+N*QN/Q-2*REFN)+D/I*(N-REFN)
1510 I=I-F1/F2 : P=100*I
```

```
1520 IF ABS(F1/F2)>.00001 THEN 1480
1530 PV=P
1540 RETURN
1550 ' ----------------------------------
1560 ' Zinsberechnung bei gegebenem Barwert
1570 ' ----------------------------------
1580 P=5
1590 Q=(1+P/100) : I=Q-1 : QN=Q^N : RBFN=(QN-1)/I/QN
1600 F1=A-R*RBFN-D/I*(RBFN-N/QN)
1610 F2=-R/I*(N/QN/Q-RBFN)-D/I/I*(N/QN/Q*(1+Q+I*N)-2*RBFN)
1620 I=I-F1/F2 : P=100*I
1630 IF ABS(F1/F2)>.00001 THEN 1590
1640 PN=P
1650 Q=(1+P/100) : I=Q-1 : QN=Q^N : REFN=(QN-1)/I : RBFV=Q*REFN/QN
1660 F1=A-R*RBFV-D/I*(RBFV-N/QN*Q)
1670 F2=-(R/I*(N-RBFV)+D/I*(N*Q/QN+N-2*RBFV))+(Q-N-N*I)*(-R*REFN+D/I*(N-
REFN))/Q/QN
1680 I=I-F1/F2 : P=100*I
1690 IF ABS(F1/F2)>.00001 THEN 1650
1700 PV=P
1710 RETURN
1720 ' ---------------------------------------
1730 ' Laufzeitberechnung bei gegebenem Barwert
1740 ' ---------------------------------------
1750 Q=(1+P/100) : I=Q-1
1760 N=.5-R/D+SQR(8*D*A+(D-2*R)^2)/2/D
1770 QN=Q^N : RBFN=(QN-1)/I/QN
1780 F1=A-R*RBFN-D/I*(RBFN-N/QN)
1790 F2=(D/I-LOG(Q)/I*(R+N*D+D/I))/QN
1800 N=N-F1/F2
1810 IF ABS(F1/F2)>.0001 THEN 1770
1820 NN=N
1830 QN=Q^N : RBFV=Q*(QN-1)/I/QN
1840 F1=A-R*RBFV-D/I*(RBFV-N*Q/QN)
1850 T1=-Q/I/QN*(QN*LOG(Q)*(R+D/I)-D)
1860 T2=Q*LOG(Q)/I/QN*(R*(QN-1)+D/I*(QN-1-N*I))
1870 F2=T1+T2
1880 N=N-F1/F2
1890 IF ABS(F1/F2)>.0001 THEN 1830
1900 NV=N
1910 RETURN
1920 ' ---------------------------------------
1930 ' Laufzeitberechnung bei gegebenem Endwert
1940 ' ---------------------------------------
1950 N=.5-R/D+SQR(8*D*E+(D-2*R)^2)/2/D
1960 Q=(1+P/100) : I=Q-1
1970 REFN=(Q^N-1)/I
1980 F1=E-R*REFN-D/I*(REFN-N)
1990 F2=D/I-Q^N*LOG(Q)/I*(R+D/I)
2000 N=N-F1/F2
2010 IF ABS(F1/F2)>.0001 THEN 1970
2020 NN=N
2030 REFV=Q*(Q^N-1)/I
2040 F1=E-R*REFV-D/I*(REFV-Q*N)
2050 F2=Q*(D/I-Q^N*LOG(Q)/I*(R+D/I))
2060 N=N-F1/F2
2070 IF ABS(F1/F2)>.0001 THEN 2030
2080 NV=N
2090 RETURN
2100 PRINT "------------------------------------------------------------------
---------"
2110 RETURN
2120 END
```

```
10 ' PROGRAMM ZUR RENTENRECHNUNG
20 ' BEI GEOMETRISCH FORTSCHREITENDEN RENTEN
30 ' (JÄHRLICHE RENTE UND JÄHRLICHE VERZINSUNG)
40 '
50 CLS : GOSUB 2360 : PRINT
```

```
60 PRINT TAB(22) ">>> RENTENRECHNUNG (GEOMETRISCH FORTSCHREITENDE RENTE) <<<"
70 PRINT : GOSUB 2360
80 PRINT : PRINT "Sie können folgende Größen berechnen : " : PRINT
90 PRINT "1.    Endwert"
100 PRINT "2.    Barwert"
110 PRINT "3.    Rente bei gegebenem Barwert"
120 PRINT "4.    Rente bei gegebenem Endwert"
130 PRINT "5.    Zins bei gegebenem Barwert"
140 PRINT "6.    Zins bei gegebenem Endwert"
150 PRINT "7.    Laufzeit bei gegebenem Barwert"
160 PRINT "8.    Laufzeit bei gegebenem Endwert"
170 PRINT : PRINT "Ihre Wahl      =>";
180 K$=INPUT$(1) : K=VAL(K$)
190 IF K=1 THEN PRINT TAB(25) "Endwert" : GOTO 280
200 IF K=2 THEN PRINT TAB(25) "Barwert" : GOTO 280
210 IF K=3 THEN PRINT TAB(25) "Rente bei gegebenem Barwert" : GOTO 280
220 IF K=4 THEN PRINT TAB(25) "Rente bei gegebenem Endwert" : GOTO 280
230 IF K=5 THEN PRINT TAB(25) "Zins bei gegebenem Barwert" : GOTO 280
240 IF K=6 THEN PRINT TAB(25) "Zins bei gegebenem Endwert" : GOTO 280
250 IF K=7 THEN PRINT TAB(25) "Laufzeit bei gegebenem Barwert" : GOTO 280
260 IF K=8 THEN PRINT TAB(25) "Laufzeit bei gegebenem Endwert" : GOTO 280
270 GOTO 180
280 PRINT : GOSUB 2360
290 MZ=1 : MR=1 : B$="Jahre"
300 PRINT
310 PRINT "Wachstumsfaktor für je zwei aufeinander"
320 PRINT "folgende Renten in %                            "; : INPUT "", G
330 G=1+G/100
340 PRINT
350 IF K<=2 OR K>=5 THEN 360 ELSE 370
360 INPUT "Rente im ersten Jahr                            ", R
370 IF K<7 THEN 380 ELSE 390
380 PRINT "Laufzeit der Rente in Jahren                    ";:INPUT"",N
390 IF K=3 OR K=5 OR K=7 THEN 400 ELSE 410
400 INPUT "Barwert                                         ", A
410 IF K=4 OR K=6 OR K=8 THEN 420 ELSE 430
420 INPUT "Endwert                                         ", E
430 IF K<5 OR K>6 THEN 440 ELSE 450
440 INPUT "Zinssatz in % p.a.                              ", P
450 PRINT
460 IF K>1 THEN 540
470 ' ----------------------
480 ' Berechnung des Endwerts
490 ' ----------------------
500 GOSUB 1150
510 PRINT "Endwert (vorschüssig)    "; USING "##########.##"; EV
520 PRINT "Endwert (nachschüssig)   "; USING "##########.##"; EN
530 GOTO 1080
540 IF K>2 THEN 620
550 ' ----------------------
560 ' Berechnung des Barwerts
570 ' ----------------------
580 GOSUB 1250
590 PRINT "Barwert (vorschüssig)    "; USING "##########.##"; AV
600 PRINT "Barwert (nachschüssig)   "; USING "##########.##"; AN
610 GOTO 1080
620 IF K>3 THEN 700
630 ' ----------------------------------------
640 ' Berechnung der Rente bei gegebenem Barwert
650 ' ----------------------------------------
660 GOSUB 1410
670 PRINT "Rente (vorschüssig)    "; USING "##########.##"; RV
680 PRINT "Rente (nachschüssig)   "; USING "##########.##"; RN
690 GOTO 1080
700 IF K>4 THEN 780
710 ' ----------------------------------------
720 ' Berechnung der Rente bei gegebenem Endwert
730 ' ----------------------------------------
740 GOSUB 1310
750 PRINT "Rente (vorschüssig)    "; USING "##########.##"; RV
```

```
760 PRINT "Rente (nachschüssig)   "; USING "##########.##"; RN
770 GOTO 1080
780 IF K>5 THEN 860
790 ' ----------------------------------
800 ' Zinsberechnung bei gegebenem Barwert
810 ' ----------------------------------
820 GOSUB 1680
830 PRINT "Zinssatz (vorschüssig)    "; USING "####.###"; PV; : PRINT " % p.a."
840 PRINT "Zinssatz (nachschüssig)   "; USING "####.###"; PN; : PRINT " % p.a."
850 GOTO 1080
860 IF K>6 THEN 940
870 ' ----------------------------------
880 ' Zinsberechnung bei gegebenem Endwert
890 ' ----------------------------------
900 GOSUB 1510
910 PRINT "Zinssatz (vorschüssig)    "; USING "####.###"; PV; : PRINT " % p.a."
920 PRINT "Zinssatz (nachschüssig)   "; USING "####.###"; PN; : PRINT " % p.a."
930 GOTO 1080
940 IF K>7 THEN 1020
950 ' ----------------------------------------
960 ' Laufzeitberechnung bei gegebenem Barwert
970 ' ----------------------------------------
980 GOSUB 1850
990 PRINT "Laufzeit (vorschüssig)    "; USING "#####.##"; NV; : PRINT "  "; B$
1000 PRINT "Laufzeit (nachschüssig)   "; USING "#####.##"; NN; : PRINT "  "; B$
1010 GOTO 1080
1020 ' ----------------------------------------
1030 ' Laufzeitberechnung bei gegebenem Endwert
1040 ' ----------------------------------------
1050 GOSUB 2060
1060 PRINT "Laufzeit (vorschüssig)    "; USING "#####.##"; NV; : PRINT "  "; B$
1070 PRINT "Laufzeit (nachschüssig)   "; USING "#####.##"; NN; : PRINT "  "; B$
1080 PRINT : GOSUB 2360 : PRINT
1090 PRINT "noch einmal?   ( j / n )";
1100 A$=INPUT$(1)
1110 IF A$="n" THEN END
1120 IF A$="j" THEN 50 ELSE 1100
1130 ' -------------
1140 ' Unterprogramme
1150 ' ----------------
1160 ' Endwertberechnung
1170 ' ----------------
1180 Q=(1+P/100)
1190 IF Q<>G THEN 1220
1200 EN=R*Q^(N-1)*N : EV=Q*EN
1210 GOTO 1240
1220 REFN=(Q^N-G^N)/(Q-G) : REFV=REFN*Q
1230 EN=R*REFN : EV=R*REFV
1240 RETURN
1250 ' ----------------
1260 ' Barwertberechnung
1270 ' ----------------
1280 GOSUB 1150
1290 AV=EV/Q^N : AN=EN/Q^N
1300 RETURN
1310 ' ---------------------------------------
1320 ' Rentenberechnung bei gegebenem Endwert
1330 ' ---------------------------------------
1340 Q=(1+P/100)
1350 IF Q<>G THEN 1380
1360 RV=E/Q^N/N : RN=Q*RV
1370 GOTO 1400
1380 REFN=(Q^N-G^N)/(Q-G) : REFV=Q*REFN
1390 RN=E/REFN : RV=E/REFV
1400 RETURN
1410 ' ---------------------------------------
1420 ' Rentenberechnung bei gegebenem Barwert
1430 ' ---------------------------------------
1440 Q=(1+P/100)
1450 IF Q<>G THEN 1480
```

```
1460 RV=A/N : RN=Q*RV
1470 GOTO 1500
1480 QN=Q^N : RBFN=(Q^N-G^N)/(Q-G)/Q^N : RBFV=Q*RBFN
1490 RN=A/RBFN : RV=A/RBFV
1500 RETURN
1510 ' -----------------------------------
1520 ' Zinsberechnung bei gegebenem Endwert
1530 ' -----------------------------------
1540 P=(G-1)*100+.1
1550 Q=(1+P/100) : REFN=(Q^N-G^N)/(Q-G)
1560 F1=E-R*REFN
1570 F2=R/(Q-G)*(REFN-N*Q^(N-1))
1580 I=I-F1/F2 : P=100*I
1590 IF ABS(F1/F2)>.00001 THEN 1550
1600 PN=P
1610 Q=(1+P/100) : REFV=Q*(Q^N-G^N)/(Q-G)
1620 F1=E-R*REFV
1630 F2=R*REFV/(Q-G)-R*((N+1)*Q^N-G^N)/(Q-G)
1640 I=I-F1/F2 : P=100*I
1650 IF ABS(F1/F2)>.00001 THEN 1610
1660 PV=P
1670 RETURN
1680 ' -----------------------------------
1690 ' Zinsberechnung bei gegebenem Barwert
1700 ' -----------------------------------
1710 P=(G-1)*100+.1
1720 Q=(1+P/100) : RBFN=(Q^N-G^N)/(Q-G)/Q^N
1730 F1=A-R*RBFN
1740 F2=R/(Q-G)*(RBFN-N*G^N/Q^(N+1))
1750 I=I-F1/F2 : P=100*I
1760 IF ABS(F1/F2)>.00001 THEN 1720
1770 PN=P
1780 Q=(1+P/100) : RBFN=(Q^N-G^N)/(Q-G)/Q^N : RBFV=Q*RBFN
1790 F1=A-R*RBFV
1800 F2=R/(Q-G)*(G*RBFN-N*G^N/Q^N)
1810 I=I-F1/F2 : P=100*I
1820 IF ABS(F1/F2)>.00001 THEN 1780
1830 PV=P
1840 RETURN
1850 ' ---------------------------------------
1860 ' Laufzeitberechnung bei gegebenem Barwert
1870 ' ---------------------------------------
1880 Q=(1+P/100)
1890 IF Q<>G THEN 1920
1900 NV=A/R : NN=Q*NV
1910 GOTO 2050
1920 N=5
1930 RBFN=(Q^N-G^N)/(Q-G)/Q^N
1940 F1=A-R*RBFN
1950 F2=R*G^N*(LOG(G)-LOG(Q))/Q^N/(Q-G)
1960 N=N-F1/F2
1970 IF ABS(F1/F2)>.0001 THEN 1930
1980 NN=N
1990 RBFV=Q*(Q^N-G^N)/(Q-G)/Q^N
2000 F1=A-R*RBFV
2010 F2=-R*Q*G^N*(LOG(Q)-LOG(G))/(Q-G)/Q^N
2020 N=N-F1/F2
2030 IF ABS(F1/F2)>.0001 THEN 1990
2040 NV=N
2050 RETURN
2060 ' ---------------------------------------
2070 ' Laufzeitberechnung bei gegebenem Endwert
2080 ' ---------------------------------------
2090 N=5
2100 Q=(1+P/100)
2110 IF Q<>G THEN 2230
2120 F1=E-R*Q^(N-1)*N
2130 F2=-R*Q^(N-1)*(1+N*LOG(Q))
2140 N=N-F1/F2
2150 IF ABS(F1/F2)>.0001 THEN 2120
```

```
2160 NN=N
2170 F1=E-R*Q^N*N
2180 F2=-R*Q^N*(1+N*LOG(Q))
2190 N=N-F1/F2
2200 IF ABS(F1/F2)>.0001 THEN 2170
2210 NV=N
2220 GOTO 2350
2230 REFN=(Q^N-G^N)/(Q-G)
2240 F1=E-R*REFN
2250 F2=R*(G^N*LOG(G)-Q^N*LOG(Q))/(Q-G)
2260 N=N-F1/F2
2270 IF ABS(F1/F2)>.0001 THEN 2230
2280 NN=N
2290 REFV=Q*(Q^N-G^N)/(Q-G)
2300 F1=E-R*REFV
2310 F2=R*Q*(G^N*LOG(G)-Q^N*LOG(Q))/(Q-G)
2320 N=N-F1/F2
2330 IF ABS(F1/F2)>.0001 THEN 2290
2340 NV=N
2350 RETURN
2360 PRINT "----------------------------------------------------------------------
---------"
2370 RETURN
2380 END
```

3. Tilgungsrechnung

3.1. Grundbegriffe der Tilgungsrechnung

Kreditverträge werden, was die Zahlungsverpflichtungen des Schuldners angeht, in den unterschiedlichsten Spielarten abgeschlossen. So gibt es zum Beispiel Verträge, in denen man die (höchstmögliche) Kreditsumme und den Zinssatz vereinbart, Laufzeit sowie Höhe und Zeitpunkt der Rückzahlungen aber offen läßt. Zu denken ist etwa an Kontokorrentkredite. Andererseits gibt es Verträge, die außer Kreditsumme und Zinssatz Vereinbarungen über die Laufzeit sowie ins Detail gehende Bestimmungen über Fälligkeit und Höhe der vom Schuldner zu leistenden Zahlungen enthalten. Man denke an Hypothekenkredite oder an Anleihen. Solche Rückzahlungsregelungen können ganz individuell gestaltet sein oder bestimmten Standardisierungen folgen. Die bekanntesten Standards heißen Ratentilgung und Annuitätentilgung.

Bevor wir damit beginnen, diese Begriffe näher zu erklären, wollen wir hinsichtlich der möglichen Zins- und Tilgungstermine einige Einschränkungen vornehmen, die die nachfolgenden Darstellungen erheblich vereinfachen werden. Wir werden stets davon ausgehen, daß der Schuldner seine Zahlungen jeweils am Ende eines Jahres leistet und daß Zinsen jährlich nachschüssig verrechnet werden. Zins- und Tilgungstermin stimmen dann immer überein.

Die Zahlungen, welche der Schuldner am Jahresende an den Gläubiger leistet, nennt man Annuitäten. Eine solche Annuität kann sich aus mehreren Teilbeträgen zusammensetzen, von denen die wichtigsten der Zinsbetrag und die Tilgungsrate sind. Mitunter treten noch weitere Teilleistungen hinzu, wie etwa Aufgeld, Prämien und Gebühren. Das kreditierte Kapital wird durch die Entrichtung von Tilgungsraten laufend verringert, so daß die Schuld am Ende der Laufzeit vollständig verschwindet. Anders gesagt: Die Summe der Tilgungsraten entspricht der anfänglichen Schuldsumme.

Die wichtigsten Symbole, welche man im Rahmen der Tilgungsrechnung braucht, sind folgende:

A_t := Annuität im Zeitpunkt t
K_t := Schuldbetrag im Zeitpunkt t (K_0 :=ursprüngliche Schuld)

i := Zinssatz p.a.
n := Laufzeit des Kredits, Tilgungsdauer
T_t := Tilgungsrate im Zeitpunkt t
Z_t := Zinsbetrag im Zeitpunkt t

Nach diesen Vorbereitungen können wir die Begriffe Raten- und Annuitätentilgung verständlich definieren. Von Ratentilgung spricht man dann, wenn die Tilgung in gleichbleibenden Raten erfolgt, wenn also

$$T_1 = T_2 = \ldots = T_n = T$$

gilt. Demgegenüber liegt Annuitätentilgung vor, wenn der Schuldner Annuitäten in gleichbleibender Höhe leistet, d.h.

$$A_1 = A_2 = \ldots = A_n = A.$$

Die Aufgabe der Tilgungsrechnung als Teilgebiet der Finanzmathematik besteht nun darin, die Höhe der Zahlungen zu berechnen, die der Schuldner zu den verschiedenen Zahlungszeitpunkten an den Gläubiger zu leisten hat, diese Zahlungen in ihre vertraglichen Bestandteile (Tilgungsrate, Zinsbetrag, Aufgeld) zu zerlegen sowie die jeweilige Restschuld des Kreditnehmers zu ermitteln.

3.2. Standardformen der Schuldentilgung

Im folgenden Abschnitt werden Raten- und Annuitätentilgung unter Standardbedingungen erörtert. Danach werden Abweichungen behandelt, die für die Finanzierungspraxis wichtig sind.

3.2.1. Grundgleichungen der Tilgungsrechnung

Wenn von den Standardbedingungen ausgegangen wird, so beruht die Tilgungsrechnung immer auf vier sehr einfachen Definitionsgleichungen. Die erste dieser Gleichungen besagt, daß sich jede Annuität aus Zinsbetrag und Tilgungsrate zusammensetzt, also

$$\boxed{A_t = Z_t + T_t} \; . \tag{3.1}$$

Die zweite Gleichung bringt zum Ausdruck, daß der Schuldbetrag des laufenden Jahres sich ergibt, indem man vom Vorjahresbetrag die Tilgungsrate dieses Jahres abzieht,

$$\boxed{K_t = K_{t-1} - T_t} \,. \tag{3.2}$$

Daß die Summe aller Tilgungsbeträge dem zu Beginn der Kreditbeziehung geschuldeten Betrag entspricht, beschreibt die Grundgleichung

$$\boxed{K_0 = \sum_{t=1}^{n} T_t} \,. \tag{3.3}$$

Wenn Zinsen jährlich und nachschüssig verrechnet werden, so erhält man den Zinsbetrag des laufenden Jahres immer dadurch, daß man den Zinssatz auf den Schuldbetrag des Vorjahres anwendet, d.h.

$$\boxed{Z_t = iK_{t-1}} \,. \tag{3.4}$$

Sind die ursprüngliche Kreditsumme K_0, der Zinssatz i und die Tilgungsdauer n gegeben und ist außerdem die Form der Schuldentilgung (Ratentilgung, Annuitätentilgung) bekannt, so läßt sich aus den vier Grundgleichungen (3.1) bis (3.4) der Rückzahlungsplan immer in allen Details ableiten.

Mitunter erspart man sich bei der Ausarbeitung der Rückzahlungspläne viel Arbeit, wenn man eine fünfte grundlegende Gleichung der Tilgungsrechnung benutzt. Diese lautet

$$\boxed{K_0 = \sum_{t=1}^{n} A_t(1+i)^{-t}} \tag{3.5}$$

und besagt, daß die ursprüngliche Schuldsumme dem Barwert der Annuitäten gleicht. Indessen ist diese Formel von anderem Rang als die ersten vier, weil sie nur eine allerdings sehr nützliche logische Implikation der Gleichungen (3.1) bis (3.4) darstellt.

Wer nachvollziehen möchte, wie man (3.5) aus den vier Grundgleichungen ableiten kann, der vertiefe sich in die folgenden Zeilen. Sonst wende man sich unmittelbar dem darauf folgenden Abschnitt über die Ratentilgung zu.

Aus (3.4) folgt für den Zinsbetrag des ersten Jahres ohne weiteres

$$Z_1 = iK_0,$$

und das bedeutet für die erste Tilgungsrate wegen (3.1)

$$T_1 = A_1 - iK_0.$$

Hieraus folgt nun wegen (3.2) für die Restschuld nach einem Jahr

$$\begin{aligned} K_1 &= K_0 - (A_1 - iK_0) \\ &= K_0(1+i) - A_1. \end{aligned}$$

Wenden wir uns den entsprechenden Beträgen des folgenden Jahres zu, so erhalten wir wegen (3.4) für den Zinsbetrag

$$Z_2 = iK_1 = i(K_0(1+i) - A_1),$$

wegen (3.1) für den Tilgungsbetrag

$$T_2 = A_2 - iK_0(1+i) + iA_1$$

sowie wegen (3.2) für die Restschuld

$$\begin{aligned} K_2 &= K_1 - T_2 \\ &= K_0(1+i)^2 - A_1(1+i) - A_2 \end{aligned}$$

oder in etwas geschickterer Schreibweise

$$K_2 = K_0(1+i)^2 - \sum_{t=1}^{2} A_t(1+i)^{2-t}.$$

Schreitet man in dieser Weise zu den späteren Zeitpunkten voran, so erhält man für das Ende der Tilgungsdauer schließlich die Restschuldformel

$$K_n = K_0(1+i)^n - \sum_{t=1}^{n} A_t(1+i)^{n-t}. \tag{3.6}$$

Nun muß aber wegen (3.2) auch

$$\begin{aligned} K_n &= K_0 - T_1 - T_2 - \ldots - T_n \\ &= K_0 - \sum_{t=1}^{n} T_t \end{aligned}$$

sein, und im Zusammenhang mit (3.3) ist klar, daß die Restschuld mit Entrichtung der letzten Tilgungsrate gerade verschwindet, also

$$K_n = 0.$$

Gleichung (3.6) kann dann aber nur erfüllt sein, wenn

$$K_0(1+i)^n = \sum_{t=1}^{n} A_t(1+i)^{n-t}$$

gilt. Dividiert man auf beiden Seiten abschließend noch durch $(1+i)^n$, so ist bewiesen, was bewiesen werden sollte. Die ursprüngliche Schuld muß dem Barwert der Annuitäten gleichen, wenn die vier Grundgleichungen der Tilgungsrechnung vorausgesetzt werden.

3.2.2. Ratentilgung

Kennzeichen der Ratentilgung sind Tilgungsraten in gleichbleibender Höhe

$$T_1 = T_2 = \ldots = T_n = T.$$

Setzt man das in Gleichung (3.3) ein, so entsteht

$$K_0 = \sum_{t=1}^{n} T = nT$$

oder, aufgelöst nach T,

$$\boxed{T = \frac{K_0}{n}}\,. \tag{3.7}$$

Wenn n die Laufzeit des Kredits (gemessen in Jahren) ist, so beläuft sich die jährliche Tilgungsrate auf den n-ten Teil der ursprünglichen Kreditsumme. Wer diesen einfachen Zusammenhang erfaßt hat, der kann im Falle der Ratentilgung bereits auch vollständige Tilgungspläne aufstellen. Dabei ist in zwei Schritten vorzugehen.

Schritt 1: Zunächst berechnet man die Tilgungsrate mit Hilfe von Gleichung (3.7).

Schritt 2: Anschließend ermittelt man für den Zeitpunkt $t=1$ den Zinsbetrag Z_t, die Annuität A_t sowie die neue Restschuld K_t unter Verwendung der Grundgleichungen der Tilgungsrechnung. Diese Prozedur benutzt man von Jahr zu Jahr fortschreitend, bis das Ende der Tilgungsdauer erreicht ist.

Beispiel 68: Die Amanda GmbH nimmt einen Kredit über 420000 DM zu 6,5% Zins auf, der über 7 Jahre in gleichbleibenden Raten zu tilgen ist. Stellen Sie den vollständigen Tilgungsplan auf.

Lösung:

Die jährliche Tilgungsrate beläuft sich auf

$$T=\frac{420000}{7}=60000.$$

Der Zinsbetrag des ersten Jahres beträgt

$$Z_1=0{,}065\cdot 420000=27300.$$

Die Annuität am Ende des ersten Jahres ist die Summe aus beiden Teilleistungen, also

$$A_1=27300+60000=87300,$$

und für die Restschuld erhält man

$$K_1=420000-60000=360000.$$

Damit kennt man die Basis für die Ermittlung des Zinsbetrages im Folgejahr und kann die Berechnungsprozedur problemlos fortsetzen. Auf diese Weise erhält man alle in *Tabelle 3-1* zusammengestellten Zahlen.

Gelegentlich mag es erforderlich sein, Zinsbeträge, Annuitäten oder Restschuldbestände zu berechnen, ohne den kompletten Tilgungsplan zu entwickeln. Für solche Fälle sind die folgenden Gleichungen zweckmäßig.

Für die Ermittlung der Restschuld im Zeitpunkt t gilt offenbar

$$\begin{aligned}
K_1 &= K_0 - T \\
K_2 &= K_1 - T = K_0 - 2T \\
K_3 &= K_2 - T = K_0 - 3T \\
&\vdots \\
K_t &= K_{t-1} - T = K_0 - tT
\end{aligned}$$

Tab. 3-1: Tilgungsplan bei Ratentilgung

Jahr	Schuldbetrag des Vorjahres	Zinsbetrag	Tilgungsrate	Annuität
1	420000,00	27300,00	60000,00	87300,00
2	360000,00	23400,00	60000,00	83400,00
3	300000,00	19500,00	60000,00	79500,00
4	240000,00	15600,00	60000,00	75600,00
5	180000,00	11700,00	60000,00	71700,00
6	120000,00	7800,00	60000,00	67800,00
7	60000,00	3900,00	60000,00	63900,00
8	0,00			

oder unter Verwendung von (3.7)

$$K_t = K_0 \left(1 - \frac{t}{n}\right). \tag{3.8}$$

In bezug auf die Berechnung des jährlichen Zinsbetrages kann man immer auf die Grundgleichung (3.4) zurückkommen,

$$Z_t = iK_{t-1}.$$

Einsetzen von (3.8) führt im Falle der Ratentilgung zu

$$Z_t = i\left(1 - \frac{t-1}{n}\right) K_0. \tag{3.9}$$

Jetzt fehlt nur noch eine Gleichung zur Berechnung der Annuität. Um diese zu gewinnen, erinnern wir uns an die Grundgleichung (3.1) und setzen gemäß Gleichung (3.9) und (3.7) ein. Nach geringfügiger Umformung entsteht daraus

$$A_t = \left[i \cdot \left(1 - \frac{t-1}{n}\right) + \frac{1}{n}\right] \cdot K_0. \tag{3.10}$$

Damit haben wir alle für die Ratentilgung relevanten Formeln zusammengestellt.

Beispiel 69: Die Amanda GmbH nimmt einen Kredit über 420000 DM zu 6,5% Zins auf, der über 7 Jahre in gleichbleibenden Raten zu tilgen ist. Berechnen Sie

(a) den Schuldbetrag am Ende des vierten Jahres,
(b) den Zinsbetrag am Ende des dritten Jahres,
(c) die Annuität am Ende des fünften Jahres.

Lösung:

(a) Die Restschuld am Ende des vierten Jahres beträgt

$$K_4 = 420000 \cdot \left(1 - \frac{4}{7}\right) = 180000,$$

während man

(b) für den Zinsbetrag am Ende des dritten Jahres

$$Z_3 = 0{,}065 \cdot \left(1 - \frac{3-1}{7}\right) \cdot 420000 = 19500$$

(c) und die Annuität am Ende des fünften Jahres

$$A_5 = 0{,}065 \cdot \left(1 - \frac{5-1}{7}\right) \cdot 420000 + 60000 = 71700$$

erhält.

3.2.3. Annuitätentilgung

Charakteristisches Merkmal der Annuitätentilgung sind Annuitäten in konstanter Höhe,

$$A_1 = A_2 = \ldots = A_n = A.$$

Um eine Formel zur Berechnung der Annuität aus den Parametern K_0, i und n zu gewinnen, setzt man in die grundlegende Gleichung (3.5) ein und löst nach A auf. So entsteht zunächst

$$K_0 = \sum_{t=1}^{n} A(1+i)^{-t}$$

$$A = \frac{K_0}{\sum_{t=1}^{n} (1+i)^{-t}}.$$

Der Nenner des Quotienten entspricht dem nachschüssigen Rentenbarwertfaktor (RBFN), den wir oben im Kapitel über die Rentenrechnung kennengelernt hatten. Dieser beläuft sich, wie man vorstehender Gleichung entnehmen kann, auf

$$RBFN = q^{-1} + q^{-2} + \ldots + q^{-n},$$

wenn man anstelle von $(1+i)$ das bequemere Symbol q verwendet. Multiplizieren mit q ergibt

$$q \cdot RBFN = 1 + q^{-1} + \ldots + q^{-n+1}$$

und Subtrahieren der vorausgehenden Gleichung führt auf

$$\begin{aligned} i \cdot RBFN &= 1 - q^{-n} \\ &= \frac{q^n - 1}{q^n} \quad \text{und} \\ RBFN &= \frac{q^n - 1}{i q^n}. \end{aligned}$$

Den Kehrwert des nachschüssigen Rentenbarwertfaktors (RBFN) nennt man Annuitätenfaktor (ANNF) mit

$$ANNF = \frac{1}{RBFN} = \frac{i q^n}{q^n - 1},$$

und man schreibt die Gleichung zur Berechnung der Annuität mit seiner Hilfe dann auch zumeist in der Form

$$A = ANNF \cdot K_0$$

oder

$$\boxed{A = \frac{i q^n}{q^n - 1} \cdot K_0}. \qquad (3.11)$$

Wenn man dazu in der Lage ist, mit Hilfe von Gleichung (3.11) den vom Schuldner jährlich insgesamt zu zahlenden Betrag A auszurechnen, so kann man bereits wieder vollständige Tilgungspläne aufstellen.

Schritt 1: Zunächst berechnet man die Annuität A unter Verwendung von Gleichung (3.11).

Schritt 2: Danach beginnt man mit dem Zeitpunkt $t=1$ und ermittelt unter Zuhilfenahme der obigen Grundgleichungen den Zinsbetrag, die Tilgungsrate sowie die neue Restschuld. Diese Ermittlungsrechnungen setzt man von Jahr zu Jahr voranschreitend fort, bis das Ende der Tilgungsdauer erreicht ist.

Beispiel 70: Die Bonaventura KG hat Kredit in Höhe von 1000000 DM zum Zinssatz von 7,5% bei einer Laufzeit von 6 Jahren aufgenommen, der annuitätisch getilgt werden soll. Welchen Betrag muß die Bonaventura KG jährlich zurückzahlen? Stellen Sie den Tilgungsplan auf.

Lösung:

Die jährliche Annuität beträgt

$$A=\frac{0{,}075\cdot 1{,}075^6}{1{,}075^6-1}\cdot 1000000=213044{,}89.$$

Für den ersten Zinsbetrag ergibt sich

$$Z_1=iK_0=0{,}075\cdot 1000000=75000.$$

Da die Tilgungsrate die Differenz zwischen Annuität und Zinsbetrag darstellt, berechnet man für sie im ersten Jahr

$$T_1=A-Z_1=213044{,}89-75000=138044{,}89.$$

und die neue Restschuld beläuft sich dann auf

$$K_1=K_0-T_1=1000000-138044{,}89=861955{,}11.$$

Mit dieser Information kann man den Zinsbetrag des nächsten Jahres ermitteln und die Berechnungen fortsetzen, bis die (Rest-)Schuld vollständig getilgt ist. Alle sich dabei im einzelnen ergebenden Beträge sind in *Tabelle 3-2* zusammengestellt.

Ebenso wie im Falle der Ratentilgung kann man auch bei Annuitätentilgung einzelne Beträge des Tilgungsplans ermitteln, ohne jeweils den kompletten Tilgungsplan aufzuschreiben. Zu diesem Zweck werden wir uns im folgenden mit der Herleitung von Formeln beschäftigen, mit deren Hilfe man Zinsbetrag, Tilgungsrate und Restschuld eines beliebigen Jahres direkt berechnen kann. Das wird nebenbei noch zusätzliche Einsichten in die Struktur annuitätischer Tilgungspläne gestatten.

Tab. 3-2: Tilgungsplan bei Annuitätentilgung

Jahr	Schuldbetrag des Vorjahres	Zinsbetrag	Tilgungsrate	Annuität
1	1000000,00	75000,00	138044,89	213044,89
2	861955,11	64646,63	148398,26	213044,89
3	713556,85	53516,76	159528,13	213044,89
4	554028,72	41552,15	171492,74	213044,89
5	382535,99	28690,20	184354,69	213044,89
6	198181,29	14863,60	198181,29	213044,89
7	0,00			

Wir beginnen mit der Entwicklung einer Gleichung zur Berechnung der Tilgungsrate, die im Zeitpunkt t fällig ist. Weil die Summe aus Zinsbetrag und Tilgungsrate bei Annuitätentilgung konstant bleibt, muß für zwei aufeinander folgende Jahre

$$Z_t + T_t = Z_{t-1} + T_{t-1}$$

gelten. Wegen Gleichung (3.4) ist dies äquivalent mit

$$iK_{t-1} + T_t = iK_{t-2} + T_{t-1}$$

oder nach Umformung

$$T_t = T_{t-1} + i \cdot (K_{t-2} - K_{t-1}).$$

Nun ist die Differenz zwischen den beiden Restschuldbeträgen K_{t-2} und K_{t-1} wegen Gleichung (3.2) identisch mit der Vorjahres-Tilgungsrate, weswegen

$$T_t = T_{t-1} + iT_{t-1} \quad \text{oder}$$

$$\boxed{T_t = T_{t-1}\, q} \tag{3.12}$$

folgt. Bei Annuitätentilgung ergibt sich also die Tilgungsrate des laufenden Jahres immer als Produkt aus Vorjahres-Tilgungsrate und Zinsfaktor. Nimmt man T_1 als gegeben an, so erhält man durch fortlaufendes Einsetzen

$$\begin{aligned} T_2 &= T_1\, q \\ T_3 &= T_2\, q = T_1\, q^2 \\ T_4 &= T_3\, q = T_1\, q^3 \\ &\vdots \\ T_t &= T_{t-1}\, q = T_1\, q^{t-1} \end{aligned} \tag{3.13}$$

Da der Zinsbetrag des ersten Jahres

$$Z_1 = iK_0$$

ist, beläuft sich die erste Tilgungsrate auf

$$\begin{aligned} T_1 &= A - Z_1 \\ &= \frac{iq^n}{q^n - 1} K_0 - iK_0 \\ &= \left(\frac{q^n}{q^n - 1} - 1\right) \cdot iK_0 \quad \text{oder} \end{aligned}$$

$$T_1 = \frac{i}{q^n - 1} K_0 \tag{3.14}$$

Durch Einsetzen dieses Resultats in (3.13) gewinnt man eine allgemeine Formel zur Berechnung der Tilgungsrate bei Annuitätentilgung. Sie lautet

$$T_t = \frac{iq^{t-1}}{q^n - 1} K_0. \tag{3.15}$$

Beispiel 71: Die Bonaventura KG hat Kredit in Höhe von 1000000 DM zum Zinssatz von 7,5% bei einer Laufzeit von 6 Jahren aufgenommen, der annuitätisch getilgt werden soll. Wie hoch ist

(a) die erste Tilgungsrate,
(b) die zweite Tilgungsrate,
(c) die sechste Tilgungsrate?

Lösung:

(a) $T_1 = \frac{0{,}075}{1{,}075^6 - 1} \cdot 1000000 = 138044{,}89.$

(b) $T_2 = 1{,}075 \cdot 138044{,}89 = 148398{,}26$

(c) $T_6 = \frac{0{,}075 \cdot 1{,}075^5}{1{,}075^6 - 1} \cdot 1000000 = 198181{,}29$

Nachdem wir dazu im Stande sind, Annuität und Tilgungsrate im Falle der Annuitätentilgung zu berechnen, fallen auch Zinsbetrag und Restschuld nicht mehr schwer. Für den Zinsbetrag muß wegen der grundlegenden Gleichung (3.1)

$$Z_t = A - T_t$$

gelten. Einsetzen von (3.11) und (3.15) führt dann nach wenigen Umformungen rasch auf

$$Z_t = \frac{i(q^n - q^{t-1})}{q^n - 1} \cdot K_0. \tag{3.16}$$

Beispiel 72: Die Bonaventura KG hat Kredit in Höhe von 1000000 DM zum Zinssatz von 7,5% bei einer Laufzeit von 6 Jahren aufgenommen, der annuitätisch getilgt werden soll. Wie hoch ist der Zinsbetrag am Ende des vierten Jahres?

Lösung:

$$Z_4 = \frac{0{,}075 \cdot (1{,}075^6 - 1{,}075^3)}{1{,}075^6 - 1} \cdot 1\,000\,000 = 41\,552{,}15.$$

Für die Restschuld läßt sich eine Formel finden, indem man von der grundlegenden Gleichung (3.2) ausgeht, die Tilgungsrate gemäß Gleichung (3.15) einsetzt und fortlaufend entwickelt. Man erhält so

$$K_1 = \frac{q^n - q}{q^n - 1} \cdot K_0$$

$$K_2 = \frac{q^n - q^2}{q^n - 1} \cdot K_0$$

$$K_3 = \frac{q^n - q^3}{q^n - 1} \cdot K_0 \quad \text{oder allgemein}$$

$$K_t = \frac{q^n - q^t}{q^n - 1} \cdot K_0 \tag{3.17}$$

Beispiel 73: Die Bonaventura KG hat Kredit in Höhe von 1000000 DM zum Zinssatz von 7,5% bei einer Laufzeit von 6 Jahren aufgenommen, der annuitätisch getilgt werden soll. Wie hoch ist die Restschuld nach 4 Jahren?

Lösung:

$$K_4 = \frac{1{,}075^6 - 1{,}075^4}{1{,}075^6 - 1} \cdot 1\,000\,000 = 382\,535{,}99.$$

3.3. Abweichungen von den Standardformen der Schuldentilgung

In der Finanzierungspraxis findet man häufig, daß von den Standardformen der Schuldentilgung abgewichen wird. Insbesondere gibt es drei Fälle, auf die im folgenden einzugehen ist.

Zum ersten sind Kreditverträge zu nennen, bei denen Laufzeit und Tilgungsdauer nicht übereinstimmen. Die Laufzeit ist länger als die Tilgungsfrist. Man spricht von Krediten mit tilgungsfreien Zeiten. Zum zweiten kennen wir Kreditverträge, bei denen der Schuldner nicht nur zur Zahlung von Zinsen und Tilgungsraten verpflichtet ist, sondern darüber hinaus noch ein Aufgeld (Agio) zu tragen hat. Üblicherweise wird dieses Aufgeld in Form eines Prozentsatzes auf die Tilgungsrate vereinbart. Schließlich kommen drittens Kreditverträge vor, die man zwar im Grundsatz annuitätisch tilgt, von diesem Prinzip aber geringfügig abweicht, weil man bei der Abwicklung lieber mit „glatten Zahlen" arbeitet. Alle drei Abweichungsformen können natürlich auch miteinander kombiniert werden. Wir stellen sie im folgenden in reiner Form dar.

3.3.1. Tilgungsfreie Zeiten

Muß man Rückzahlungspläne mit tilgungsfreien Zeiten aufstellen, so hat man gegenüber den Standardformen der Schuldentilgung keine schwierigen Änderungen vorzunehmen. Es sind nun zwei Fristen zu unterscheiden, nämlich

$n_L :=$ Laufzeit des Kredits
$n_T :=$ Tilgungsdauer,

wobei die Laufzeit regelmäßig größer als die Tilgungsdauer ist ($n_L > n_T$).

Alle Berechnungsprozeduren, die wir im vorigen Abschnitt angegeben haben, lassen sich nun auf den Fall der tilgungsfreien Zeiten übertragen, wenn man dabei folgende Regeln beachtet:

an die Stelle von n tritt n_T
und es gilt $T_t = 0$, wenn $t < n_L - n_T$.

Das ist alles.

Beispiel 74: Die Cäcilien-Stiftung hat bei einer Bank Kredit über 5000000 DM zum Zinssatz von 5,375% mit einer Laufzeit von sieben

Jahren aufgenommen, der innerhalb der letzten fünf Jahre zu tilgen ist. Wie lauten die vollständigen Rückzahlungspläne

(a) bei Ratentilgung,
(b) bei Annuitätentilgung?

Lösung:

(a) Bei Ratentilgung ergibt sich der Rückzahlungsplan aus *Tabelle 3-3*. Erläuterungen dürften überflüssig sein.

Tab. 3-3: Tilgungsplan bei Ratentilgung und tilgungsfreien Zeiten

Jahr	Schuldbetrag des Vorjahres	Zins- betrag	Tilgungs- rate	Annuität
1	5 000 000,00	268 750,00	0,00	268 750,00
2	5 000 000,00	268 750,00	0,00	268 750,00
3	5 000 000,00	268 750,00	1 000 000,00	1 268 750,00
4	4 000 000,00	215 000,00	1 000 000,00	1 215 000,00
5	3 000 000,00	161 250,00	1 000 000,00	1 161 250,00
6	2 000 000,00	107 500,00	1 000 000,00	1 107 500,00
7	1 000 000,00	53 750,00	1 000 000,00	1 053 750,00
8	0,00			

(b) Was die ersten zwei Jahre betrifft, so sieht der Rückzahlungsplan bei Annuitätentilgung ebenso aus wie der Plan bei Ratentilgung. Sodann sind fünf gleich hohe Annuitäten zu zahlen, die man mit

$$A = \frac{0{,}05375 \cdot 1{,}05375^5}{1{,}05375^5 - 1} \cdot 5\,000\,000 = 1\,166\,871{,}51$$

berechnet. Der Rückzahlungsplan sieht dann so aus wie *Tabelle 3-4* zeigt.

Tab. 3-4: Tilgungsplan bei Annuitätentilgung und tilgungsfreien Zeiten

Jahr	Schuldbetrag des Vorjahres	Zins- betrag	Tilgungs- rate	Annuität
1	5 000 000,00	268 750,00	0,00	268 750,00
2	5 000 000,00	268 750,00	0,00	268 750,00
3	5 000 000,00	268 750,00	898 121,51	1 166 871,51
4	4 101 878,49	220 475,97	946 395,54	1 166 871,51
5	3 155 482,94	169 607,21	997 264,30	1 166 871,51
6	2 158 218,64	116 004,25	1 050 867,26	1 166 871,51
7	1 107 351,38	59 520,14	1 107 351,38	1 166 871,51
8	0,00			

3.3.2. Tilgung mit Aufgeld

Häufig wird bei Krediten zwischen Gläubiger und Schuldner ein Aufgeld (Agio) vereinbart. Dabei einigt man sich formal zumeist auf einen Aufgeldprozentsatz α von der Tilgungsrate. In diesem Fall muß der Schuldner in jedem Jahr neben dem Zinsbetrag das $(1+\alpha)$-fache der Standard-Tilgungsrate zahlen.

Ein solches Agio bereitet bei der Ratentilgung keine sonderlichen Probleme. Ausgehend vom Standard-Rückzahlungsplan ist nur eine Aufgeldspalte einzufügen, wobei der Agiobetrag sich aus

$$\text{Agio}_t = \alpha T_t$$

ergibt und die Annuität aus

$$A_t = Z_t + (1+\alpha) \cdot T_t$$

berechnet wird.

Beispiel 75: Die Donald Duck GmbH hat Kredit über 6000000 DM für vier Jahre zu 4,25% Zins aufgenommen, der mit einem zusätzlichen Aufgeld von 2,5% über vier Jahre in gleichbleibenden Raten zu tilgen ist. Wie sieht der Rückzahlungsplan aus?

Lösung:

Man stellt zunächst den Rückzahlungsplan unter Standardbedingungen auf und ergänzt diesen entsprechend *Tabelle 3-5* um die Aufgeldspalte.

Tab. 3-5: Tilgungsplan bei Ratentilgung und Aufgeld

Jahr	Schuldbetrag des Vorjahres	Zinsbetrag	Tilgungsrate	Aufgeld	Annuität
1	6000000,00	255000,00	1500000,00	37500,00	1792500,00
2	4500000,00	191250,00	1500000,00	37500,00	1728750,00
3	3000000,00	127500,00	1500000,00	37500,00	1665000,00
4	1500000,00	63750,00	1500000,00	37500,00	1601250,00
5	0,00				

Ginge man in entsprechender Weise auch bei Annuitätentilgung vor, so erhielte man einen Rückzahlungsplan mit steigenden Annuitäten. Diese Variante der Annuitätentilgung, bei der zwar die Summe aus Zinsbetrag und Tilgungsrate, nicht aber die Summe aus Zinsbetrag, Tilgungsrate und Aufgeld konstant bleibt, nennt man Annuitätentilgung mit zusätzlichem Aufgeld.

Beispiel 76: Die Emma & Ernestine GmbH & Co. KG muß einen Kredit über 800000 DM mit einer Laufzeit von drei Jahren mit 6% verzinsen und annuitätisch tilgen. Dabei ist zusätzlich ein Agio von 3% zu zahlen. Wie sieht der vollständige Tilgungsplan aus?

Lösung:

Man beginnt zweckmäßigerweise damit, die „Annuität abzüglich Aufgeld" zu berechnen und verwendet dafür Gleichung (3.11).

$$Z_t + T_t = \frac{0{,}06 \cdot 1{,}06^3}{1{,}06^3 - 1} \cdot 800000 = 299287{,}85.$$

Tabelle 3-6 zeigt den kompletten Rückzahlungsplan und macht zugleich deutlich, daß der eigentliche Sinn der Annuitätentilgung, nämlich für eine gleichbleibende Liquiditätsbelastung zu sorgen, verloren geht.

Tab. 3-6: Tilgungsplan bei Annuitätentilgung und zusätzlichem Aufgeld

Jahr	Schuldbetrag des Vorjahres	Zinsbetrag	Tilgungsrate	Aufgeld	Annuität
1	800000,00	48000,00	251287,85	7538,64	306826,49
2	548712,15	32922,73	266365,12	7990,95	307278,80
3	282347,03	16940,82	282347,03	8470,41	307758,26
4	0,00				

Wenn dies vermieden werden soll, so muß das Aufgeld bei der Annuitätenberechnung in angemessener Weise berücksichtigt werden. Man spricht in diesem Fall von Annuitätentilgung mit einbezogenem Aufgeld. Um eine Formel zur Annuitätsermittlung mit der gewünschten Eigenschaft

$$A = Z_t + (1+\alpha)\,T_t \quad \text{für alle t}$$

zu gewinnen, fangen wir mit der Gleichung

$$Z_t + (1+\alpha)\,T_t = Z_{t-1} + (1+\alpha)\,T_{t-1}$$

an und setzen für die Zinsbeträge entsprechend Gleichung (3.4) ein. Das ergibt nach geringfügiger Umformung

$$(1+\alpha)\,T_t = i(K_{t-2} - K_{t-1}) + (1+\alpha)\,T_{t-1}.$$

Da die Differenz zwischen den beiden Restschuldbeträgen der Vorjahres-Tilgungsrate entspricht, vgl. Gleichung (3.2), kann man auch

$$(1+\alpha)\,T_t = iT_{t-1} + (1+\alpha)\,T_{t-1}$$

oder

$$T_t = \left(1+\frac{i}{1+\alpha}\right)\cdot T_{t-1} \tag{3.18}$$

schreiben. In dem oben behandelten Spezialfall, daß kein Aufgeld bezahlt wird ($\alpha=0$), entspricht dies Gleichung (3.12).

Setzt man für einen Augenblick die erste Tilgungsrate T_1 als gegeben voraus, so ist

$$\begin{aligned}
T_2 &= \left(1+\frac{i}{1+\alpha}\right)\cdot T_1\\
T_3 &= \left(1+\frac{i}{1+\alpha}\right)^2\cdot T_1\\
&\vdots\\
T_t &= \left(1+\frac{i}{1+\alpha}\right)^{t-1}\cdot T_1.
\end{aligned} \tag{3.19}$$

Nun fehlt uns nur noch ein geeigneter Ausdruck für T_1. Zu diesem Zweck erinnern wir uns daran, daß der erste Zinsbetrag

$$Z_1 = iK_0$$

ist. Dann muß

$$A = Z_1 + (1+\alpha)\cdot T_1 = iK_0 + (1+\alpha)\cdot T_1$$

und folglich

$$T_1 = \frac{A-iK_0}{1+\alpha}$$

gelten. Einsetzen in (3.19) ergibt schließlich

$$T_t = \left(1+\frac{i}{1+\alpha}\right)^{t-1}\cdot\frac{A-iK_0}{1+\alpha}. \tag{3.20}$$

Um nun endlich die unbekannte Annuität (bestehend aus Zinsbetrag, Tilgungsrate und Aufgeld) berechnen zu können, brauchen wir uns nur noch daran zu erinnern, daß die Summe aller Tilgungsraten immer dem ursprünglichen Kreditbetrag entspricht, d.h.

$$K_0 = \sum_{t=1}^{n} T_t \tag{3.3}$$

und für die Tilgungsrate gemäß Gleichung (3.20) einzusetzen. Dann entsteht zunächst

$$K_0 = \sum_{t=1}^{n} \left(\left(1 + \frac{i}{1+\alpha}\right)^{t-1} \cdot \frac{A - iK_0}{1+\alpha} \right).$$

Führt man im Interesse der Bequemlichkeit das Symbol

$$k = \frac{i}{1+\alpha}$$

ein, so kann man dafür auch

$$K_0 = \frac{A - iK_0}{1+\alpha} \cdot \sum_{t=1}^{n} (1+k)^{t-1}$$

oder unter Verwendung der Summenformel für die geometrische Reihe

$$K_0 = \frac{A - iK_0}{1+\alpha} \cdot \frac{(1+k)^n - 1}{k}$$

schreiben. Löst man das nach A auf, so erhält man die gewünschte Gleichung:

$$\boxed{\begin{array}{l} A = \dfrac{i(1+k)^n}{(1+k)^n - 1} \cdot K_0 \\ \text{mit } k = \dfrac{i}{1+\alpha} \end{array}} \tag{3.21}$$

Beispiel 77: Die Franz & Friedrich AG hat für fünf Jahre Kredit über 800000 DM aufgenommen, der mit 6% zu verzinsen und unter Einschluß eines Aufgeldes von 3% annuitätisch zu tilgen ist. Man stelle den kompletten Tilgungsplan auf.

Lösung:

Man beginnt mit der Annuitätsberechnung gemäß Gleichung (3.21) mit dem Ergebnis

$$A = \frac{0{,}06 \cdot \left(1 + \frac{0{,}06}{1{,}03}\right)^5}{\left(1 + \frac{0{,}06}{1{,}03}\right)^5 - 1} \cdot 800000 = 194685{,}58.$$

Sodann berechnet man den Zinsbetrag und die Tilgungsrate des ersten Jahres

$$Z_1 = 0{,}06 \cdot 800000 = 48000$$

$$T_1 = \frac{194685{,}58 - 48000}{1 + 0{,}03} = 142413{,}18$$

und stellt mit diesen Einstiegsparametern in der Zeit sukzessive voranschreitend den nachstehenden Tilgungsplan auf (*Tabelle 3-7*).

Tab. 3-7: Tilgungsplan bei Annuitätentilgung und einbezogenem Aufgeld

Jahr	Schuldbetrag des Vorjahres	Zins-betrag	Tilgungs-rate	Aufgeld	Annuität
1	800000,00	48000,00	142413,18	4272,40	194685,58
2	657586,82	39455,21	150709,09	4521,27	194685,58
3	506877,73	30412,66	159488,26	4784,65	194685,58
4	347389,46	20843,37	168778,84	5063,37	194685,58
5	178610,62	10716,64	178610,62	5358,32	194685,58
6	0,00				

3.3.3. Gerundete Annuitäten

Falls von der Möglichkeit der Ratentilgung Gebrauch gemacht wird, so hat man im allgemeinen keine Schwierigkeiten, bei den Zinsbeträgen, den Tilgungsraten und bei den Annuitäten auf glatte Beträge zu kommen. Im Falle der Annuitätentilgung sieht das, runde Kreditbeträge und Laufzeiten sowie übliche Zinssätze vorausgesetzt, anders aus. Wenn krumme Beträge für die Annuitäten aber nicht gewünscht sind, so bleibt keine andere Wahl, als vom strengen Ideal gleichbleibender Annuitäten etwas abzuweichen. Zwei Fälle haben besondere praktische Bedeutung, erstens die Prozentannuität mit Ausgleichszahlung und zweitens die annuitätische Tilgung gestückelter Serienanleihen.

3.3.3.1. Prozentannuität mit Ausgleichszahlung

Bei einigen Kreditgeschäften – z.B. bei den Hypothekenkrediten – greift man gerne zu der Lösung, mit einem Tilgungsprozentsatz p zu arbeiten. Gegenstand des Kreditvertrages ist dann die Vereinbarung, daß der Schuldner den Kreditbetrag K_0 erhält und sich dazu verpflichtet, jährlich Annuitäten in Höhe von

$$A = (i + p) \cdot K_0 \tag{3.22}$$

zurückzuzahlen. Dabei ist i, wie gewohnt, der Zinssatz. Solche Regelungen bezeichnet man als Prozentannuität. Da für Annuitätentilgung charakteristisch ist, daß die Tilgungsraten Jahr für Jahr um die ersparten Zinsen wachsen, bringt p den Tilgungsanteil selbstverständlich nur bei der Annuität des ersten Jahres korrekt zum Ausdruck.

Typisch für Prozentannuitäten ist nun, daß die Tilgungsdauer nicht explizit verabredet wird. Implizit ist sie allerdings sehr wohl Vertragsgegenstand, denn wenn der Schuldbetrag K_0, der Zinssatz i und der Tilgungsprozentsatz p gegeben sind und damit über Gleichung (3.22) auch die Annuität feststeht, so gibt es immer nur eine einzige Tilgungsdauer n, die die Grundgleichung

$$K_0 = \sum_{t=1}^{n} A_t (1+i)^{-t} \tag{3.5}$$

erfüllt. In dem hier zu diskutierenden Spezialfall können wir dafür

$$K_0 = \sum_{t=1}^{n} (i+p) K_0 q^{-t}$$

$$1 = (i+p) \sum_{t=1}^{n} q^{-t}$$

$$\frac{1}{i+p} = \frac{q^n - 1}{i q^n}$$

$$\frac{i}{i+p} = 1 - \frac{1}{q^n} \quad \text{und}$$

$$q^n = \frac{i+p}{p}$$

schreiben. Logarithmieren führt schließlich auf eine einfache Formel zur Berechnung der Laufzeit einer Prozentannuität,

$$\boxed{n=\frac{\ln\frac{i+p}{p}}{\ln q}}\,. \tag{3.23}$$

Mit einiger Sicherheit kann man davon ausgehen, daß n keine natürliche Zahl ist, wenn man mit den üblichen Zinssätzen und mit „handlichen" Tilgungsprozentsätzen arbeitet.

Beispiel 78: Gertraud ist eine Hypothek über 140000 DM bei einem Zinssatz von 6,5% und einem Tilgungsprozentsatz von 1,5% angeboten worden. Wie hoch ist die jährliche Belastung, und wie lange muß Gertraud zahlen?

Lösung:

Die jährlich zu zahlende Hypothek beläuft sich auf

$$A=(0{,}065+0{,}015)\cdot 140000=11200$$

und sie müßte über einen Zeitraum von

$$n=\frac{\ln\frac{0{,}065+0{,}015}{0{,}015}}{\ln 1{,}065}=26{,}58$$

Jahren gezahlt werden.

Auch in diesem Beispiel zeigt sich also, daß die Anzahl der Jahre, über die sich die Tilgung einer Prozentannuität gewöhnlich erstreckt, nicht die gewohnte natürliche Zahl darstellt. Aus diesem Grunde zerlegt man die Laufzeit in zwei Komponenten

$$n_1=\mathrm{int}(n)$$
$$n_2=n-n_1.$$

Der Schuldner leistet sodann n_1 volle Annuitäten in Höhe von A und für das angebrochene Jahr eine Ausgleichszahlung, die entweder gleich zu Beginn oder am Ende der Tilgungsdauer entrichtet wird.

Erfolgt die Zahlung am Ende der Laufzeit, in unserem Beispiel also mit Abschluß des 27-ten Jahres, so beträgt die Restzahlung

$$A_{n_1+1} = \left(K_0\, q^{n_1} - A\, \frac{q^{n_1}-1}{i}\right) q \tag{3.24}$$

Wird der Ausgleich dagegen zu Beginn vorgenommen, so berechnet man die erforderliche Vorleistung aus

$$A_1 = K_0\, q - A\, \frac{q^{n_1}-1}{i q^{n_1}}. \tag{3.25}$$

Beispiel 79: Holgers Grundstück ist mit einer Hypothek über 260000 DM belastet. Diese ist mit 7% zu verzinsen und mit 5% zu tilgen. Man stelle den vollständigen Rückzahlungsplan unter der Voraussetzung auf, daß eine eventuell erforderliche Ausgleichszahlung

(a) am Ende der Laufzeit,
(b) zu Beginn der Laufzeit erfolgt.

Lösung:

(a) Man berechnet zunächst die Annuität mit

$$A = (0{,}07 + 0{,}05) \cdot 260000 = 31200,$$

sodann die Laufzeit aus

$$n = \frac{\ln \dfrac{0{,}07+0{,}05}{0{,}05}}{\ln 1{,}07} = 12{,}94$$

und abschließend die Restzahlung aus

$$A_{13} = \left(260000 \cdot 1{,}07^{12} - 31200 \cdot \frac{1{,}07^{12}-1}{0{,}07}\right) \cdot 1{,}07 = 29371{,}64.$$

Nach diesen Vorbereitungen ergibt sich der vollständige Tilgungsplan so wie in *Tabelle 3-8* gezeigt.

Tab. 3-8: Tilgungsplan bei Prozentannuität mit Restzahlung

Jahr	Schuldbetrag des Vorjahres	Zinsbetrag	Tilgungsrate	Annuität
1	260000,00	18200,00	13000,00	31200,00
2	247000,00	17290,00	13910,00	31200,00
3	233090,00	16316,30	14883,70	31200,00
4	218206,30	15274,44	15925,56	31200,00
5	202280,74	14159,65	17040,35	31200,00
6	185240,39	12966,83	18233,17	31200,00
7	167007,22	11690,51	19509,49	31200,00
8	147497,73	10324,84	20875,16	31200,00
9	126622,57	8863,58	22336,42	31200,00
10	104286,15	7300,03	23899,97	31200,00
11	80386,18	5627,03	25572,97	31200,00
12	54813,21	3836,92	27363,08	31200,00
13	27450,13	1921,51	27450,13	29371,64
14	0,00			

(b) Soll die Ausgleichszahlung bereits im ersten Jahr vorgenommen werden, so berechnet sich ihre Höhe aus Gleichung (3.25) mit dem Ergebnis

$$A_1 = 260000 \cdot 1{,}07 - 31200 \cdot \frac{1{,}07^{12} - 1}{0{,}07 \cdot 1{,}07^{12}} = 30388{,}19,$$

und der daraus folgende Tilgungsplan ist in *Tabelle 3-9* zusammengestellt.

Tab 3-9: Tilgungsplan bei Prozentannuität mit Vorleistung

Jahr	Schuldbetrag des Vorjahres	Zinsbetrag	Tilgungsrate	Annuität
1	260000,00	18200,00	12188,19	30388,19
2	247811,81	17346,83	13853,17	31200,00
3	233958,64	16377,10	14822,90	31200,00
4	219135,74	15339,50	15860,50	31200,00
5	203275,25	14229,27	16970,73	31200,00
6	186304,51	13041,32	18158,68	31200,00
7	168145,83	11770,21	19429,79	31200,00
8	148716,04	10410,12	20789,88	31200,00
9	127926,16	8954,83	22245,17	31200,00
10	105680,99	7397,67	23802,33	31200,00
11	81878,66	5731,51	25468,49	31200,00
12	56410,17	3948,71	27251,29	31200,00
13	29158,88	2041,12	29158,88	31200,00
14	0,00			

3.3.3.2 Annuitätische Tilgung von Anleihen

Falls bei einer Anleihe annuitätische Tilgung vorgesehen ist, so ist es im allgemeinen unmöglich, die Tilgung so vorzunehmen, daß der Plan genau eingehalten wird. Das ist damit zu erklären, daß man Anleihen in Stücke über runde Teilbeträge (üblich sind 100 DM, 500 DM, 1000 DM, 5000 DM und 10000 DM) aufteilt und die rechnerischen Tilgungsraten gleichmäßig nicht ohne Rest in dieselben runden Teilbeträge zerlegt werden können.

Hat ein Unternehmen beispielsweise eine Schuldverschreibung über 10 Millionen DM begeben und zu diesem Zweck 10000 Stücke im Nennwert von je 1000 DM ausgefertigt, so sind nur Tilgungsraten erlaubt, die sich ohne Rest durch 1000 teilen lassen. Ein einzelnes Stück läßt sich nur „ganz oder gar nicht" zurückzahlen. Teilweise Tilgung eines ausstehenden Stückes ist ausgeschlossen.

Unter solchen Umständen bleibt nichts anderes übrig, als von der reinen Annuitätentilgung abzuweichen und die rechnerischen Tilgungsraten pragmatisch auf- oder abzurunden. Zwingende Regeln darüber, ob nun im Einzelfall auf- oder abgerundet wird, existieren nicht. Daher fehlt es auch an verbindlichen Rechenvorschriften zur Ermittlung der gerundeten Tilgungsraten. In der Lehrbuchliteratur zu diesem Thema pflegt man jedoch grundsätzlich nach unten abzurunden sowie rundungsbedingte Tilgungsrückstände unter Verrechnung von Zinseszinsen auf spätere Zeitpunkte vorzutragen. Wir schließen uns dieser Konvention an.

Unter Verwendung der Symbole

a_t := Zahl der im Zeitpunkt t zu tilgenden Stücke
A := rechnerische Annuität
A_t^* := gerundete Annuität
K_t := (Rest-)Schuldbetrag im Zeitpunkt t
R_t := Tilgungsrückstand im Zeitpunkt t
T_t := Tilgungsbetrag im Zeitpunkt t unter Berücksichtigung früherer Tilgungsrückstände
T_t^* := gerundete Tilgungsrate
w := Nennwert eines Stückes
Z_t := Zinsbetrag im Zeitpunkt t

können die rechnerischen Zinsbeträge, Tilgungsraten und Annuitäten sowie ihre gerundeten Pendants wie folgt berechnet werden. Man beginnt mit der Ermittlung der rechnerischen Annuität

$$A = \frac{iq^n}{q^n - 1} \cdot K_0 \tag{3.11}$$

und ermittelt die Zinsbeträge wie gewohnt aus

$$Z_t = iK_{t-1}. \tag{3.4}$$

Die Berechnung der Tilgungsraten weicht nun allerdings von dem, was wir kennen, ein wenig ab, wobei zu unterscheiden ist, ob im Vorjahr Tilgungsrückstände angefallen sind oder nicht. Liegen solche Rückstände vor, so sind sie zu verzinsen und verstärken die Tilgungsmasse. Infolgedessen ergibt sich eine vorläufige Tilgungsrate aus

$$T_t = \begin{Bmatrix} A - Z_t & \text{wenn } t = 1 \\ A - Z_t + (1+i)\,R_t & \text{wenn } t > 1 \end{Bmatrix} \tag{3.26}$$

Da einzelne Anleihestücke nur ganz oder gar nicht getilgt werden können und oben vereinbart wurde, daß stets abgerundet werden soll, ergibt sich die Zahl der im Zeitpunkt t einzulösenden Stücke aus

$$a_t = \mathrm{int}\left(\frac{T_t}{w}\right) \tag{3.27}$$

und die gerundete Tilgungsrate endgültig mit

$$T_t^* = w\,a_t \tag{3.28}$$

Weicht die vorläufige Tilgungsrate von diesem Betrag ab, so muß man einen Tilgungsrückstand in Höhe von

$$R_t = T_t - T_t^* \tag{3.29}$$

auf das kommende Jahr vortragen. Die neue Restschuld erhält man endlich aus

$$K_t = K_{t-1} - T_t^*. \tag{3.30}$$

Beispiel 80: Die Irma & Ilsebill AG in Iserlohn hat eine Schuldverschreibung über 10 Millionen DM emittiert und 10000 Stücke im Nennwert von je 1000 DM ausgegeben. Die Anleihe ist mit 6% jährlich zu verzinsen und innerhalb von 7 Jahren annuitätisch zu tilgen. Man stelle einen kompletten Tilgungsplan unter Beachtung der Stückelungsverhältnisse auf.

Lösung:

Die rechnerische Annuität beträgt

$$A = \frac{0{,}06 \cdot 1{,}06^7}{1{,}06^7 - 1} \cdot 10\,000\,000 = 1\,791\,350{,}18,$$

und für den Zinsbetrag am Ende des ersten Jahres erhält man

$$Z_1 = 0{,}06 \cdot 10\,000\,000 = 600\,000.$$

für Tilgungszwecke stehen dann vorläufig

$$T_1 = 1\,791\,350{,}18 - 600\,000 = 1\,191\,350{,}18$$

zur Verfügung. Das bedeutet, daß

$$a_1 = \text{int}\left(\frac{1\,191\,350{,}18}{1000}\right) = 1191$$

Stücke eingelöst werden und die gerundete Tilgungsrate hiervon das tausendfache beträgt,

$$T_1^* = 1191 \cdot 1000 = 1\,191\,000,$$

woraus sich die neue Restschuld mit

$$K_1 = 10\,000\,000 - 1\,191\,000 = 8\,809\,000$$

und ein Tilgungsrückstand in Höhe von

$$R_1 = 1\,191\,350{,}18 - 1\,191\,000 = 350{,}18$$

ergibt. Setzt man die Berechnungen nach diesem Muster fort, so erhält man die im Tilgungsplan laut *Tabelle 3-10* zusammengestellten Zahlen.

Tab. 3-10: Rückzahlungsplan einer annnuitätisch zu tilgenden Anleihe unter Beachtung der Stückelung (w = 1000 DM)

Jahr	Schuldbetrag des Vorjahres	Zinsbetrag	Vorläufige Tilgungsrate	Anzahl der einzulösenden Stücke	Endgültige Tilgungsrate	Rückstand	Annuität
1	10000000	600000	1191350,18	1191	1191000	350,18	1791000
2	8809000	528540	1263181,37	1263	1263000	181,37	1791540
3	7546000	452760	1338782,43	1338	1338000	782,43	1790760
4	6208000	372480	1419699,56	1419	1419000	699,56	1791480
5	4789000	287340	1504751,72	1504	1504000	751,72	1791340
6	3285000	197100	1595047,00	1595	1595000	47,00	1792100
7	1690000	101400	1690000,00	1690	1690000	0,00	1791400
8	0						

3.4. BASIC-Programme zur Tilgungsrechnung

```
10 ' PROGRAMM ZUR BERECHNUNG VON TILGUNGSPLÄNEN
20 ' BEI RATENTILGUNG UNTER STANDARDBEDINGUNGEN
30 '
40 DEFDBL A-I, K-Z
50 CLS : GOSUB 340 : PRINT
60 PRINT TAB(49) ">>> RATENTILGUNG (STANDARD) <<<" : PRINT : GOSUB 340 : PRINT
70 INPUT "Anfangsschuld                  ", K
80 INPUT "Zinssatz in % p.a.             ", P : I=P/100 : Q=1+I
90 INPUT "Laufzeit in Jahren             ", N
100 T=K/N
110 CLS : GOSUB 360
120 ZEILE=0
130 FOR J=1 TO N
140 ZB=I*K : ANN=ZB+T
150 PRINT USING "####"; J;
160 PRINT USING "############.##"; K; ZB; T;
170 PRINT USING "#################.##"; ANN
180 ZEILE=ZEILE+1
190 IF ZEILE=15 THEN 200 ELSE 270
200 IF J=N THEN 290
210 PRINT : PRINT "Ausgabe fortsetzen? ( j / n )";
220 A$=INPUT$(1)
230 IF A$ = "j" THEN 250
240 IF A$ = "n" THEN 290 ELSE 220
250 ZEILE=0 : CLS
260 GOSUB 360
270 K=K-T
280 NEXT J
290 GOSUB 340
300 PRINT : PRINT "noch einmal? ( j / n )  ";
310 A$=INPUT$(1)
320 IF A$ = "j" THEN 50
330 IF A$ = "n" THEN END ELSE 310
340 PRINT "-------------------------------------------------------------------------
--------"
350 RETURN
360 GOSUB 340 : PRINT "TILGUNGSPLAN <STANDARD RATENTILGUNG>" : GOSUB 340
370 PRINT "Jahr";
380 PRINT TAB(8) "Schuldbetrag";
390 PRINT TAB(25) "Zinsbetrag";
```

```
400 PRINT TAB(38) "Tilgungsrate";
410 PRINT TAB(62) "Annuität" : GOSUB 340
420 RETURN
430 END
```

```
10 ' POROGRAMM ZUR BERECHNUNG VON TILGUNGSPLÄNEN
20 ' BEI RATENTILGUNG MIT TILGUNGSFREIER ZEIT
30 '
40 DEFDBL A-I, K-Z
50 CLS : GOSUB 390 : PRINT
60 PRINT TAB(36) ">>> RATENTILGUNG MIT TILGUNGSFREIER ZEIT <<<"
70 PRINT : GOSUB 390 : PRINT
80 INPUT "Anfangsschuld                      ", K
90 INPUT "Zinssatz in % p.a.                 ", P : I=P/100 : Q=1+I
100 INPUT "Tilgungsdauer in Jahren            ", N
110 INPUT "Anzahl der tilgungsfreien Jahre    ", NF
120 T=K/N
130 CLS : GOSUB 410
140 ZEILE=0
150 FOR J=1 TO N+NF
160 ZB=I*K : ANN=ZB+T
170 PRINT USING "####"; J;
180 PRINT USING "###########.##"; K; ZB;
190 IF J<=NF THEN TR=0 ELSE TR=T
200 PRINT USING "###########.##"; TR;
210 IF J<=NF THEN ANNU=ZB ELSE ANNU=ANN
220 PRINT USING "################.##"; ANNU
230 ZEILE=ZEILE+1
240 IF ZEILE=15 THEN 250 ELSE 320
250 IF J=N+NF THEN 320
260 PRINT : PRINT "Ausgabe fortsetzen? ( j / n )";
270 A$=INPUT$(1)
280 IF A$ = "j" THEN 300
290 IF A$ = "n" THEN 340 ELSE 270
300 ZEILE=0 : CLS
310 GOSUB 410
320 K=K-TR
330 NEXT J
340 GOSUB 390 : PRINT
350 PRINT "noch einmal? ( j / n )  ";
360 A$=INPUT$(1)
370 IF A$ = "j" THEN 50
380 IF A$ = "n" THEN END ELSE 360
390 PRINT "-------------------------------------------------------------------
--------"
400 RETURN
410 GOSUB 390 : PRINT "TILGUNGSPLAN <RATENTILGUNG MIT TILGUNGSFREIER ZEIT>" :
GOSUB 390
420 PRINT "Jahr";
430 PRINT TAB(8) "Schuldbetrag";
440 PRINT TAB(25) "Zinsbetrag";
450 PRINT TAB(38) "Tilgungsrate";
460 PRINT TAB(62) "Annuität" : GOSUB 390
470 RETURN
480 END
```

```
10 ' PROGRAMM ZUR BERECHNUNG VON TILGUNGSPLÄNEN
20 ' BEI RATENTILGUNG MIT ZUSÄTZLICHEM AUFGELD
30 '
40 DEFDBL A-I, K-Z
50 CLS : GOSUB 370 : PRINT
60 PRINT TAB(35) ">>> RATENTILGUNG MIT ZUSÄTZLICHEM AUFGELD <<<"
70 PRINT : GOSUB 370 : PRINT
80 INPUT "Anfangsschuld                      ", K
90 INPUT "Zinssatz in % p.a.                 ", P : I=P/100 : Q=1+I
100 INPUT "Aufgeld in % der Tilgungsrate      ", ALPHA : A=ALPHA/100
110 INPUT "Laufzeit in Jahren                 ", N
120 T=K/N
```

```
130 CLS
140 GOSUB 390
150 ZEILE=0
160 FOR J=1 TO N
170 ZB=I*K : AGIO=A*T : ANN=ZB+T+AGIO
180 PRINT USING "####"; J;
190 PRINT USING "############.##"; K;
200 PRINT USING "##########.##"; ZB; T; AGIO; ANN
210 ZEILE=ZEILE+1
220 IF ZEILE=15 THEN 230 ELSE 300
230 IF J=N THEN 320 ELSE 240
240 PRINT : PRINT "Ausgabe fortsetzen? ( j / n )";
250 A$=INPUT$(1)
260 IF A$ = "j" THEN 280
270 IF A$ = "n" THEN 320 ELSE 250
280 ZEILE=0 : CLS
290 GOSUB 390
300 K=K-T
310 NEXT J
320 GOSUB 370
330 PRINT : PRINT "noch einmal? ( j / n )  ";
340 A$=INPUT$(1)
350 IF A$ = "j" THEN 50
360 IF A$ = "n" THEN END ELSE 340
370 PRINT "----------------------------------------------------------------------
--------"
380 RETURN
390 GOSUB 370 : PRINT "TILGUNGSPLAN <RATENTILGUNG MIT ZUSÄTZLICHEM AUFGELD>" :
GOSUB 370
400 PRINT "Jahr";
410 PRINT TAB(8) "Schuldbetrag";
420 PRINT TAB(23) "Zinsbetrag";
430 PRINT TAB(35) "Tilgungsrate";
440 PRINT TAB(52) "Aufgeld";
450 PRINT TAB(64) "Annuität" : GOSUB 370
460 RETURN
470 END
```

```
10 ' PROGRAMM ZUR BERECHNUNG VON TILGUNGSPLÄNEN
20 ' BEI ANNUITÄTENTILGUNG UNTER STANDARDBEDINGUNGEN
30 '
40 DEFDBL A-I, K-Z
50 CLS : GOSUB 360 : PRINT
60 PRINT TAB(44) ">>> ANNUITÄTENTILGUNG (STANDARD) <<<"
70 PRINT : GOSUB 360 : PRINT
80 INPUT "Anfangsschuld                          ", K
90 INPUT "Zinssatz in % p.a.                     ", P : I=P/100 : Q=1+I
100 INPUT "Laufzeit in Jahren                    ", N
110 ANN=I*Q^N/(Q^N-1)*K
120 CLS
130 GOSUB 380
140 ZEILE=0
150 FOR J=1 TO N
160 ZB=I*K : T=ANN-ZB
170 PRINT USING "####"; J;
180 PRINT USING "############.##"; K; ZB; T;
190 PRINT USING "#################.##"; ANN
200 ZEILE=ZEILE+1
210 IF ZEILE=15 THEN 220 ELSE 290
220 IF J=N THEN 310
230 PRINT : PRINT "Ausgabe fortsetzen? ( j / n )";
240 A$=INPUT$(1)
250 IF A$ = "j" THEN 270
260 IF A$ = "n" THEN 310 ELSE 240
270 ZEILE=0 : CLS
280 GOSUB 380
290 K=K-T
300 NEXT J
```

```
310 GOSUB 360
320 PRINT : PRINT "noch einmal? ( j / n )  ";
330 A$=INPUT$(1)
340 IF A$ = "j" THEN 50
350 IF A$ = "n" THEN END ELSE 330
360 PRINT "--------------------------------------------------------------------
--------"
370 RETURN
380 GOSUB 360 : PRINT "TILGUNGSPLAN <STANDARD ANNUITÄTENTILGUNG>" : GOSUB 360
390 PRINT "Jahr";
400 PRINT TAB(8) "Schuldbetrag";
410 PRINT TAB(25) "Zinsbetrag";
420 PRINT TAB(38) "Tilgungsrate";
430 PRINT TAB(62) "Annuität" : GOSUB 360
440 RETURN
450 END
```

```
10 ' PROGRAMM ZUR BERECHNUNG VON TILGUNGSPLÄNEN
20 ' BEI ANNUITÄTENTILGUNG MIT TILGUNGSFREIER ZEIT
30 '
40 DEFDBL A-I, K-Z
50 CLS : GOSUB 400 : PRINT
60 PRINT TAB(31) ">>> ANNUITÄTENTILGUNG MIT TILGUNGSFREIER ZEIT <<<"
70 PRINT : GOSUB 400 : PRINT
80 INPUT "Anfangsschuld                                ", K
90 INPUT "Zinssatz in % p.a.                           ", P : I=P/100 : Q=1+I
100 INPUT "Tilgungsdauer in Jahren                     ", N
110 INPUT "Anzahl der tilgungsfreien Jahre             ", NF
120 ANN=I*Q^N/(Q^N-1)*K
130 CLS
140 GOSUB 420
150 ZEILE=0
160 FOR J=1 TO N+NF
170 ZB=I*K : T=ANN-ZB
180 PRINT USING "####"; J;
190 PRINT USING "############.##"; K; ZB;
200 IF J<=NF THEN TR=0 ELSE TR=T
210 PRINT USING "############.##"; TR;
220 IF J<=NF THEN ANNU=ZB ELSE ANNU=ANN
230 PRINT USING "#################.##"; ANNU
240 ZEILE=ZEILE+1
250 IF ZEILE=15 THEN 260 ELSE 330
260 IF J=N+NF THEN 350
270 PRINT : PRINT "Ausgabe fortsetzen? ( j / n )";
280 A$=INPUT$(1)
290 IF A$ = "j" THEN 310
300 IF A$ = "n" THEN 350 ELSE 280
310 ZEILE=0 : CLS
320 GOSUB 420
330 K=K-TR
340 NEXT J
350 GOSUB 400
360 PRINT : PRINT "noch einmal? ( j / n )  ";
370 A$=INPUT$(1)
380 IF A$ = "j" THEN 50
390 IF A$ = "n" THEN END ELSE 370
400 PRINT "--------------------------------------------------------------------
-------"
410 RETURN
420 GOSUB 400 : PRINT "TILGUNGSPLAN <ANNUITÄTENTILGUNG MIT TILGUNGSFREIER ZEIT>" :
GOSUB 400
430 PRINT "Jahr";
440 PRINT TAB(8) "Schuldbetrag";
450 PRINT TAB(25) "Zinsbetrag";
460 PRINT TAB(38) "Tilgungsrate";
470 PRINT TAB(62) "Annuität" : GOSUB 400
480 RETURN
490 END
```

```
10 ' PROGRAMM ZUR BERECHNUNG VON TILGUNGSPLÄNEN
20 ' BEI ANNUITÄTENTILGUNG MIT ZUSÄTZLICHEM AUFGELD
30 '
40 DEFDBL A-I, K-Z
50 CLS : GOSUB 370 : PRINT
60 PRINT TAB(30) ">>> ANNUITÄTENTILGUNG MIT ZUSÄTZLICHEM AUFGELD <<<"
70 PRINT : GOSUB 370 : PRINT
80 INPUT "Anfangsschuld                                   ", K
90 INPUT "Zinssatz in % p.a.                              ", P : I=P/100 : Q=1+I
100 INPUT "Aufgeld in % der Tilgungsrate                  ", ALPHA : A=ALPHA/100
110 INPUT "Laufzeit in Jahren                             ", N
120 ANN=I*Q^N/(Q^N-1)*K
130 CLS
140 GOSUB 390
150 ZEILE=0
160 FOR J=1 TO N
170 ZB=I*K : T=ANN-ZB : AGIO=A*T
180 PRINT USING "####"; J;
190 PRINT USING "############.##"; K;
200 PRINT USING "##########.##"; ZB; T; AGIO; ANN+AGIO
210 ZEILE=ZEILE+1
220 IF ZEILE=15 THEN 230 ELSE 300
230 IF J=N THEN 320
240 PRINT : PRINT "Ausgabe fortsetzen? ( j / n )";
250 A$=INPUT$(1)
260 IF A$ = "j" THEN 280
270 IF A$ = "n" THEN 320 ELSE 250
280 ZEILE=0 : CLS
290 GOSUB 390
300 K=K-T
310 NEXT J
320 GOSUB 370
330 PRINT : PRINT "noch einmal? ( j / n )  ";
340 A$=INPUT$(1)
350 IF A$ = "j" THEN 50
360 IF A$ = "n" THEN END ELSE 340
370 PRINT "-------------------------------------------------------------------
--------"
380 RETURN
390 GOSUB 370 : PRINT "TILGUNGSPLAN <ANNUITÄTENTILGUNG MIT ZUSÄTZLICHEM AUFGELD>"
: GOSUB 370
400 PRINT "Jahr";
410 PRINT TAB(8) "Schuldbetrag";
420 PRINT TAB(23) "Zinsbetrag";
430 PRINT TAB(35) "Tilgungsrate";
440 PRINT TAB(52) "Aufgeld";
450 PRINT TAB(64) "Annuität" : GOSUB 370
460 RETURN
470 END
```

```
10 ' PROGRAMM ZUR BERECHNUNG VON TILGUNGSPLÄNEN
20 ' BEI ANNUITÄTENTILGUNG MIT EINBEZOGENEM AUFGELD
30 '
40 DEFDBL A-I, K-Z
50 CLS : GOSUB 380 : PRINT
60 PRINT TAB(30) ">>> ANNUITÄTENTILGUNG MIT EINBEZOGENEM AUFGELD <<<"
70 PRINT : GOSUB 380 : PRINT
80 INPUT "Anfangsschuld                                   ", K
90 INPUT "Zinssatz in % p.a.                              ", P : I=P/100
100 INPUT "Aufgeld in % der Tilgungsrate                  ", ALPHA : A=ALPHA/100
110 I=I/(1+A) : Q=1+I
120 INPUT "Laufzeit in Jahren                             ", N
130 ANN=I*Q^N/(Q^N-1)*K*(1+A)
140 CLS
150 GOSUB 400
160 ZEILE=0
170 FOR J=1 TO N
180 ZB=I*(1+A)*K : T=(ANN-ZB)/(1+A) : AGIO=A*T
190 PRINT USING "####"; J;
```

```
200 PRINT USING "############.##"; K;
210 PRINT USING "##########.##"; ZB; T; AGIO; ANN
220 ZEILE=ZEILE+1
230 IF ZEILE=15 THEN 240 ELSE 310
240 IF J=N THEN 330
250 PRINT : PRINT "Ausgabe fortsetzen? ( j / n )";
260 A$=INPUT$(1)
270 IF A$ = "j" THEN 290
280 IF A$ = "n" THEN 330 ELSE 260
290 ZEILE=0 : CLS
300 GOSUB 400
310 K=K-T
320 NEXT J
330 GOSUB 380
340 PRINT : PRINT "noch einmal? ( j / n )  ";
350 A$=INPUT$(1)
360 IF A$ = "j" THEN 50
370 IF A$ = "n" THEN END ELSE 350
380 PRINT "----------------------------------------------------------------------
--------"
390 RETURN
400 GOSUB 380 : PRINT "TILGUNGSPLAN <ANNUITÄTENTILGUNG MIT EINBEZOGENEM AUFGELD>"
: GOSUB 380
410 PRINT "Jahr";
420 PRINT TAB(8) "Schuldbetrag";
430 PRINT TAB(23) "Zinsbetrag";
440 PRINT TAB(35) "Tilgungsrate";
450 PRINT TAB(52) "Aufgeld";
460 PRINT TAB(64) "Annuität" : GOSUB 380
470 RETURN
480 END
```

```
10 ' PROGRAMM ZUR BERECHNUNG VON TILGUNGSPLÄNEN
20 ' BEI PROZENTANNUITÄTEN MIT AUSGLEICHSZAHLUNG
30 '
40 DEFDBL A-I, K-Z
50 CLS : GOSUB 510 : PRINT
60 PRINT TAB(35) ">>> PROZENTANNUITÄT MIT AUSGLEICHSZAHLUNG <<<"
70 PRINT : GOSUB 510
80 PRINT : PRINT "Die Ausgleichszahlung kann erfolgen:" : PRINT
90 PRINT "1.    zu Beginn der Laufzeit"
100 PRINT "2.    am Ende der Laufzeit"
110 PRINT : PRINT "Ihre Wahl       =>  ";
120 AZ$=INPUT$(1) : AZ=VAL(AZ$)
130 IF AZ=1 THEN B$="Beginn der Laufzeit" : GOTO 160
140 IF AZ=2 THEN B$="Ende der Laufzeit" : GOTO 160
150 GOTO 120
160 PRINT B$ : PRINT : GOSUB 510 : PRINT
170 INPUT "Anfangsschuld                                       ", K
180 INPUT "Zinssatz in % p.a.                                  ", P : I=P/100 : Q=1+I
190 INPUT "Tilgungssatz in %                                   ", P : P=P/100
200 ANN=(I+P)*K
210 N=LOG((I+P)/P)/LOG(Q)
220 VOR=K*Q-ANN*(Q^INT(N)-1)/I/Q^INT(N)
230 N=INT(N)+1
240 CLS
250 GOSUB 530
260 ZEILE=0
270 FOR J=1 TO N
280 ZB=I*K : T=ANN-ZB
290 IF J>1 THEN 310
300 IF AZ=1 THEN T=VOR-ZB
310 IF INT(J)=N THEN 320 ELSE 330
320 IF AZ=2 THEN T=K
330 PRINT USING "####"; J;
340 PRINT USING "############.##"; K; ZB; T;
350 PRINT USING "#################.##"; ZB+T
360 ZEILE=ZEILE+1
370 IF ZEILE=15 AND J<N THEN 380 ELSE 440
```

```
380 PRINT : PRINT "Ausgabe fortsetzen? ( j / n )";
390 A$=INPUT$(1)
400 IF A$ = "j" THEN 420
410 IF A$ = "n" THEN 460 ELSE 390
420 ZEILE=0 : CLS
430 GOSUB 530
440 K=K-T
450 NEXT J
460 GOSUB 510
470 PRINT : PRINT "noch einmal? ( j / n )  ";
480 A$=INPUT$(1)
490 IF A$ = "j" THEN 40
500 IF A$ = "n" THEN END ELSE 480
510 PRINT "---------------------------------------------------------------------
--------"
520 RETURN
530 GOSUB 510 : PRINT "TILGUNGSPLAN <PROZENTANNUITÄT MIT AUSGLEICHSZAHLUNG>" :
GOSUB 510
540 PRINT "Jahr";
550 PRINT TAB(8) "Schuldbetrag";
560 PRINT TAB(25) "Zinsbetrag";
570 PRINT TAB(38) "Tilgungsrate";
580 PRINT TAB(62) "Annuität" : GOSUB 510
590 RETURN
600 END
```

```
10 ' PROGRAMM ZUR BERECHNUNG VON TILGUNGSPLÄNEN
20 ' BEI ANNUITÄTENTILGUNG VON SERIENANLEIHEN MIT
30 ' VORGEGEBENER STÜCKELUNG
40 '
50 DEFDBL A-I, K-Z
60 CLS : GOSUB 440 : PRINT
70 PRINT TAB(36) ">>> ANNUITÄTENTILGUNG BEI SERIENANLEIHEN <<<"
80 PRINT : GOSUB 440 : PRINT
90 INPUT "Anfangsschuld                                   ", K
100 INPUT "Zinssatz in % p.a.                             ", P : I=P/100 : Q=1+I
110 INPUT "Laufzeit in Jahren                             ", N
120 INPUT "Nennwert eines Stückes                         ", W
130 ANNU=I*Q^N/(Q^N-1)*K : REST=0
140 CLS
150 GOSUB 460
160 ZEILE=0
170 FOR J=1 TO N
180 ZB=I*K : T=ANNU-ZB+Q*REST
190 IF J<N THEN 200 ELSE 210
200 TG=W*INT(T/W) : REST=T-TG : GOTO 220
210 TG=K
220 PRINT USING "####"; J;
230 PRINT USING "############.##"; K;
240 PRINT USING "############.##"; ZB;
250 PRINT USING "##########"; TG/W;
260 PRINT USING "##############.##"; TG;
270 PRINT USING "##########.##"; ZB+TG
280 ZEILE=ZEILE+1
290 IF ZEILE=15 THEN 300 ELSE 370
300 IF J=N THEN 390
310 PRINT : PRINT "Ausgabe fortsetzen? ( j / n )";
320 A$=INPUT$(1)
330 IF A$ = "j" THEN 350
340 IF A$ = "n" THEN 390 ELSE 320
350 ZEILE=0 : CLS
360 GOSUB 460
370 K=K-TG
380 NEXT J
390 GOSUB 440
400 PRINT : PRINT "noch einmal? ( j / n )  ";
410 A$=INPUT$(1)
420 IF A$ = "j" THEN 60
430 IF A$ = "n" THEN END ELSE 410
```

```
440 PRINT "-----------------------------------------------------------------------
--------"
450 RETURN
460 GOSUB 440 : PRINT "TILGUNGSPLAN <FÜR SERIENANLEIHEN>" : GOSUB 440
470 PRINT "Jahr";
480 PRINT TAB(8) "Schuldbetrag";
490 PRINT TAB(25) "Zinsbetrag";
500 PRINT TAB(39) "Stücke";
510 PRINT TAB(50) "Tilgungsrate";
520 PRINT TAB(68) "Annuität" : GOSUB 440
530 RETURN
540 END
```

4. Kurs- und Renditerechnung

4.1. Grundbegriffe der Kurs- und Renditerechnung

Gegenstand dieses Kapitels ist die Bewertung von Ansprüchen auf künftige Zahlungen. Typischerweise handelt es sich dabei um Ansprüche, die ein Schuldner einem Kreditgeber deswegen einräumt, weil dieser ihm für einen bestimmten Zeitraum Zahlungsmittel überläßt.

Im Rahmen der Kurs- und Renditerechnung erfolgt die Bewertung künftiger Zahlungsansprüche immer unter der vereinfachenden Annahme sicherer Zukunftserwartungen. Der Gläubiger kennt Höhe und Zeitpunkt der ihm zustehenden künftigen Zahlungen genau. Es gibt keine (in der Rechnung explizit zu berücksichtigenden) Risiken bezüglich der Zahlungsfähigkeit bzw. Zahlungswilligkeit des Schuldners. Es werden auch keine Verträge behandelt, die insofern riskant sind, als Höhe und/oder Zeitpunkt künftiger Zahlungen an den Eintritt irgendwelcher zufälligen Ereignisse geknüpft sind. Zusammenfassend läßt sich also sagen, daß es in der Kurs- und Renditerechnung stets um die Bewertung sicherer und unbedingter künftiger Zahlungen geht.

Unter dem Kurs einer Schuld versteht man den Preis, den jemand bezahlen muß oder bezahlen sollte, der Ansprüche auf die künftigen (Zins- und Tilgungs-)Zahlungen erwerben will. Effektivrendite nennt man dagegen jenen Zinssatz, bei dem der Barwert der Zahlungsansprüche dem Kurs der Schuld gleicht.

Betrachten wir zum besseren Verständnis dieser Definitionen einen Vertrag, der den Gläubiger dazu berechtigt, vom Schuldner Zahlungen in Höhe von $r_1, r_2, \ldots, r_n$ zu verlangen. Der Bequemlichkeit wegen wollen wir hier davon ausgehen, daß die früheste Zahlung r_1 in einem Jahr stattfindet und daß die übrigen Zahlungen in Jahresabständen folgen. Ferner wollen wir voraussetzen, daß es einen Kapitalmarkt gibt, an dem man zum Zinssatz i sowohl Geld anlegen als auch Geld aufnehmen kann.

Existiert nur ein solcher Kapitalmarkt, so hat ein Anleger, der Ansprüche auf die Einnahmereihe $r_1, r_2, \ldots, r_n$ erwerben will, grundsätzlich zwei Möglichkeiten. Entweder schließt er den Kreditvertrag ab und zahlt den Preis P_0, oder er legt am Kapitalmarkt einen Betrag in Höhe des Rentenbarwerts R_0

$$R_0 = \sum_{t=1}^{n} r_t q^{-t} \tag{4.1}$$

zum Zinssatz i an. Beide Alternativen versprechen die gleiche „Ernte". Wenn es sich tatsächlich der Höhe und dem Zeitpunkt nach um identische künftige Einnahmen $r_1, r_2, \ldots, r_n$ handelt, so wird sich ein vernünftiger Kapitalanleger für diejenige Handlungsweise entscheiden, bei der er am billigsten zum Ziel kommt. Die Maxime gilt sowohl für Anleger, die neue Kreditverträge abschließen, als auch für Anleger, die in bereits bestehende Verträge eintreten, also Restansprüche auf künftige Zahlungen erwerben.

Betrachten wir jetzt für einen Moment eine Person, die sich weder als Schuldner verpflichten möchte noch die Absicht hat, Geld anzulegen und die Gläubigerposition einzunehmen. Diese Person tut nichts anderes, als Märkte zu beobachten und Gewinnmöglichkeiten zu suchen, die keinen Kapitaleinsatz erfordern. Ein solcher Marktbeobachter soll feststellen, daß der Kurs einer Schuld kleiner ist als der Rentenbarwert ($P_0 < R_0$). Dann erweist es sich für ihn als vorteilhaft, Kredit in Höhe von P_0 zu gewähren (Ausgabe) und damit Ansprüche auf die Einnahmereihe r_1, $r_2, \ldots, r_n$ zu erwerben und gleichzeitig Kredit in Höhe von R_0 zum Zinssatz i aufzunehmen (Einnahme) und damit Verpflichtungen in Form der Auszahlungsreihe $-r_1, -r_2, \ldots, -r_n$ zu übernehmen. *Tabelle 4-1* zeigt, daß auf diese Weise ein Arbitragegewinn in Höhe der Differenz zwischen R_0 und P_0 erzielt wird.

Tab. 4-1: Zahlungsplan eines Arbitrageurs, wenn der Kurs einer Schuld kleiner ist als der Barwert künftiger Zahlungsansprüche

Kreditvergabe Kreditaufnahme	$-P_0$ R_0	r_1 $-r_1$	r_2 $-r_2$	r_3 $-r_3$	… …	r_n $-r_n$
Summen	$R_0 - P_0$	0	0	0	…	0

Das gleiche geschieht mit umgekehrten Vorzeichen, wenn der Kurs der Schuld größer sein sollte als der Rentenbarwert ($P_0 > R_0$). In diesem Fall empfiehlt es sich, Kredit in Höhe von P_0 aufzunehmen (Einnahme) und damit Verpflichtungen von $-r_1, -r_2, \ldots, -r_n$ einzugehen sowie gleichzeitig Kapital in Höhe von R_0 zum Zinssatz i anzulegen (Ausgabe), vgl. *Tabelle 4-2*.

Auf gut funktionierenden Märkten ist es unmöglich, ohne Kapitaleinsatz Gewinne in beliebigem Ausmaß zu realisieren, denn Arbitrageure sorgen

Tab. 4-2: Zahlungsplan eines Arbitrageurs, wenn der Kurs einer Schuld größer ist als der Barwert künftiger Zahlungsansprüche

Kreditaufnahme	P_0	$-r_1$	$-r_2$	$-r_3$	...	$-r_n$
Geldanlage	$-R_0$	r_1	r_2	r_3	...	r_n
Summen	P_0-R_0	0	0	0	...	0

durch Verstärkung (Schwächung) von Angebot und Nachfrage dafür, daß auf Dauer keine nennenswerten Unterschiede zwischen den Preisen homogener Güter (hier: Preisen für identische Ansprüche auf künftige Zahlungen) bestehen bleiben können. Im Gleichgewicht gibt es keinen Anreiz zu Arbitragen und infolgedessen muß

$$P_0 \overset{!}{=} R_0 \tag{4.2}$$

gelten. Diese ökonomische „Gesetzmäßigkeit" führt uns auf die Bewertungsgleichung

$$P_0 = \sum_{t=1}^{n} r_t(1+i)^{-t}, \tag{4.3}$$

die als grundlegend für die Kurs- und Renditerechnung angesehen werden kann: Sind die künftigen Ansprüche $r_1, r_2, \ldots, r_n$ gegeben und kennt man auch den Kurs P_0, den man für den Erwerb der Ansprüche zu zahlen hat, so ist i die Effektivrendite. Kennt man dagegen die Ansprüche $r_1, r_2, \ldots, r_n$ und darüber hinaus den Zinssatz i, so läßt sich der Kurs P_0 rechnerisch abschätzen, den man im Falle der Veräußerung der Ansprüche erzielen kann.

Gleichung (4.3) ist für die praktische Arbeit zum Teil zu allgemein und zum Teil zu speziell. Zu allgemein ist sie insofern, weil sie keine besonderen Voraussetzungen hinsichtlich der Struktur der Zahlungsreihe r_1, $r_2, \ldots, r_n$ erfordert. Sie kann gleichermaßen beispielsweise auf Nullkuponanleihen (Zero Bonds), Kuponanleihen, Annuitätenschulden und Ratenschulden angewandt werden. Zu speziell ist sie deswegen, weil sie nicht nur unterstellt, daß zwischen den einzelnen Zahlungen Zeiträume von jeweils einem Jahr liegen, sondern weil sie auch noch verlangt, daß die früheste Zahlung (r_1) in genau einem Jahr erfolgt. Da insbesondere die letzte Voraussetzung praktisch nur selten gegeben ist, muß Gleichung (4.3) noch in geeigneter Weise verallgemeinert werden.

Verwendet man die Symbole

i := Zinssatz, Effektivrendite
n := kleinste ganze Zahl, für die gilt $n \geq T$
P_0 := Kurs der Schuld
q := Zinsfaktor ($q = 1 + i$)
r_t := Zahlung des Schuldners im Zeitpunkt t
T := Restlaufzeit des Kredits (gemessen in Jahren)

und geht weiterhin von der Annahme aus, daß alle Zahlungen an den Gläubiger in jährlichen Abständen erfolgen, so ist n die Anzahl der Zahlungen, die der Schuldner noch leisten muß und

$$b = n - T \tag{4.4}$$

die Frist (gemessen in Jahren), die seit der letzten Zahlung bzw. seit dem Tage der Emission verstrichen ist. Ferner kann man feststellen, daß die

1-te Zahlung	$1-b+0$	Jahre
2-te Zahlung	$1-b+1$	Jahre
3-te Zahlung	$1-b+2$	Jahre
⋮		
n-te Zahlung	$1-b+n-1$	Jahre

abzuzinsen ist. Infolgedessen heißt die verallgemeinerte Bewertungsgleichung

$$P_0 = \sum_{t=1}^{n} r_t \, q^{b-t}$$

oder nach geringfügiger Umformung

$$\boxed{P_0 = q^b \sum_{t=1}^{n} r_t \, q^{-t}} \; . \tag{4.5}$$

In den nachfolgenden Abschnitten werden wir uns auf der Basis dieser allgemeingültigen Bewertungsgleichung mit drei Standardtypen der Schuldentilgung auseinandersetzen, und zwar mit der Zinsschuld (Kuponanleihe), der Annuitätenschuld und der Ratenschuld.

4.2. Bewertung von Zinsschulden (Kuponanleihen)

4.2.1. Bewertung von Anleihen mit Jahreskupon

Zinsschuldverhältnisse zeichnen sich dadurch aus, daß dem Gläubiger

(1) am Ende eines jeden Jahres der Laufzeit Zahlungen in Höhe der nominellen Zinsen auf den Nennwert des ausgeliehenen Kapitals,

(2) am Ende des letzten Jahres der Laufzeit Rückzahlung des Nennwerts (mit oder ohne Aufgeld)

zustehen.

Der bekannteste Vertreter dieser Form der Schuldentilgung ist die Kuponanleihe. Hier werden Wertpapiere ausgegeben, die die Rechte des Gläubigers verbriefen. Die eigentliche Wertpapierurkunde bezeichnet man als Mantel. Diesem wird ein Zinsscheinbogen (Kuponbogen) beigegeben, der aus einzelnen Kupons für jedes Jahr der Laufzeit besteht. Am jeweiligen Termin wird der Zinsbetrag gegen Einreichung des entsprechenden Kupons gezahlt. Die Wertpapiere lauten gewöhnlich auf bestimmte Anteile der gesamten Kreditsumme. Üblich sind Stücke im Nennbetrag von 100 DM, 500 DM, 1000 DM, 5000 DM und 10000 DM.

Führt man für eine Kuponanleihe die speziellen Symbole

$N :=$ Nennwert eines Stückes
$K :=$ jährlicher Zinsbetrag eines Stückes
$\alpha :=$ Aufgeldprozentsatz

ein, so läßt sich die dem Wertpapierbesitzer zustehende Einnahmenreihe bei n noch ausstehenden Zahlungen in der Form

$$\begin{aligned} r_1 &= K \\ r_2 &= K \\ &\vdots \\ r_{n-1} &= K \\ r_n &= K + (1+\alpha)\cdot N \end{aligned}$$

schreiben. Betrachten wir beispielsweise am 28.10.1988 die 8,00%-Anleihe der Bundesrepublik Deutschland von 1983 mit Zinstermin 1. Juli. Diese Anleihe ist am 1.7.1993 ohne Aufgeld fällig. Infolgedessen darf ein Wertpapierbesitzer je 100 DM Nennwert folgende Zahlungen erwarten:

$r_1 = 8$ DM (1.7.1989)
$r_2 = 8$ DM (1.7.1990)
$r_3 = 8$ DM (1.7.1991)
$r_4 = 8$ DM (1.7.1992)
$r_5 = 108$ DM (1.7.1993)

Setzt man die speziellen Notationen für Kuponanleihen in die allgemeine Bewertungsgleichung (4.5) ein, so entsteht

$$P_0 = q^b \cdot \left(\sum_{t=1}^{n-1} K q^{-t} + \left(K + (1+\alpha) N \right) q^{-n} \right)$$

und nach einigen Umformungen unter Verwendung des nachschüssigen Rentenbarwertfaktors

$$\boxed{P_0 = q^b \cdot \left(K \cdot \frac{q^n - 1}{i q^n} + \frac{(1+\alpha) N}{q^n} \right)} \quad . \qquad (4.6)$$

Diese Gleichung läßt sich anschaulich interpretieren. In der Klammer sehen wir zwei Terme. Davon ist der erste nichts anderes als der Barwert einer Rente von Zinskupons; der zweite stellt den Barwert des um ein eventuelles Aufgeld vermehrten Nennwerts dar.

Kuponanleihen werden in der Regel an Wertpapierbörsen gehandelt. Je nach Angebot und Nachfrage bilden sich dort täglich die Kurse. Wer solche Papiere kaufen will, zahlt dann allerdings nicht nur den Kurs, sondern muß weitere Belastungen tragen. Der Gesamtpreis für Käufe an deutschen Börsen setzt sich gegenwärtig aus folgenden Positionen zusammen:

- Kurs des Wertpapiers
- Stückzinsen
- Börsenumsatzsteuer (0,1% vom Kurswert)
- Provision (0,5% vom Kurswert)
- Lieferungsgebühr (0,1% vom Kurswert)
- Maklergebühr (0,075% vom Nennwert)

Kauft jemand die Anleihe zwischen zwei Zinsterminen, so wird ihm der Kupon für das gesamte letzte Jahr überlassen. Infolgedessen muß er dem

Verkäufer denjenigen Teil des Zinsbetrages ersetzen, der auf den bereits zurückgelegten Teil des Jahres entfällt. Diesen Betrag nennt man Stückzinsen; er wird nach dem Konzept der einfachen Zinsrechnung ermittelt.

Wer beispielsweise am 27.3.1987 7,25% Deutsche Kommunalschatzanweisungen (Serie 129) zum Kurs von 102,50 DM je 100 DM nominal erwarb, der mußte Stückzinsen für 54 Tage zahlen, weil der Zinstermin am 1. Februar war. Je 100 DM Nennwert beliefen die Stückzinsen sich daher auf

$$7{,}25 \cdot \frac{54}{360} = 1{,}0875 \text{ DM}.$$

Insgesamt ergab sich dadurch für den Käufer eine Belastung von

Kurswert	102,50 DM
Stückzinsen	1,09 DM
Börsenumsatzsteuer	0,10 DM
Provision	0,51 DM
Lieferungsgebühr	0,10 DM
Maklergebühr	0,08 DM
Preis des Käufers	104,38 DM

je 100 DM nominal. Aus der Sicht des Verkäufers sah das Bild etwas anders aus, weil auch dieser Provision, Makler- und Lieferungsgebühr zu zahlen hat und ferner auch zur Börsenumsatzsteuer herangezogen wird. Er erhielt daher

Kurswert	102,50 DM
Stückzinsen	1,09 DM
Börsenumsatzsteuer	−0,10 DM
Provision	−0,51 DM
Lieferungsgebühr	−0,10 DM
Maklergebühr	−0,08 DM
Preis des Verkäufers	102,80 DM

Um bei gegebenem Kurswert nicht unterschiedliche Effektivrenditen für Käufer und Verkäufer zu erhalten, pflegt man die Renditen umlaufender (d.h. an der Börse gehandelter) Papiere so zu berechnen, daß man als Preis die Summe aus Kurswert und Stückzinsen verwendet,

$$P_0 = \text{Kurs} + b \cdot K. \qquad (4.7)$$

Bei gegebenem Preis die Effektivrendite zu berechnen, läuft darauf hinaus, die Nullstelle der Funktion

$$f(i) = -P_0 + q^b \cdot \left(K \cdot \frac{q^n - 1}{i q^n} + \frac{(1+\alpha)N}{q^n} \right) \tag{4.8}$$

zu bestimmen. Soll dies mit Hilfe des Newtonschen Verfahrens erfolgen, braucht man die erste Ableitung der Funktion nach i. Diese ergibt sich zu

$$f'(i) = q^b \cdot \left(\frac{bK}{iq} - \frac{K}{i^2} + \frac{K}{i^2 q^n} + \frac{(n-b)K}{i q^{n+1}} - \frac{(n-b)(1+\alpha)N}{q^{n+1}} \right). \tag{4.9}$$

Mit diesen Instrumenten ausgestattet, können wir die Effektivrendite einer normalen Kuponanleihe ohne weiteres zu berechnen.

Beispiel 81: Alexander kauft am 1.4.00 zum Kurs von 96,35 eine 5,25%-Anleihe mit Zinstermin 1. Dezember, die im Jahre 06 mit einem Aufgeld von 1,5% fällig ist. Wie groß ist die Effektivrendite?

Lösung:

Man beginnt mit der Ermittlung der Restlaufzeit, die hier

$$T = 8 + 12 + 12 + 12 + 12 + 12 + 12 = 80 \text{ Monate} = 6{,}667 \text{ Jahre}$$

beträgt. Insgesamt stehen also noch $n = 7$ Zinszahlungen aus, und die Zeit seit der letzten Zinszahlung am 1. Dezember −01 beträgt $b = 7 - 6{,}6667 = 0{,}333$ Jahre. Zuzüglich der Stückzinsen beläuft sich daher der Preis der Anleihe am 1.4.00 auf

$$P_0 = 96{,}35 + 0{,}333 \cdot 5{,}25 = 98{,}10.$$

Beginnt man das Iterationsverfahren mit einem Startwert in Höhe des Nominalzinses, so ist man, wie *Tabelle 4-3* zeigt, nach zwei Newtonschritten am Ziel. Die Effektivrendite beträgt 6,12%

Tab. 4-3: Iterative Berechnung der Effektivrendite einer Kuponanleihe mit Hilfe des Newtonverfahrens

k	i_k	$f(i_k)$ gem. Gl. (4.8)	$f'(i_k)$ gem. Gl. (4.9)
0	0,05250	4,69	−557,84
1	0,06090	0,13	−526,42
2	0,06115	0,00	

Ist der Marktzins gegeben, so kann man mit Hilfe von Gleichung (4.6) rasch den Preis einer Kuponanleihe berechnen. Dies zeigt das folgende

Beispiel 82: Bettina hat am 1. Mai des Jahres 00 die Möglichkeit, eine 7,375%-Anleihe mit Zinstermin 1. Oktober zu kaufen, die im Jahre 04 ohne Aufgeld fällig ist. Welchen Preis sollte sie für ein Stück im Nennwert von 1000 DM bezahlen, wenn der Marktzins für Anleihen mit dieser Restlaufzeit gegenwärtig mit 6,2% veranschlagt wird? Wie hoch sind die Stückzinsen, und zu welchem Kurs wird diese Anleihe an der Börse in etwa gehandelt?

Lösung:

Wieder beginnt man damit, zunächst die Restlaufzeit zu berechnen. Diese beläuft sich hier auf

$$T = 5 + 12 + 12 + 12 + 12 = 53 \text{ Monate} = 4{,}417 \text{ Jahre.}$$

Die Zahl der noch ausstehenden Zinstermine ist daher $n = 5$, und seit der letzten Kuponzahlung sind $b = 5 - 4{,}417 = 0{,}583$ Jahre verstrichen. Der Preis der Anleihe ergibt sich mit diesen Daten zu

$$P_0 = 1{,}062^{0{,}583} \cdot \left(73{,}75 \cdot \frac{1{,}062^5 - 1}{0{,}062 \cdot 1{,}062^5} + \frac{1000}{1{,}062^5}\right) = 1086{,}70.$$

Die Stückzinsen belaufen sich auf $0{,}5833 \cdot 73{,}75 = 43{,}02$ DM. Zieht man diese von dem eben ermittelten Preis ab, so erhält man einen Kurswert von 1043,68 DM. Die Börsenkurse sind stets auf Stücke im Nennwert von 100 DM normiert. Die Anleihe würde daher etwa zu 104,37 notieren.

4.2.2. Bewertung von Anleihen mit Halbjahreskupon

Häufig werden Anleihen begeben, die mehr als einen Zinstermin je Jahr haben. So erhält beispielsweise der Inhaber einer 8,5%-Obligation mit Zinstermin Februar/August am 1. Februar 4,25 DM und am 1. August 4,25 DM Zinsen je 100 DM Nennwert. Es ist auch denkbar, mit Drittel- oder Vierteljahreskupons zu arbeiten. Wir wollen uns allgemein mit der Bewertung von Anleihen beschäftigen, die pro Jahr $m \geq 2$ Zinstermine besitzen. Um eine zu (4.6) analoge Bewertungsgleichung zu entwickeln, müssen wir uns Klarheit darüber verschaffen, wann die Teil-Kuponzahlungen im einzelnen fällig sind. Zu diesem Zweck legen wir willkürlich fest, daß seit der letzten Kuponzahlung bzw. dem Emissionstag eine Frist von

$$b = n - mT \text{ Subperioden} \quad \text{oder} \quad \frac{b}{m} = \frac{n - mT}{m} \text{ Jahren} \tag{4.10}$$

vergangen ist. Mit dieser Konvention ist die

1-te Teilzahlung $\frac{1-b+0}{m}$ Jahre

2-te Teilzahlung $\frac{1-b+1}{m}$ Jahre

3-te Teilzahlung $\frac{1-b+2}{m}$ Jahre

⋮

n-te Teilzahlung $\frac{1-b+n-1}{m}$ Jahre

abzuzinsen. Aus diesem Grunde lautet die Bewertungsgleichung zunächst

$$P_0 = \sum_{t=1}^{n} \frac{K}{m} \cdot (1+i)^{\frac{b-t}{m}} + (1+\alpha)\, N (1+i)^{\frac{b-n}{m}}.$$

Um Schreibarbeit zu sparen, führen wir den unterjährigen Zinssatz j mit

$$j = (1+i)^{1/m} - 1$$

ein. Dies erlaubt uns die bequeme Darstellung

$$P_0 = \sum_{t=1}^{n} \frac{K}{m} \cdot (1+j)^{b-t} + (1+\alpha)\, N (1+j)^{b-n},$$

was sich durch Ausklammern von $(1+j)^b$ und unter Benutzung des Rentenbarwertfaktors schließlich zu

$$\boxed{P_0 = (1+j)^b \cdot \left(\frac{K}{m} \cdot \frac{(1+j)^n - 1}{j(1+j)^n} + \frac{(1+\alpha)N}{(1+j)^n} \right)} \tag{4.11}$$

vereinfachen läßt.

Beispiel 83: Carsten kann am 1.1.00 eine 6,5%-Anleihe mit Halbjahreskupon 1. Mai/1. November kaufen, die am 1.11.03 ohne Aufgeld fällig ist. Der Marktzinssatz für Kapitalanlagen mit etwa vierjähriger Laufzeit wird mit 5,25% veranschlagt. Welchen Preis hat dann die Anleihe je 100 DM nominal?

Lösung:

Die Restlaufzeit beträgt

$$T = 12 + 12 + 12 + 10 = 46 \text{ Monate} = 3{,}833 \text{ Jahre}$$

Die Anzahl der noch ausstehenden Zinszahlungen entspricht bei halbjährlichem Kupon der kleinsten ganzen Zahl, für die gilt

$$n \geq 2 \cdot 3{,}833 = 7{,}667, \quad \text{also}$$
$$n = 8,$$

und die seit der letzten Zinszahlung bzw. dem Emissionstag vergangene Zeit beläuft sich auf

$$b = 8 - 7{,}667 = 0{,}333 \text{ Halbjahre.}$$

Bei einem Jahreszinssatz von $i = 5{,}25\%$ ist mit einem unterjährlichen Satz von

$$j = 1{,}0525^{1/2} - 1 = 2{,}59\%$$

zu rechnen. Infolgedessen beläuft sich der Preis der Anleihe je 100 DM nominal auf

$$P_0 = 1{,}0259^{0{,}333} \cdot \left(3{,}25 \cdot \frac{1{,}0259^8 - 1}{0{,}0259 \cdot 1{,}0259^8} + \frac{100}{1{,}0259^8}\right)$$
$$= 105{,}60.$$

Wenn man die Effektivrendite einer Anleihe mit mehreren Zinsterminen je Jahr zu ermitteln wünscht, so kommt es darauf an, die Nullstelle der Funktion

$$f(j) = -P_0 + (1+j)^b \cdot \left(\frac{K}{m} \cdot \frac{(1+j)^n - 1}{j(1+j)^n} + \frac{(1+\alpha)N}{(1+j)^n}\right) \tag{4.12}$$

zu berechnen. Diese Funktion hat analog zu (4.9) die erste Ableitung:

$$f'(j)=(1+j)^b\cdot\left(\frac{bK}{mj(1+j)}-\frac{K}{mj^2}+\frac{K}{mj^2(1+j)^n}+\frac{(n-b)K}{mj(1+j)^{n+1}}-\frac{(n-b)(1+\alpha)N}{(1+j)^{n+1}}\right). \tag{4.13}$$

Hat man den unterjährlichen Zinssatz j, der die Funktion (4.12) null werden läßt, mit genügender Genauigkeit bestimmt, so ist er mit Hilfe von

$$i=(1+j)^m-1 \tag{4.14}$$

in die effektive Jahresrendite umzurechnen.

Beispiel 84: Dorothea kauft am 1.1.00 eine 6,5%-Anleihe mit Halbjahreskupon 1. Mai/1. November, die am 1.11.03 ohne Agio fällig ist und bezahlt dafür einen Preis in Höhe von 103,50 DM. Wie hoch ist unter diesen Umständen die Effektivrendite?

Lösung:

Ebenso wie im vorangegangenen Beispiel 83 lauten die relevanten Parameter: $m=2$, $K=6{,}5$, $\alpha=0$, $N=100$, $n=8$ und $b=0{,}333$. Beläuft sich der Preis auf $P_0=103{,}50$ und verwendet man im Rahmen des Newtonverfahrens als ersten (unterjährlichen) Versuchszinssatz die Hälfte des Nominalzinssatzes, so erhält man nach zwei Iterationsschritten die Lösung $j=0{,}02893$ (vgl. *Tabelle 4-4*).

Tab. 4-4: Iterative Berechnung der Effektivrendite einer Anleihe mit Halbjahreskupon mit Hilfe des Newtonverfahrens

k	j_k	$f(j_k)$ gem. Gl. (4.12)	$f'(j_k)$ gem. Gl. (4.13)
0	0,03250	−2,43	−669,43
1	0,02887	0,04	−689,41
2	0,02893	0,00	

Dies entspricht einer effektiven Jahresrendite von

$$1{,}02893^2-1=5{,}87\%.$$

4.3. Bewertung von Annuitätenschulden

Annuitätenschuldverhältnissen sind dadurch gekennzeichnet, daß dem Gläubiger am Ende eines jeden Jahres der Laufzeit Zahlungen in gleichbleibender Höhe zustehen. Benutzt man die Symbole

A := Annuität
i_{nom} := Nominalzinssatz der Schuld
d := Gesamtlaufzeit der Schuld
N := Nennwert der Schuld

so ergibt sich die jährlich vom Schuldner zu leistende Zahlung aus

$$A = \frac{i_{nom} \cdot (1 + i_{nom})^d}{(1 + i_{nom})^d - 1} \cdot N. \tag{4.15}$$

Setzt man das in die allgemeine Bewertungsgleichung (4.5) ein, so berechnet man den Kurs einer Annuitätenschuld bei bekanntem Marktzinssatz i aus

$$P_0 = q^b \sum_{t=1}^{n} A \cdot q^{-t}$$

oder bei Verwendung des Rentenbarwertfaktors

$$\boxed{P_0 = q^b \cdot A \cdot \frac{q^n - 1}{i q^n}}. \tag{4.16}$$

Beispiel 85: Edgar hat am 1.1.00 Kredit in Höhe von 100000 DM gewährt, der mit 7% zu verzinsen und innerhalb von 7 Jahren annuitätisch zu tilgen ist. Er will seine Ansprüche an den Schuldner am 1.4.04 verkaufen, weil er selbst Liquiditätsprobleme hat. Welchen Preis kann er für die ihm noch zustehenden Zahlungen verlangen, wenn der Marktzinssatz inzwischen auf 9% gestiegen ist?

Lösung:

Man beginnt mit der Berechnung der dem Gläubiger zustehenden Annuitäten,

$$A = \frac{0{,}07 \cdot 1{,}07^7}{1{,}07^7 - 1} \cdot 100000 = 18\,555{,}32.$$

Sodann ermittelt man die Restlaufzeit

$T = 9 + 12 + 12 + 12 = 45$ Monate $= 3{,}75$ Jahre.

Danach beträgt die Anzahl der noch ausstehenden Annuitäten

$n = 4,$

und seit der letzten Zahlung sind

$b = 4 - 3{,}75 = 0{,}25$ Jahre

vergangen. Infolgedessen liegt der Preis für die restlichen Ansprüche bei

$$P_0 = 1{,}09^{0{,}25} \cdot 18\,555{,}32 \cdot \frac{1{,}09^4 - 1}{0{,}09 \cdot 1{,}09^4} = 61\,423{,}22 \text{ DM.}$$

Soll die Effektivrendite einer Annuitätenschuld bei gegebenem Preis berechnet werden, so muß die Nullstelle der Funktion

$$f(i) = -P_0 + q^b \cdot A \cdot \frac{q^n - 1}{iq^n} \tag{4.17}$$

gefunden werden. Wer sich dabei des Newtonschen Verfahrens bedienen will, braucht die erste Ableitung der Funktion nach i

$$f'(i) = q^b \cdot \left(\frac{bA}{iq} - \frac{A}{i^2} + \frac{A}{i^2 q^n} + \frac{(n-b)A}{iq^{n+1}} \right). \tag{4.18}$$

Beispiel 86: Friederike erwirbt am 1.4.04 die Ansprüche eines Gläubigers, der am 1.1.00 Kredit über 100000 DM gewährt hatte, zum Preise von 60000 DM. Mit dem Schuldner war eine Gesamtlaufzeit von 7 Jahren, ein Nominalzins von 8% und annuitätische Tilgung verabredet worden. Wie hoch ist die Effektivrendite?

Lösung:

Die Annuität beträgt

$$A = \frac{0{,}08 \cdot 1{,}08^7}{1{,}08^7 - 1} \cdot 100\,000 = 19\,207{,}24.$$

Bezüglich der Restlaufzeit, der Zahl der noch ausstehenden Annuitäten und der seit der letzten Zahlung vergangenen Frist ergeben sich die gleichen Werte wie im vorangegangenen Beispiel, $T=3{,}75$, $n=4$ und $b=0{,}25$. Verwendet man diese Parameter und benutzt man den Nominalzins im Rahmen des Newtonverfahrens als erste Abschätzung der Effektivrendite, so erhält man nach drei Iterationen eine Lösung von $i=12{,}01\%$ (vgl. *Tabelle 4-5*).

Tab. 4-5: Iterative Berechnung der Effektivrendite einer Annuitätenschuld

k	i_k	$f(i_k)$ gem. Gl. (4.17)	$f'(i_k)$ gem. Gl. (4.18)
0	0,08000	4852,67	−129342,63
1	0,11752	297,24	−113934,11
2	0,12013	1,28	−112956,33
3	0,12014	0,00	

4.4. Bewertung von Ratenschulden

Im Falle einer Ratenschuld wird zwischen Gläubiger und Schuldner vereinbart, daß die ursprüngliche Schuld in gleichbleibenden Raten zu tilgen ist. Weil auf diese Weise die Restschuldbeträge von Jahr zu Jahr linear abnehmen, verringern sich auch die Zinsbeträge entsprechend.

Benutzt man als spezielle Symbole

A_τ := Annuität am Ende des τ-ten Jahres der Gesamtlaufzeit
i_{nom} := Nominalzins der Ratenschuld
d := Gesamtlaufzeit der Ratenschuld
N := ursprünglicher Nennbetrag der Ratenschuld

so wissen wir aus der Tilgungsrechnung, daß der Gläubiger am Ende des τ-ten Jahres der *Gesamt*laufzeit Anspruch auf Zahlungen in Höhe von

$$A_\tau=\left(i_{nom}\left(1-\frac{\tau-1}{d}\right)+\frac{1}{d}\right)\cdot N$$

besitzt.[13] Um eine Bewertungsgleichung für Ratenschulden zu erhalten, müssen wir aber wissen, welche Zahlungen am Ende des t-ten Jahres der

[13] Vgl. oben Gleichung (3.10).

*Rest*laufzeit anfallen. Mißt T wieder die Restlaufzeit in Jahren und repräsentiert b die seit der letzten Zahlung vergangene Frist, dann erfolgt die

1-te Zahlung von $\left(i_{nom}\cdot\frac{n+1-1}{d}+\frac{1}{d}\right)\cdot N$ nach $1-b+0$ Jahren

2-te Zahlung von $\left(i_{nom}\cdot\frac{n+1-2}{d}+\frac{1}{d}\right)\cdot N$ nach $1-b+1$ Jahren

3-te Zahlung von $\left(i_{nom}\cdot\frac{n+1-3}{d}+\frac{1}{d}\right)\cdot N$ nach $1-b+2$ Jahren

⋮

n-te Zahlung von $\left(i_{nom}\cdot\frac{n+1-n}{d}+\frac{1}{d}\right)\cdot N$ nach $1-b+n-1$ Jahren

Setzt man das in die grundlegende Bewertungsgleichung (4.5) ein, so entsteht zunächst

$$P_0=q^b\cdot\left(\sum_{t=1}^{n}\left(i_{nom}\cdot\frac{n+1-t}{d}+\frac{1}{d}\right)\cdot N\cdot q^{-t}\right),$$

was sich ohne Verwendung des Summenzeichens in der bequemeren Form

$$P_0=\frac{N}{d}\cdot\frac{q^{b-n}}{i}\cdot\left[\left(i_{nom}\,n-\frac{i_{nom}}{i}+1\right)(q^n-1)+i_{nom}\,n\right] \tag{4.19}$$

darstellen läßt.

Beispiel 87: Georg hat am 1.4.00 Kredit in Höhe von 200000 DM zu 7,5% Zins aufgenommen und mit dem Gläubiger Ratentilgung über 6 Jahre vereinbart. Am 1.8.02 will er sich von seinen restlichen Zahlungsverpflichtungen befreien, indem er an seinen Gläubiger eine einmalige Zahlung leistet. Wie hoch muß diese Zahlung sein, wenn der Marktzins mittlerweile auf 5% gefallen ist?

Lösung:

Die Restlaufzeit beträgt

$T=5+12+12+12=41$ Monate $=3{,}417$ Jahre.

Das bedeutet, daß insgesamt noch $n = 4$ Raten offen sind und seit der letzten Rate $b = 4 - 3{,}417 = 0{,}583$ Jahre verstrichen sind. Der Preis für alle noch offenen Ansprüche beträgt mit diesen Daten

$$P_0 = \frac{200000}{6} \cdot \frac{1{,}05^{0{,}583-4}}{0{,}05} \cdot \left[\left(0{,}075 \cdot 4 - \frac{0{,}075}{0{,}05} + 1\right)(1{,}05^4 - 1) + 0{,}075 \cdot 4\right]$$
$$= 144966{,}25 \text{ DM.}$$

Wer die Effektivrendite einer Ratenschuld mit Hilfe des Newtonverfahrens berechnen will, der muß die Nullstelle der Funktion

$$f(i) = -P_0 + \frac{N}{d} \cdot \frac{q^{b-n}}{i} \cdot \left[\left(i_{nom}\, n - \frac{i_{nom}}{i} + 1\right)(q^n - 1) + i_{nom}\, n\right] \tag{4.20}$$

bestimmen und diese Funktion einmal nach i differenzieren. Um sich die Mühe des im vorliegenden Falle etwas langwierigen Differenzierens zu sparen, kann man auch mit dem vereinfachten Newtonverfahren arbeiten.[14] Hierbei wird die erste Ableitung der Funktion durch

$$f'(i) \approx \frac{f(i + \Delta i) - f(i)}{\Delta i} \tag{4.21}$$

approximiert, wobei Δi möglichst klein (beispielsweise $\Delta i = 0{,}00001$) gewählt werden sollte.

Beispiel 88: Hanna hat am 1.7.02 zum Preis von 380000 DM die Ansprüche aus einer Ratenschuld gekauft, die am 1.1.00 durch Gewährung eines Kredits in Höhe von 400000 DM entstanden war. Zwischen den Vertragsparteien war ein Zinssatz von 8,25% auf eine Laufzeit von 10 Jahren vereinbart worden. Wie hoch ist die Effektivrendite?

Lösung:

Die Restlaufzeit beträgt $T = 8{,}5$ Jahre. Infolgedessen erhält der Erwerber der Forderungen noch $n = 9$ Zahlungen, und die Zeit seit der letzten Zahlung liegt $b = 0{,}5$ Jahre zurück. Verwendet man im Rahmen des vereinfachten Newtonverfahrens den Nominalzinssatz als erste Abschätzung der gesuchten Effektivrendite, so ist man bei $\Delta i = 0{,}00001$ nach drei Iterationsschritten am Ziel und erhält $i = 7{,}82\%$ (vgl. *Tabelle 4-6*).

[14] Vgl. dazu Anhang 2.

Tab. 4-6: Iterative Berechnung der Effektivrendite einer Ratenschuld mit Hilfe des vereinfachten Newtonverfahrens

k	i_k	$f(i_k)$ gem. Gl. (4.20)	$f'(i_k)$ gem. Gl. (4.21)
0	0,08250	−5444,26	−1247943
1	0,07814	71,55	−1280180
2	0,07819	−0,01	−1279760
3	0,07819	0,00	

4.5. BASIC-Programme zur Kurs- und Renditerechnung

```
10 ' PROGRAMM ZUR BERECHNUNG VON KURS UND RENDITE
20 ' EINER ZINSSCHULD (KUPONANLEIHE)
30 '
40 CLS : GOSUB 540 : PRINT
50 PRINT TAB(47) ">>> ZINSSCHULD (KUPONANLEIHE) <<<" : PRINT : GOSUB 540 : PRINT
60 PRINT "Sie können folgende Größen berechnen:" : PRINT
70 PRINT "1.         Kurs einer Zinsschuld"
80 PRINT "2.         Rendite einer Zinsschuld" : PRINT
90 PRINT "Ihre Wahl          =>";
100 K$=INPUT$(1) : K=VAL(K$)
110 IF K=1 THEN PRINT TAB(25) "Kurs" : GOTO 140
120 IF K=2 THEN PRINT TAB(25) "Rendite" : GOTO 140
130 GOTO 100
140 PRINT : GOSUB 540 : PRINT
150 INPUT "Nomineller Zinssatz in %               ", PNOM : INOM=PNOM/100
160 INPUT "Zahl der Kupons je Jahr                ", M
170 INPUT "Aufgeld in % des Nennwerts             ", AGIO : AGIO=AGIO/100
180 INPUT "Restlaufzeit in Jahren                 ", RZEIT
190 NT=INT(M*RZEIT+.999)
200 A=NT-M*RZEIT
210 IF A<1 THEN 230
220 A=0 : NT=NT-1
230 IF K=2 THEN 340
240 INPUT "Zinssatz in %                          ", P
250 Q=(1+P/100)^(1/M) : I=Q-1
260 PREIS=100*Q^A*(INOM/M*(Q^NT-1)/I/Q^NT+(1+AGIO)/Q^NT)
270 SZINS=A*100*INOM/M
280 PRINT : GOSUB 540 : PRINT
290 PRINT "Preis       je 100 DM nominal   "; USING "####.##"; PREIS
300 PRINT "Stückzinsen je 100 DM nominal   "; USING "####.##"; SZINS
310 PRINT "Kurs        je 100 DM nominal   "; USING "####.##"; PREIS-SZINS
320 PRINT : GOSUB 540 : PRINT
330 GOTO 500
340 INPUT "Kurs je 100 DM nominal                 ", KURS
350 PREIS=KURS+A*100*INOM/M
360 I=INOM/M
370 Q=1+I : QA=Q^A : QN=Q^NT : QNP=Q^(NT+1) : RBFN=(QN-1)/I/QN
380 F1=-PREIS+QA*100*(INOM/M*RBFN+(1+AGIO)/QN)
390 F2=100*QA*(INOM/M*(A/I/Q-1/I/I+1/I/I/QN+(NT-A)/I/QNP)-(NT-A)*(1+AGIO)/QNP)
400 I=I-F1/F2
410 IF ABS(F1/F2)>.00001 THEN 370
420 I=(1+I)^M-1
430 PRINT : GOSUB 540 : PRINT
440 PRINT "Kurs        je 100 DM nominal   "; USING "####.##"; KURS
450 PRINT "Stückzinsen je 100 DM nominal   "; USING "####.##"; PREIS-KURS
460 PRINT "Preis       je 100 DM nominal   "; USING "####.##"; PREIS : PRINT
470 PRINT "Effektivrendite                 "; USING "####.###"; I*100;
480 PRINT " %"
```

```
490 PRINT : GOSUB 540 : PRINT
500 PRINT "noch einmal?  ( j / n )";
510 A$=INPUT$(1)
520 IF A$ = "j" OR A$ = "n" THEN 530 ELSE 510
530 IF A$="j" THEN 40 ELSE END
540 PRINT "-------------------------------------------------------------------------
--------"
550 RETURN
560 END
```

```
10 ' PROGRAMM ZUR BERECHNUNG VON KURS UND RENDITE
20 ' EINER ANNUITÄTENSCHULD
30 '
40 CLS : GOSUB 470 : PRINT
50 PRINT TAB(56) ">>> ANNUITÄTENSCHULD <<<" : PRINT : GOSUB 470 : PRINT
60 PRINT "Sie können folgende Größen berechnen:" : PRINT
70 PRINT "1.        Kurs einer Annuitätenschuld"
80 PRINT "2.        Rendite einer Annuitätenschuld" : PRINT
90 PRINT "Ihre Wahl        =>";
100 K$=INPUT$(1) : K=VAL(K$)
110 IF K=1 THEN PRINT TAB(25) "Kurs" : GOTO 140
120 IF K=2 THEN PRINT TAB(25) "Rendite" : GOTO 140
130 GOTO 100
140 PRINT : GOSUB 470 : PRINT
150 INPUT "Nomineller Zinssatz in %             ", PNOM : INOM=PNOM/100
160 INPUT "Gesamtlaufzeit in Jahren             ", LZEIT
170 ANNU=INOM*(1+INOM)^LZEIT/((1+INOM)^LZEIT-1)
180 INPUT "Restlaufzeit in Jahren               ", RZEIT
190 IF RZEIT<=LZEIT THEN 220 ELSE 200
200 PRINT "Restlaufzeit kann nicht größer als Gesamtlaufzeit sein !"
210 GOTO 180
220 NT=INT(RZEIT+.999)
230 A=NT-RZEIT
240 IF K=2 THEN 320
250 INPUT "Zinssatz in %                        ", P : I=P/100
260 Q=1+I
270 PREIS=100*Q^A*(ANNU*(Q^NT-1)/I/Q^NT)
280 PRINT : GOSUB 470 : PRINT
290 PRINT "Kurs je 100 DM nominal           "; USING "####.##"; PREIS
300 PRINT : GOSUB 470 : PRINT
310 GOTO 430
320 INPUT "Kurs je 100 DM nominal               ", PREIS
330 I=.1
340 Q=1+I : QA=Q^A : QN=Q^NT : QNP=Q^(NT+1) : RBFN=(QN-1)/I/QN
350 F1=-PREIS+QA*100*(ANNU*RBFN)
360 F2=100*QA*(ANNU*(A/I/Q-1/I/I+1/I/I/QN+(NT-A)/I/QNP))
370 I=I-F1/F2
380 IF ABS(F1/F2)>.00001 THEN 340
390 PRINT : GOSUB 470 : PRINT
400 PRINT "Effektivrendite                  "; USING "####.###"; I*100;
410 PRINT " %"
420 PRINT : GOSUB 470 : PRINT
430 PRINT "noch einmal?  ( j / n )";
440 A$=INPUT$(1)
450 IF A$ = "j" OR A$ = "n" THEN 460 ELSE 440
460 IF A$="j" THEN 40 ELSE END
470 PRINT "-------------------------------------------------------------------------
--------"
480 RETURN
490 END
```

```
10 ' PROGRAMM ZUR BERECHNUNG VON KURS UND RENDITE
20 ' EINER RATENSCHULD
30 '
40 CLS : GOSUB 480 : PRINT
50 PRINT TAB(61) ">>> RATENSCHULD <<<" : PRINT : GOSUB 480 : PRINT
60 PRINT "Sie können folgende Größen berechnen:" : PRINT
70 PRINT "1.        Kurs einer Ratenschuld"
```

```
80 PRINT "2.        Rendite einer Ratenschuld" : PRINT
90 PRINT "Ihre Wahl         =>";
100 K$=INPUT$(1) : K=VAL(K$)
110 IF K=1 THEN PRINT TAB(25) "Kurs" : GOTO 140
120 IF K=2 THEN PRINT TAB(25) "Rendite" : GOTO 140
130 GOTO 100
140 PRINT : GOSUB 480 : PRINT
150 INPUT "Nomineller Zinssatz in %            ", PNOM : INOM=PNOM/100
160 INPUT "Gesamtlaufzeit in Jahren            ", LZEIT
170 INPUT "Restlaufzeit in Jahren              ", RZEIT
180 IF RZEIT<=LZEIT THEN 210 ELSE 190
190 PRINT "Restlaufzeit kann nicht größer als Gesamtlaufzeit sein !"
200 GOTO 170
210 NT=INT(RZEIT+.999)
220 A=NT-RZEIT
230 IF K=2 THEN 310
240 INPUT "Zinssatz in %                       ", P : I=P/100
250 Q=1+I : QA=Q^A : QN=Q^NT
260 PREIS=100/LZEIT*QA/I/QN*((INOM*NT-INOM/I+1)*(QN-1)+INOM*NT)
270 PRINT : GOSUB 480 : PRINT
280 PRINT "Kurs je 100 DM nominal          "; USING "####.##"; PREIS
290 PRINT : GOSUB 480 : PRINT
300 GOTO 440
310 INPUT "Kurs je 100 DM nominal              ", PREIS
320 I=.1 : DELTA=.01
330 Q=1+I : QA=Q^A : QN=Q^NT
340 F1=-PREIS+100/LZEIT*QA/I/QN*((INOM*NT-INOM/I+1)*(QN-1)+INOM*NT)
350 I=I+DELTA
360 Q=1+I : QA=Q^A : QN=Q^NT
370 F2=(-PREIS+100/LZEIT*QA/I/QN*((INOM*NT-INOM/I+1)*(QN-1)+INOM*NT)-F1)/DELTA
380 I=I-DELTA-F1/F2
390 IF ABS(F1/F2)>.00001 THEN 330
400 PRINT : GOSUB 480 : PRINT
410 PRINT "Effektivrendite                 "; USING "####.###"; I*100;
420 PRINT " %"
430 PRINT : GOSUB 480 : PRINT
440 PRINT "noch einmal?  ( j / n )";
450 A$=INPUT$(1)
460 IF A$ = "j" OR A$ = "n" THEN 470 ELSE 450
470 IF A$="j" THEN 40 ELSE END
480 PRINT "-----------------------------------------------------------------------
--------"
490 RETURN
500 END
```

Anhang 1

Arithmetische und geometrische Reihen

Unter einer arithmetischen Reihe versteht man eine Summe von Zahlen a_t, für die gilt, daß die Differenz d zwischen je zwei benachbarten Zahlen konstant ist. Die Reihe läßt sich dieser Definition gemäß in der Form

$$\begin{aligned} S &= a+(a+d)+(a+2d)+ \ldots +(a+(n-1)d) \\ &= \sum_{t=1}^{n} a_t \\ &\quad \text{mit } a_t := a+(t-1)d \end{aligned} \tag{A 1.1}$$

schreiben.

Um den Wert der Summe bequem ausrechnen zu können, setzt man zunächst die Definitionsgleichung ein und formt anschließend so um, daß

$$\begin{aligned} S &= \sum_{t=1}^{n} (a+(t-1)d) \\ &= \sum_{t=1}^{n} a + \sum_{t=1}^{n} (t-1)d \\ &= a \sum_{t=1}^{n} 1 + d \sum_{t=1}^{n} (t-1) \\ &= an + dX \end{aligned} \tag{A 1.2}$$

entsteht. Konzentrieren wir uns auf den Term

$$X = \sum_{t=1}^{n} (t-1) = 0+1+2+ \ldots +(n-3)+(n-2)+(n-1). \tag{A 1.3}$$

Dies ist eine arithmetische Reihe entsprechend Gleichung (A 1.1) mit der Besonderheit daß $a=0$ und $d=1$ ist. Wenn man in der Finanzmathematik Probleme behandelt, in denen arithmetische Reihen auftreten, so hat man es regelmäßig mit genau dieser Spezialisierung zu tun.

Das wohl bekannteste Beispiel für eine Anwendung von Gleichung (A 1.3) besteht in der Aufgabe, die Summe aller Zahlen von 1 bis 100 zu berechnen. Es wird erzählt, daß *Gauß*[15] als zehnjähriger Schuljunge seinen Lehrer verblüffte, weil er die Lösung nach wenigen Sekunden gefunden hatte. Er hatte nämlich sofort erkannt, daß man sich der leicht auszuwertenden Formel (A 1.4) bedienen kann. Zu dieser Gleichung kommt man, indem man die durch (A 1.3) gegebene Reihe zweimal untereinander schreibt, einmal in aufsteigender und einmal in absteigender Reihenfolge.

$$\begin{aligned} X &= 0 + 1 + 2 + \ldots + (n-3) + (n-2) + (n-1) \\ X &= (n-1) + (n-2) + (n-3) + \ldots + 2 + 1 + 0 \end{aligned}$$

Addiert man beide Gleichungen, so entsteht

$$\begin{aligned} 2X &= (n-1) + (n-1) + (n-1) + \ldots + (n-1) + (n-1) + (n-1) \\ &= n \cdot (n-1) \end{aligned}$$

und daraus einfach

$$X = \frac{n \cdot (n-1)}{2}. \qquad \text{(A 1.4)}$$

Der Schüler *Gauß* brauchte also lediglich

$$\frac{101 \cdot 100}{2} = 5050$$

zu rechnen, während seine Kameraden sich damit abplagten, fortgesetzt zu addieren. Setzt man (A 1.4) in Gleichung (A 1.2) ein, so erhält man mit

$$\boxed{S = n\left(a + \frac{n-1}{2}d\right)} \qquad \text{(A 1.5)}$$

eine leicht zu handhabende Formel für den Wert der Summe einer arithmetischen Reihe, die nicht auf den speziellen Fall $a=0$ und $d=1$ eingeschränkt ist.

Soll beispielsweise die Summe aller geraden Zahlen von 50 bis einschließlich 100 berechnet werden, so ist $a=50$, $d=2$ und $n=26$, und das gesuchte Resultat beläuft sich auf

$$S = 26 \cdot (50 + \tfrac{25}{2} \cdot 2) = 1950.$$

---

[15] *Carl Friedrich Gauß* (1777–1855), deutscher Mathematiker.

Von einer geometrischen Reihe spricht man dann, wenn sich eine Summe von Zahlen a_t dadurch auszeichnet, daß der Quotient aus zwei benachbarten Summanden jeweils konstant ist. Dieser Definition folgend läßt sich ihre Summe in der allgemeinen Schreibweise

$$\begin{aligned} S &= a + aq + aq^2 + aq^3 + \dots + aq^{n-1} \\ &= \sum_{t=1}^{n} a_t \\ &\quad \text{mit } a_t := aq^{t-1} \end{aligned} \tag{A 1.6}$$

darstellen.

Will man den Wert einer solchen Summe berechnen, so empfiehlt sich eine bequemere Formel. Um diese zu gewinnen, setzt man die Definitionsgleichung ein und formt zu

$$\begin{aligned} S &= \sum_{t=1}^{n} aq^{t-1} \\ &= a \sum_{t=1}^{n} q^{t-1} \\ &= aX \end{aligned} \tag{A 1.7}$$

um. Für den Term X gilt

$$\begin{aligned} X &= q^0 + q^1 + q^2 + \dots + q^{n-1} \\ &= 1 + q^1 + q^2 + \dots + q^{n-1}. \end{aligned}$$

Multiplizieren mit q führt zu

$$qX = q^1 + q^2 + q^3 + \dots + q^n.$$

Zieht man davon die vorige Gleichung ab, so entsteht

$$\begin{aligned} qX - X &= q^n - 1 \\ X(q-1) &= q^n - 1 \end{aligned}$$

und nach Division durch $q-1$

$$X = \frac{q^n - 1}{q - 1}.$$

Einsetzen in Gleichung (A 1.7) ergibt schließlich

$$\boxed{S = a \cdot \frac{q^n - 1}{q - 1}} . \tag{A 1.8}$$

Hiermit kann man den Wert der Summe einer geometrischen Reihe einfach und schnell berechnen.

Soll etwa die Summe einer Folge von 20 Zahlen ermittelt werden, die mit 50 beginnt und jeweils um 10% zunimmt, so ist $a = 50$, $q = 1{,}1$ und $n = 20$, und das Ergebnis lautet

$$S = 50 \cdot \frac{1{,}1^{20} - 1}{1{,}1 - 1} = 2863{,}75.$$

Anhang 2

Nullstellenbestimmung von Funktionen

In der Finanzmathematik geht es verhältnismäßig häufig um Fragestellungen, die darauf hinauslaufen, die Nullstelle einer Funktion zu berechnen. Ein typisches Beispiel für eine solche Aufgabenstellung ist etwa die Ermittlung des Zinssatzes, der im Rahmen einer nachschüssigen Rente vereinbart werden muß, wenn der Rentenzahler einen bestimmten Rentenendwert erreichen will. Die Definitionsgleichung für den Rentenendwert lautet

$$R_n = r\frac{(1+i)^n - 1}{i}$$

und hat die Eigenschaft, daß sie sich nicht allgemein nach i auflösen läßt. Wenn aber nun R_n, r und n gegeben sind, so ist die Berechnung von i gleichbedeutend mit der Bestimmung der Nullstelle der Funktion

$$f(i) = -R_n + r\frac{(1+i)^n - 1}{i},$$

denn subtrahiert man den Rentenendwert R_n auf beiden Seiten der ersten Gleichung, so sieht man sofort, daß i derjenige Zinssatz ist, der vorstehende Funktion genau den Wert null annehmen läßt.

Im folgenden werden wir vier Verfahren darstellen, die sich zur Lösung derartiger Aufgaben eignen. Allgemein ist das Problem

$$f(x) = 0$$

zu lösen, wobei f(x) eine Funktion ist, die in eindeutiger Weise von ihrem Argument x abhängt. Alle im folgenden beschriebenen Methoden der Nullstellenbestimmung sind sogenannte Iterationsverfahren, die den Wert von x, der die Funktion gerade null werden läßt, von einem (oder zwei) Startwert(en) ausgehend schrittweise verbessert, bis ein genügender Grad der Genauigkeit erreicht ist. Dies ist etwa bei Berechnungen des Zinssatzes dann der Fall, wenn man den Zinssatz bis auf zwei Stellen nach dem Komma genau ermittelt hat.

Allerdings werden wir uns auf solche Methoden beschränken, von denen wir sagen können, daß sie im Zusammenhang mit finanzmathematischen Fragestellungen besonders zweckmäßig sind. Wir haben es hier nämlich regelmäßig mit Funktionen zu tun, die – was die Nullstellenbestimmung betrifft – sehr angenehme Eigenschaften haben:

(1) Die Funktionen sind immer stetig und monoton fallend oder wachsend.
(2) Es läßt sich immer ein genügend großes (kleines) x finden, so daß f(x) negativ ist; und es existiert stets auch ein genügend kleines (großes) x, so daß f(x) positiv ist.
(3) Meistens sind die Funktionen differenzierbar.

Die beiden zuerst genannten Eigenschaften haben zur Folge, daß die uns interessierenden Funktionen stets eine und nur eine Nullstelle aufweisen.

Für Illustrationszwecke werden wir ein sehr einfaches einheitliches Zahlenbeispiel benutzen; und zwar soll es darum gehen, die (positive) Nullstelle der Funktion

$$f(x)=x^4-50000$$

zu berechnen. Diese kann man leicht auch direkt ermitteln und erhält

$$x=\sqrt[4]{50000}=14{,}9535.$$

1. Intervallhalbierung

Ein sehr robustes und zugleich voraussetzungsarmes Verfahren der Nullstellenbestimmung ist die Intervallhalbierung. *Abbildung A-1* zeigt die Vorgehensweise. Man beginnt mit der Suche eines Intervalls, in dem die Nullstelle liegt, indem man einen Startwert $x_{u,k}$, für den f(x) negativ ist, und einen Startwert $x_{o,k}$ vorgibt, für den f(x) positiv ist.

Durch Halbieren des Intervalls und Beantwortung der Frage, in welchem der beiden Teilintervalle die Nullstelle liegt, wird die Lage der Nullstelle genauer erkannt. Man setzt also $k=0$ und wählt $x_{u,k}$ und $x_{o,k}$ so, daß $f(x_{u,k})<0$ und $f(x_{o,k})>0$. ist. Sodann berechnet man

$$x_{k+1}=\frac{x_{u,k}+x_{o,k}}{2} \tag{A 2.1}$$

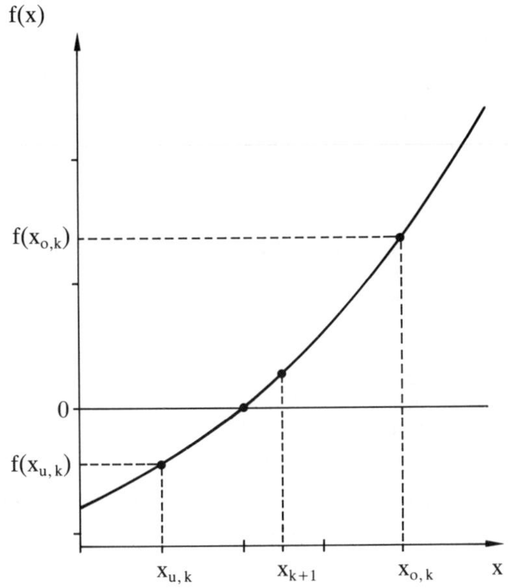

Abb. A-1: Ermittlung einer Nullstelle mittels Intervallhalbierung

und setzt

$$x_{u,k+1} = \begin{cases} x_{u,k} & \text{wenn } f(x_{k+1}) > 0 \\ x_{k+1} & \text{sonst} \end{cases}$$

$$x_{o,k+1} = \begin{cases} x_{o,k} & \text{wenn } f(x_{k+1}) < 0 \\ x_{k+1} & \text{sonst} \end{cases}$$

Das Verfahren wird so lange fortgesetzt, bis das Intervall, in dem die Nullstelle liegt, genügend klein ist. Wir wenden diesen Ansatz auf unser Beispiel $f(x) = x^4 - 50000$ an und benutzen als Startwerte $x_{u,0} = 10$ sowie $x_{o,0} = 20$. Führt man die Berechnungen so lange fort, bis der Funktionswert f(x) erstmals kleiner als 1 ist, so braucht man 15 Iterationen.

2. Sekantenverfahren (Regula falsi)

Ebenso wie beim Verfahren der Intervallhalbierung benötigt man auch hier zwei Ausgangswerte $x_{u,k}$ und $x_{o,k}$, deren Funktionswerte f(x) ver-

Tab. A-1: Nullstellenbestimmung mit Hilfe der Intervallhalbierung

k	$x_{u,k}$	$x_{o,k}$	$f(x_{u,k})$	$f(x_{o,k})$	x_{k+1}	$f(x_{k+1})$
0	10,0000	20,0000	−40000	110000	15,0000	625
1	10,0000	15,0000	−40000	625	12,5000	−25586
2	12,5000	15,0000	−25586	625	13,7500	−14255
3	13,7500	15,0000	−14255	625	14,3750	−7300
4	14,3750	15,0000	−7300	625	14,6875	−3464
5	14,6875	15,0000	−3464	625	14,8438	−1452
6	14,8438	15,0000	−1452	625	14,9219	−421
7	14,9219	15,0000	−421	625	14,9609	100
8	14,9219	14,9609	−421	100	14,9414	−161
9	14,9414	14,9609	−161	100	14,9512	−31
10	14,9512	14,9609	−31	100	14,9561	34
11	14,9512	14,9561	−31	34	14,9536	2
12	14,9512	14,9536	−31	2	14,9524	−15
13	14,9524	14,9536	−15	2	14,9530	−6
14	14,9530	14,9536	−6	2	14,9533	−2
15	14,9533	14,9536	−2	2	14,9535	0

schiedenes Vorzeichen haben müssen. Dann erhält man einen besseren Näherungswert x_{k+1} aus

$$x_{k+1} = x_{o,k} - \frac{x_{o,k} - x_{u,k}}{f(x_{o,k}) - f(x_{u,k})} \cdot f(x_{o,k}) \qquad \text{(A 2.2)}$$

Sodann setzt man ebenso wie bei der Intervallhalbierungsmethode

$$x_{u,k+1} = \begin{cases} x_{u,k} & \text{wenn } f(x_{k+1}) > 0 \\ x_{k+1} & \text{sonst} \end{cases}$$

$$x_{o,k+1} = \begin{cases} x_{o,k} & \text{wenn } f(x_{k+1}) < 0 \\ x_{k+1} & \text{sonst} \end{cases}$$

und führt das Verfahren fort, bis ein genügender Grad and Genauigkeit erreicht ist.

Wendet man die beschriebene Vorgehensweise auf unser Standardbeispiel an und beginnt wieder mit den Startwerten $x_{u,0} = 10$ und $x_{o,0} = 20$, so hat man den Lösungswert $x = 14{,}9535$ mit gleicher Genauigkeit wie bei Intervallhalbierung nach 13 Iterationen gefunden (vgl. *Tabelle A-2*).

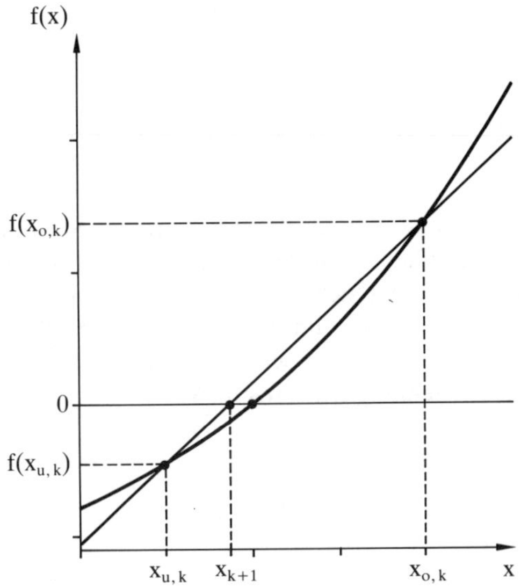

Abb. A-2: Berechnung einer Nullstelle mittels Sekantenverfahren

Tab. A-2: Nullstellenbestimmung mit Hilfe des Sekantenverfahrens (Regula falsi)

k	$x_{u,k}$	$x_{o,k}$	$f(x_{u,k})$	$f(x_{o,k})$	x_{k+1}	$f(x_{k+1})$
1	10,0000	20,0000	−40000	110000	12,6667	−24258
2	12,6667	20,0000	−24258	110000	13,9916	−11676
3	13,9916	20,0000	−11676	110000	14,5682	−4958
4	14,5682	20,0000	−4958	110000	14,8024	−1990
5	14,8024	20,0000	−1990	110000	14,8948	−780
6	14,8948	20,0000	−780	110000	14,9308	−303
7	14,9308	20,0000	−303	110000	14,9447	−117
8	14,9447	20,0000	−117	110000	14,9501	−45
9	14,9501	20,0000	−45	110000	14,9522	−18
10	14,9522	20,0000	−18	110000	14,9530	−7
11	14,9530	20,0000	−7	110000	14,9533	−3
12	14,9533	20,0000	−3	110000	14,9534	−1
13	14,9534	20,0000	−1	110000	14,9535	0

3. Newtons Verfahren

Sofern die Funktion f(x) differenzierbar ist, empfiehlt es sich, die Nullstelle mit Hilfe des Newtonschen Verfahrens zu ermitteln.[16] Ausgehend

[16] *Isaac Newton* (1643–1727), englischer Physiker, Mathematiker und Astronom.

von einem Startwert x_k berechnet man den besseren Näherungswert x_{k+1} bei dieser Methode aus

$$x_{k+1} = x_k - \frac{f(x_k)}{f'(x_k)}, \tag{A 2.3}$$

wobei $f(x_k)$ der Wert ist, den die Funktion an der Stelle x_k besitzt, während $f'(x_k)$ der Wert der ersten Ableitung an der gleichen Stelle ist. Bei diesem Verfahren befindet sich x_{k+1} genau dort, wo eine Gerade die x-Achse schneidet, welche die Funktion f(x) an der Stelle x_k tangiert (vgl. *Abbildung A-3*). Das Verfahren wird so lange fortgesetzt, bis der gewünschte Grad an Genauigkeit erreicht ist.

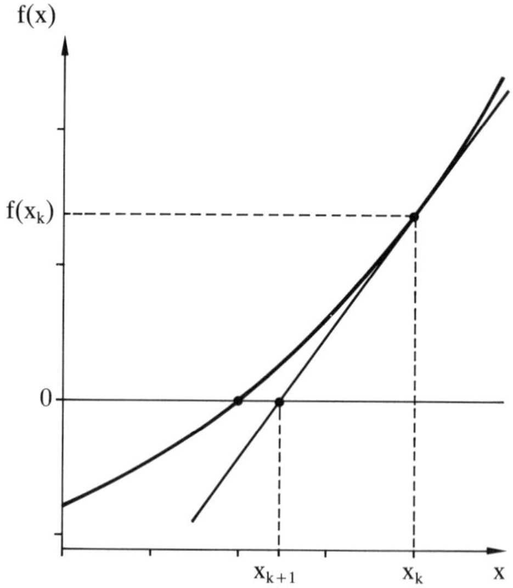

Abb. A-3: Berechnung einer Nullstelle mittels Newtonverfahren

Konvergenz ist nur gegeben, wenn die Bedingung

$$\left| \frac{f(x_k) \cdot f''(x_k)}{(f'(x_k))^2} \right| < 1$$

erfüllt ist.

Wir benutzen *Newtons* Tangentenverfahren zur Berechnung der Nullstelle unserer Standardfunktion und verwenden als Startwert $x_0 = 20$.

Dazu brauchen wir die Funktion

$$f(x) = x^4 - 50000$$

und deren erste Ableitung

$$f'(x) = 4x^3.$$

Tabelle A-3 zeigt, daß die Methode wesentlich besser konvergiert als die beiden zuvor beschriebenen Verfahren. Die Lösung ist nach 4 Iterationen gefunden.

Tab. A-3: Nullstellenbestimmung mit Hilfe des Newtonschen Verfahrens

k	x_k	$f(x_k)$	$f'(x_k)$
0	20,0000	110000	32000
1	16,5625	25249	18173
2	15,1731	3003	13973
3	14,9582	63	13387
4	14,9535	0	13375

4. Vereinfachtes Newtonverfahren

Mitunter hat man es mit Funktionen zu tun, bei denen die Berechnung der ersten Ableitung ein wenig mühevoll ist. In solchen Fällen kann man sich des vereinfachten Newtonverfahrens bedienen. Diese Methode unterscheidet sich vom Newtonverfahren dadurch, daß man den Differentialquotienten $f'(x)$ durch den Differenzenquotienten approximiert.

$$f'(x) \approx \frac{\Delta f}{\Delta x} = \frac{f(x + \Delta x) - f(x)}{\Delta x}$$

Δx sollte möglichst klein gewählt werden. Bei Verwendung des Differenzenquotienten anstelle der ersten Ableitung lautet die Iterationsformel

$$x_{k+1} = x_k - \frac{f(x_k)}{\dfrac{f(x_k + \Delta x) - f(x_k)}{\Delta x}} \qquad \text{(A 2.4)}$$

Wendet man diese Methode auf die Beispielsfunktion $f(x) = x^4 - 50000$ an und benutzt $\Delta x = 0{,}1$ sowie $x_0 = 20$ als ersten Versuchswert, so zeigt sich, daß die vereinfachte Newtonmethode nur unwesentlich schlechter konvergiert als die nicht vereinfachte (vgl. *Tabelle A-4*). Dafür spart man das Differenzieren.

Tab. A-4: Nullstellenbestimmung mit Hilfe des vereinfachten Newtonverfahrens

k	x_k	$f(x_k)$	$\frac{f(x_k+\Delta x)-f(x_k)}{\Delta x}$
0	20,0000	110000	32241
1	16,5882	25717	18424
2	15,1923	3272	14165
3	14,9614	105	13531
4	14,9536	1	13510
5	14,9535	0	13510

Aufgabensammlung

1. Aufgaben

(1) Wie hoch ist das Endkapital, wenn man 800 DM zu einem Zinssatz von 6% mit einfachen Zinsen 7 Jahre lang anlegt?

(2) Jemand legt 900 DM 4 Jahre und 6 Monate zu 7% an. Wie hoch ist sein Endkapital bei
(a) einfacher Verzinsung,
(b) reinem Zinseszins,
(c) gemischter Verzinsung?

(3) Sie wollen in 5 Jahren ein Endkapital in Höhe von 10000 DM besitzen. Wieviel Geld müssen Sie heute bei einem Zinssatz von 6,125% anlegen, wenn
(a) einfache Zinsen,
(b) Zinseszinsen geboten werden?

(4) Jemand will ein Kapital von 1000 DM innerhalb von 9 Jahren und 3 Monaten auf das doppelte wachsen lassen. Welchen Zinssatz muß er
(a) bei einfachen Zinsen,
(b) bei Zinseszins,
(c) bei gemischter Verzinsung verlangen?

(5) Ein Kapitalanleger besitzt heute 10000 DM. Wenn ihm ein Zinssatz von 6,5% geboten wird, wie lange dauert es dann
(a) bei einfachen Zinsen,
(b) bei Zinseszins,
(c) bei gemischter Verzinsung
bis zu dem Tag, an dem sein Kapital auf 15000 DM angewachsen ist?

(6) Sie können 8000 DM für 20 Jahre anlegen und haben die Wahl zwischen 6,5% Zinseszins oder 10% einfachem Zins. Was ist besser?

(7) Sie haben die Möglichkeit, 1000 DM für ein halbes Jahr anzulegen, wobei Ihnen entweder 5% reiner Zinseszins oder 5% einfache Verzinsung geboten werden. Wofür entscheiden Sie sich?

(8) Welches Endkapital besitzt jemand, der 50000 DM ein Jahr lang anlegt, wenn er Zinsen in Höhe von
(a) 12% je Jahr,
(b) 6% je Halbjahr,
(c) 3% je Quartal,
(d) 1% je Monat erhält?

(9) Wie hoch ist das Endkapital unter den in Aufgabe (8) genannten Bedingungen bei stetiger Verzinsung?

(10) Eine Bank bietet 2% Zins je Quartal. Wie hoch ist dann
(a) der nominelle,
(b) der konforme Jahreszinssatz?

(11) Wieviel Geld muß ein Ehepaar bei der Geburt seines Kindes anlegen, damit dieses an seinem 18. Geburtstag über 20000 DM verfügen kann, wenn die Bank Zinsen in Höhe von
(a) 5,5% je Jahr,
(b) 0,45% je Monat bietet?

(12) Welchen nominellen Jahreszins muß man verlangen, wenn ein Kapital sich bei stetiger Verzinsung innerhalb von 20 Jahren verdreifachen soll?

(13) Über welchen Betrag können Sie nach 4 Jahren verfügen, wenn Sie jeweils am Jahresende 100 DM auf ein Konto zahlen, das mit 4,5% verzinst wird?

(14) Wie groß ist der Endwert einer Rente, bei der 5 Jahre lang am Anfang eines jeden Jahres 1000 DM zum Zinssatz von 10% angelegt werden?

(15) Jemand zahlt 16 Jahre lang 500 DM auf ein Konto ein, das mit 5,375% verzinst wird. Wie groß ist der Endwert, wenn die Rente
(a) vorschüssig
(b) nachschüssig gezahlt wird?

(16) Sie besitzen 20000 DM, die mit 4,125% verzinst werden. Wie hoch ist die Rente, die man 10 Jahre lang aus diesem Kapital
(a) vorschüssig
(b) nachschüssig zahlen kann?

(17) Wieviel müssen sie jährlich
(a) vorschüssig
(b) nachschüssig
auf ein Konto einzahlen, das mit 3,75% verzinst wird, wenn Sie nach 12 Jahren 16000 DM besitzen wollen?

(18) Jemand zahlt 6 Jahre lang jährlich 6000 DM auf ein Konto, das mit 6% verzinst wird. Wie hoch ist sein Kapital nach Ablauf des sechsten Jahres, wenn er
(a) nachschüssig jährlich 6000 DM,
(b) vorschüssig jährlich 6000 DM,
(c) nachschüssig monatlich 500 DM
(d) vorschüssig monatlich 500 DM einzahlt?

(19) Ein Geschäftsmann setzt sich mit einem Kapital von 1000000 DM zur Ruhe. Er will aus diesem Kapital 15 Jahre lang eine Jahresrente von 120000 DM ziehen. Zu welchem Zinssatz muß er sein Vermögen anlegen, wenn die Rente
(a) vorschüssig
(b) nachschüssig gezahlt werden soll?

(20) Sie haben die Absicht, 10 Jahre lang jährlich 1000 DM auf ein Konto zu zahlen, das am Ende des zehnten Jahres einen Stand von 15000 DM haben soll. Welchen Zinssatz müssen Sie verlangen, wenn die Rente
(a) vorschüssig
(b) nachschüssig gezahlt wird?

(21) Jemand besitzt Kapital in Höhe von 50000 DM und beabsichtigt, aus diesem Kapital 3 Jahre lang nachschüssig eine Rente von 18000 DM zu ziehen. Welchen nominellen Jahreszinssatz muß man bei
(a) quartalsweiser,
(b) monatlicher,
(c) stetiger Verzinsung verlangen, damit diese Rechnung aufgeht?

(22) Sie haben die Wahl zwischen 5000 DM in bar und einer monatlichen Rente in Höhe von 100 DM über einen Zeitraum von 5 Jahren. Was ist Ihnen bei einem Zinssatz von 6,125% lieber?

(23) Ihre Bank verzinst Spareinlagen mit 2,5% p.a. Wie lange müssen Sie am Ende eines jeden Quartals 400 DM einzahlen, um ein Endkapital von 16076,53 DM zu erreichen?

(24) Sie nehmen Kredit in Höhe von 180000 DM auf, um Ihr Haus zu finanzieren, und verpflichten sich, 20 Jahre lang zu Rückzahlungen in Höhe von jeweils 4300 DM am Quartalsende. Berechnen Sie den Effektivzins
(a) nach der sogenannten 360-Tage-Methode,
(b) nach international üblichem Standard.

(25) Wenn Sie Kredit in Höhe von 24000 DM aufgenommen haben und bei einem effektiven Jahreszins von 7,125% (nach der 360-Tage-Methode) vereinbart ist, daß Sie Monatsraten von 584 DM zu leisten haben, wie lange müssen Sie dann zahlen?

(26) Jemand zahlt 5 Jahre lang am Monatsultimo 150 DM auf ein Konto, das mit 2,5% je Halbjahr verzinst wird. Wie hoch ist sein Kapital am Ende des fünften Jahres?

(27) Sie besitzen 50000 DM und wollen über einen Zeitraum von 2 Jahren und 6 Monaten monatlich 1850 DM abheben. Welchen Quartalszinssatz muß man Ihnen bieten, damit die Rechnung aufgeht?

(28) Ein Elternpaar ist bereit, zu Gunsten seines Kindes regelmäßige Sparleistungen zu erbringen. Es ist vorgesehen, am Ende eines jeden Jahres, Einzahlungen vorzunehmen. Diese sollen mit 1000 DM beginnen und von Jahr zu Jahr um 150 DM gesteigert werden. Die Einlagen werden mit 4,5% verzinst. Wie hoch ist das Kapital am 18. Geburtstag des Kindes?

(29) Sie sind verpflichtet, an einen Ihrer Mitarbeiter 10 Jahre lang eine Rente zu zahlen, die im ersten Jahr 7000 DM beträgt und danach jährlich um 6% wächst. Sie beabsichtigen, sich dieser Verpflichtungen durch Zahlung einer einmaligen Abfindung zu entledigen. Wie hoch müßte diese Abfindung fairerweise ausfallen, wenn der Mitarbeiter Kapital zu 5% anlegen kann?

(30) Jemand besitzt Kapital in Höhe von 20000 DM, das er zu 3% Zins anlegen kann. Er will aus diesem Kapital jährlich nachschüssig eine Rente zahlen, die mit 1000 DM beginnt und jährlich um 10% wächst.
(a) Wie lange kann die Rente gezahlt werden?
(b) Wie groß ist die Abschlußzahlung am Ende der Laufzeit, wenn Sie davon ausgehen, daß auch diese am Jahresende erfolgt?

(31) Jemand verfügt über 48000 DM, die er zu 5,75% anlegen kann. Wie groß ist die Rente, die er aus diesem Kapital über einen Zeitraum von 3 Jahren und 9 Monaten zahlen kann, wenn die Zahlung
(a) vorschüssig monatlich,
(b) nachschüssig monatlich,
(c) vorschüssig vierteljährlich,
(d) nachschüssig vierteljährlich erfolgt?

(32) Bei welchem Zinssatz kann man sich folgendes Angebot leisten: „Zahlen Sie an mich 10 Jahre lang jährlich 1000 DM; dann zahle ich an Sie 20 Jahre lang jährlich 1000 DM.“

(33) Ein Unternehmen nimmt bei einer Bank Kredit in Höhe von 2500000 DM zu 7,25% mit einer Laufzeit von 5 Jahren auf. Stellen Sie die vollständigen Tilgungspläne für den Fall auf, daß
(a) Ratentilgung
(b) Annuitätentilgung vereinbart wird.

(34) Sie haben ein Darlehen über 100000 DM zu 6,125% Zins aufgenommen, das im Laufe von 5 Jahren im Wege der Ratentilgung zurückzuzahlen ist. Wie groß ist
(a) der Zinsbetrag am Ende des zweiten Jahres,
(b) die Tilgungsrate am Ende des dritten Jahres,
(c) die Annuität am Ende des vierten Jahres,
(d) die Restschuld zu Beginn des fünften Jahres?

(35) Eine Bank hat Kredit über 4000000 DM zu 8% gewährt, der innerhalb von 7 Jahren annuitätisch getilgt werden soll. Man berechne
(a) den Zinsbetrag am Ende des zweiten Jahres,
(b) die Tilgungsrate am Ende des dritten Jahres,
(c) die Annuität am Ende des vierten Jahres,
(d) die Restschuld zu Beginn des fünften Jahres.

(36) Welcher Betrag ist vom Schuldner jährlich zu zahlen, wenn ein Kredit über 600000 DM (Zinssatz 6,25%, Laufzeit 8 Jahre) annuitätisch zu tilgen ist?

(37) Die Weserbergland AG hat bei ihrer Hausbank Kredit über 6000000 DM zum Zinssatz von 7,125% mit einer Laufzeit von 10 Jahren aufgenommen, wobei die ersten 3 Jahre tilgungsfrei sind. Stellen Sie den vollständigen Tilgungsplan auf, wenn
(a) Ratentilgung
(b) Annuitätentilgung vereinbart wurde.

(38) Die Euro GmbH hat einen Kredit über 10000000 DM für 10 Jahre zu einem Zinssatz von 4,25% aufgenommen, der mit einem zusätzlichen Aufgeld von 1,75% in gleichbleibenden Raten zu tilgen ist. Stellen Sie den kompletten Rückzahlungsplan auf.

(39) Die A&A OHG will einen Kredit über 700000 DM zu 5,5% Zins mit annuitätischer Tilgung und einer Laufzeit von 6 Jahren aufnehmen. Wie sieht der vollständige Tilgungsplan aus, wenn zusätzlich ein Agio von 2% verlangt wird?

(40) Stellen Sie den kompletten Tilgungsplan für den Fall auf, daß die Konditionen aus Aufgabe (39) gelten, das Agio aber einbezogen wird.

(41) Eine Bank bietet eine Hypothek über 180000 DM an. Der Zinssatz soll 5,75%, der Tilgungsprozentsatz 1,75% betragen. Wie hoch ist die jährliche Belastung, und wie lange muß man zahlen?

(42) Ein Grundstück ist mit einer Hypothek über 680000 DM belastet. Die Bank berechnet 6,25% Zins und verlangt einen Tilgungsprozentsatz von 3,25%. Stellen Sie einen vollständigen Rückzahlungsplan für den Fall auf, daß eine eventuell erforderliche Ausgleichszahlung

(a) am Ende der Laufzeit,
(b) zu Beginn der Laufzeit erfolgt.

(43) Die B&B AG emittiert eine Schuldverschreibung über 25000000 DM (25000 Stück in Nennwert von je 1000 DM). Die Anleihe wird mit 7,375% verzinst und soll innerhalb von 12 Jahren annuitätisch getilgt werden. Stellen Sie den kompletten Tilgungsplan unter Beachtung der Stückelungsverhältnisse auf.

(44) Eine 6%-Kuponanleihe mit Zinstermin 1. Januar ist zu Beginn des Jahres 07 fällig. Welchen Preis sollte man am 1.1.00 für 100 DM nominal bezahlen, wenn der Marktzins 4,5% beträgt?

(45) Sie kaufen am 1.1.00 eine 8,25%-Anleihe mit Zinstermin 1. Juli, die im Jahre 04 mit 2% Aufgeld fällig wird. Berechnen Sie unter der Voraussetzung, daß der Marktzins bei 10% liegt,
(a) Kurswert,
(b) Stückszinsen und
(c) Preis eines Stückes im Nennwert von 1000 DM.

(46) Eine 8%-Kuponanleihe mit Halbjahreskupon 1. Februar/1. August ist am 1.8.03 ohne Aufgeld fällig. Man berechne bei einem Marktzinssatz von 7,25%
(a) Kurswert,
(b) Stückzinsen und
(c) Preis eines Stückes im Nennwert von 100 DM.

(47) Jemand kauft am 1.1.00 eine 8%-Kuponanleihe mit Zinstermin 1. März, die im Jahre 06 mit 1% Aufgeld fällig ist. Der Kurswert beträgt 98,50 DM je 100 DM nominal. Hinzu kommen die Stückzinsen. Wie groß ist die Rendite dieser Anleihe?

(48) Wie groß wäre die Effektivrendite unter den in Aufgabe (47) genannten Bedingungen wenn die Anleihe mit Vierteljahreskupons (März/Juni/September/Dezember) ausgestattet wäre?

(49) Sie haben am 1.1.00 Kredit über 500000 DM aufgenommen, der innerhalb von 6 Jahren bei einem Zinssatz von 6,25% annuitätisch zu tilgen ist. Am 1.9.02 wollen Sie sich von den noch offenen Verpflichtungen durch Zahlung eines einmaligen Betrages befreien. Wie hoch muß diese Summe fairerweise sein, wenn der Marktzins bei 6% liegt?

(50) die C&C GmbH hat am 1.1.00 ein Darlehen über 1500000 DM gewährt, das binnen 5 Jahren im Wege der Ratentilgung zurückzuzahlen und mit 7% zu verzinsen ist. Am 1.6.02 verkauft die C&C GmbH ihre Ansprüche aus dem Kredit zu einem Preis von 975000 DM. Wie groß ist die Effektivrendite?

2. Lösungen der Aufgaben

(1) 1136,00 DM

(2) (a) 1183,50 DM
(b) 1220,31 DM
(c) 1221,01 DM

(3) (a) 7655,50 DM
(b) 7428,68 DM

(4) (a) 10,811%
(b) 7,781%
(c) 7,775%

(5) (a) 7,69 Jahre
(b) 6,44 Jahre
(c) 6,43 Jahre

(6) 6,5% Zinseszins führt auf ein Endkapital von 28189,19 DM, während man bei 10% einfachem Zins nur auf 24000 DM kommt.

(7) Reiner Zinseszins ergibt ein Endkapital von 1024,70 DM, während man bei einfachem Zins ein Endkapital von 1025 DM erreicht. Daher ist einfache Verzinsung hier günstiger.

(8) (a) 56000,00 DM
(b) 56180,00 DM
(c) 56275,44 DM
(d) 56341,25 DM

(9) 56374,85 DM

(10) (a) 8%
(b) 8,24%

(11) (a) 7629,33 DM
(b) 7582,99 DM

(12) 5,49%

(13) 427,82 DM

(14) 6715,61 DM

(15) (a) 12850,93 DM
(b) 12195,42 DM

(16) (a) 2382,89 DM
(b) 2481,19 DM

(17) (a) 1041,15 DM
(b) 1080,20 DM

(18) (a) 41 851,91 DM
(b) 44 363,02 DM
(c) 43 002,80 DM
(d) 43 212,06 DM

(19) (a) 10,08%
(b) 8,44%

(20) (a) 7,26%
(b) 8,73%

(21) (a) 3,89%
(b) 3,88%
(c) 3,87%

(22) Die Rente hat einen Barwert von 5179,11 DM und ist daher attraktiver als 5000 DM in bar.

(23) 36 Quartale = 9 Jahre

(24) (a) 7,52%
(b) 7,31%

(25) 47 Monate

(26) 10188,08 DM

(27) 2,076% je Quartal

(28) 56 372,07 DM

(29) 69 597,88 DM

(30) (a) 13,31 Jahre
(b) 1062,51 DM

(31) (a) 1179,38 DM
(b) 1184,90 DM
(c) 3521,76 DM
(d) 3571,39 DM

(32) 4,93%

(33) (a) Ratentilgung

Jahr	Schuldbetrag des Vorjahres	Zinsbetrag	Tilgungsrate	Annuität
1	2500000	181250	500000	681250
2	2000000	145000	500000	645000
3	1500000	108750	500000	608750
4	1000000	72500	500000	572500
5	500000	36250	500000	536250

(b) Annuitätentilgung

Jahr	Schuldbetrag des Vorjahres	Zinsbetrag	Tilgungsrate	Annuität
1	2500000,00	181250,00	432563,71	613813,71
2	2067436,29	149889,13	463924,57	613813,71
3	1603511,72	116254,60	497559,11	613813,71
4	1105952,61	80181,56	533632,14	613813,71
5	572320,47	41493,23	572320,47	613813,71

(34) (a) 4900 DM
(b) 20000 DM
(c) 22450 DM
(d) 20000 DM

(35) (a) 284136,83 DM
(b) 522885,00 DM
(c) 768289,61 DM
(d) 1979956,83 DM

(36) 97579,78 DM

(37) (a) Ratentilgung

Jahr	Schuldbetrag des Vorjahres	Zinsbetrag	Tilgungsrate	Annuität
1	6000000,00	427500,00	0,00	427500,00
2	6000000,00	427500,00	0,00	427500,00
3	6000000,00	427500,00	0,00	427500,00
4	6000000,00	427500,00	857142,86	1284642,86
5	5142857,14	366428,57	857142,86	1223571,43
6	4285714,29	305357,14	857142,86	1162500,00
7	3428571,43	244285,71	857142,86	1101428,57
8	2571428,57	183214,29	857142,86	1040357,14
9	1714285,71	122142,86	857142,86	979285,71
10	857142,86	61071,43	857142,86	918214,29

(b) Annuitätentilgung

Jahr	Schuldbetrag des Vorjahres	Zinsbetrag	Tilgungsrate	Annuität
1	6000000,00	427500,00	0,00	427500,00
2	6000000,00	427500,00	0,00	427500,00
3	6000000,00	427500,00	0,00	427500,00
4	6000000,00	427500,00	690675,82	1118175,82
5	5309324,18	378289,35	739886,47	1118175,82
6	4569437,71	325572,44	792603,38	1118175,82
7	3776834,32	269099,45	849076,38	1118175,82
8	2927757,95	208602,75	909573,07	1118,175,82
9	2018184,88	143795,67	974380,15	1118175,82
10	1043804,73	74371,09	1043804,73	1118175,82

(38)

Jahr	Schuldbetrag des Vorjahres	Zinsbetrag	Tilgungsrate	Aufgeld	Annuität
1	10000000	425000	1000000	17500	1442500
2	9000000	382500	1000000	17500	1400000
3	8000000	340000	1000000	17500	1357500
4	7000000	297500	1000000	17500	1315000
5	6000000	255000	1000000	17500	1272500
6	5000000	212500	1000000	17500	1230000
7	4000000	170000	1000000	17500	1187500
8	3000000	127500	1000000	17500	1145000
9	2000000	85000	1000000	17500	1102500
10	1000000	42500	1000000	17500	1060000

(39)

Jahr	Schuldbetrag des Vorjahres	Zinsbetrag	Tilgungsrate	Aufgeld	Annuität
1	700000,00	38500,00	101625,26	2032,51	142157,77
2	598374,74	32910,61	107214,65	2144,29	142269,56
3	491160,08	27013,80	113111,46	2262,23	142387,49
4	378048,63	20792,67	119332,59	2386,65	142511,92
5	258716,04	14229,38	125895,88	2517,92	142643,18
6	132820,15	7305,11	132820,15	2656,40	142781,67

(40)

Jahr	Schuldbetrag des Vorjahres	Zinsbetrag	Tilgungsrate	Aufgeld	Annuität
1	700000,00	38500,00	101901,52	2038,03	142439,56
2	598098,48	32895,42	107396,21	2147,92	142439,56
3	490702,26	26988,62	113187,19	2263,74	142439,56
4	377515,07	20763,33	119290,42	2385,81	142439,56
5	258224,66	14202,36	125722,74	2514,45	142439,56
6	132501,91	7287,61	132501,91	2650,04	142439,56

(41) 13500 DM, 26,03 Jahre

(42) (a) Ausgleichszahlung am Ende der Laufzeit

Jahr	Schuldbetrag des Vorjahres	Zinsbetrag	Tilgungsrate	Annuität
1	680000,00	42500,00	22100,00	64600,00
2	657900,00	41118,75	23481,25	64600,00
3	634418,75	39651,17	24948,83	64600,00
4	609469,92	38091,87	26508,13	64600,00
5	582961,79	36435,11	28164,89	64600,00
6	554796,90	34674,81	29925,19	64600,00
7	524871,71	32804,48	31795,52	64600,00
8	493076,19	30817,26	33782,74	64600,00
9	459293,45	28705,84	35894,16	64600,00
10	423399,30	26462,46	38137,54	64600,00
11	385261,75	24078,86	40521,14	64600,00
12	344740,61	21546,29	43053,71	64600,00
13	301686,90	18855,43	45744,57	64600,00
14	255942,33	15996,40	48,603,60	64600,00
15	207338,73	12958,67	51641,33	64600,00
16	155697,40	9731,09	54868,91	64600,00
17	100828,48	6301,78	58298,22	64600,00
18	42530,26	2658,14	42530,26	45188,41

(b) Ausgleichszahlung zu Beginn der Laufzeit

Jahr	Schuldbetrag des Vorjahres	Zinsbetrag	Tilgungsrate	Annuität
1	680000,00	42500,00	15174,21	57674,21
2	664825,79	41551,61	23048,39	64600,00
3	641777,40	40111,09	24488,91	64600,00
4	617288,49	38580,53	26019,47	64600,00
5	591269,02	36954,31	27645,69	64600,00
6	563623,33	35226,46	29373,54	64600,00
7	534249,79	33390,61	31209,39	64600,00
8	503040,40	31440,03	33159,97	64600,00
9	469880,43	29367,53	35232,47	64600,00
10	434647,95	27165,50	37434,50	64600,00
11	397213,45	24825,84	39774,16	64600,00
12	357439,29	22339,96	42260,04	64600,00
13	315179,25	19698,70	44901,30	64600,00
14	270277,95	16892,37	47707,63	64600,00
15	222570,32	13910,65	50689,35	64600,00
16	171880,97	10742,56	53857,44	64600,00
17	118023,53	7376,47	57223,53	64600,00
18	60800,00	3800,00	60800,00	64600,00

(43)

Jahr	Schuld-betrag des Vor-jahres	Zins-betrag	Vor-läufige Tilgungs-rate	Anzahl der einzu-lösenden Stücke	End-gültige Tilgungs-rate	Rück-stand	Annuität
1	25000000	1843750,00	1366,999,20	1366	1366000	999,20	3209750,00
2	23634000	1743007,50	1468814,60	1468	1468000	814,60	3211007,50
3	22166000	1634742,50	1576881,38	1576	1576000	881,38	3210742,50
4	20590000	1518512,50	1693183,08	1693	1693000	183,08	3211512,50
5	18897000	1393653,75	1817292,04	1817	1817000	292,04	3210653,75
6	17080000	1259650,00	1951412,78	1951	1951000	412,78	3210650,00
7	15129000	1115763,75	2095428,67	2095	2095000	428,67	3210763,75
8	13034000	961257,50	2249951,99	2249	2249000	951,99	3210257,50
9	10785000	795393,75	2416377,65	2416	2416000	377,65	3211393,75
10	8369000	617213,75	2593940,96	2593	2593000	940,96	3210213,75
11	5776000	425980,00	2785779,55	2785	2785000	779,55	3210980,00
12	2991000	220586,25	2991000,00	2991	2991000	0,00	3211586,25

(44) 108,84 DM

(45) (a) 95,10 DM
(b) 4,13 DM
(c) 99,23 DM

(46) (a) 102,72 DM
(b) 3,33 DM
(c) 106,05 DM

(47) 8,44%

(48) 8,71%

(49) 369 174,40 DM

(50) 3,386%

Formelsammlung

1. Zinsrechnung

Symbole

i := (nomineller) Jahreszinssatz
j := (relativer) Zinssatz (z.B. je Quartal)
K_0 := Anfangskapital
K_n := Endkapital (Kapital nach n Jahren)
K_N := Endkapital (Kapital nach N Zinsperioden, z.B. Quartalen)
m := Zahl der Zinsperioden je Jahr
n := Laufzeit (gemessen in Jahren)
N := Laufzeit (gemessen in Zinsperioden, z.B. Quartalen)
q := Zinsfaktor $(q = 1 + i)$

1. Jährliche Verzinsung

1.1. Einfache Zinsrechnung

Endkapital $K_n = K_0 \cdot (1 + n i)$

Anfangskapital $K_0 = \dfrac{K_n}{1 + n i}$

Zinssatz $i = \dfrac{1}{n} \cdot \left(\dfrac{K_n}{K_0} - 1 \right)$

Laufzeit $n = \dfrac{1}{i} \cdot \left(\dfrac{K_n}{K_0} - 1 \right)$

1.2. Zinseszinsrechnung

Endkapital $K_n = K_0 \cdot (1 + i)^n$

Anfangskapital $K_0 = K_n \cdot (1 + i)^{-n}$

Zinssatz $i = \sqrt[n]{\dfrac{K_n}{K_0}} - 1$

Laufzeit $n = \dfrac{\ln \dfrac{K_n}{K_0}}{\ln(1 + i)}$

1.3. Gemischte Verzinsung

Endkapital $K_n = K_0 \cdot (1+i)^{n_1}(1+n_2 i)$

mit $n_1 = \text{int}(n)$

$n_2 = n - n_1$

Anfangskapital $K_0 = \dfrac{K_n}{(1+i)^{n_1}(1+n_2 i)}$

Zinssatz Nullstellenbestimmung der Funktion

$f(i) = -K_n + K_0 \cdot (1+i)^{n_1}(1+n_2 i)$

Laufzeit $n = n_1 + \dfrac{1}{i} \cdot \left(\dfrac{K_n}{K_0(1+i)^{n_1}} - 1\right)$

$$\text{mit } n_1 = \text{int}\left(\frac{\ln \frac{K_n}{K_0}}{\ln(1+i)}\right)$$

2. Unterjährliche Verzinsung

2.1. Einfache Zinsrechnung bei analoger Vorgehensweise

Endkapital $K_N = K_0 \cdot (1+Nj)$

Anfangskapital $K_0 = \dfrac{K_N}{1+Nj}$

Zinssatz $j = \dfrac{1}{N} \cdot \left(\dfrac{K_N}{K_0} - 1\right)$

Laufzeit $N = \dfrac{1}{j} \cdot \left(\dfrac{K_N}{K_0} - 1\right)$

2.2. Zinseszinsrechnung bei analoger Vorgehensweise

Endkapital $K_N = K_0 \cdot (1+j)^N$

Anfangskapital $K_0 = K_N \cdot (1+j)^{-N}$

Zinssatz $j = \sqrt[N]{\dfrac{K_N}{K_0}} - 1$

Laufzeit $N = \dfrac{\ln \frac{K_N}{K_0}}{\ln(1+j)}$

2.3. Gemischte Verzinsung bei analoger Vorgehensweise

Endkapital $K_N = K_0 \cdot (1+j)^{N_1}(1+N_2 j)$

mit $N_1 = \text{int}(N)$

$N_2 = N - N_1$

Anfangskapital $K_0 = \dfrac{K_N}{(1+j)^{N_1}(1+N_2 j)}$

Zinssatz Nullstellenbestimmung der Funktion

$f(j) = -K_N + K_0 \cdot (1+j)^{N_1}(1+N_2 j)$

Laufzeit $N = N_1 + \dfrac{1}{j} \cdot \left(\dfrac{K_N}{K_0(1+j)^{N_1}} - 1\right)$

mit $N_1 = \text{int}\left(\dfrac{\ln \dfrac{K_N}{K_0}}{\ln(1+j)}\right)$

2.4. Einfache Zinsrechnung unter Verwendung des nominellen Zinssatzes

nomineller Zinssatz $i = mj$

Endkapital $K_n = K_0 \cdot (1+ni)$

Anfangskapital $K_0 = \dfrac{K_n}{1+ni}$

Zinssatz $j = \dfrac{1}{mn} \cdot \left(\dfrac{K_n}{K_0} - 1\right)$

Laufzeit $n = \dfrac{1}{i} \cdot \left(\dfrac{K_n}{K_0} - 1\right)$

2.5. Zinseszinsrechnung unter Verwendung des konformen Zinssatzes

konformer Zinssatz $i^* = (1+j)^m - 1$

Endkapital $K_n = K_0 \cdot (1+i^*)^n$

Anfangskapital $K_0 = K_n \cdot (1+i^*)^{-n}$

Zinssatz $j = \sqrt[mn]{\dfrac{K_n}{K_0}} - 1$

Laufzeit $n = \dfrac{\ln \dfrac{K_n}{K_0}}{\ln(1+i^*)}$

2.6. Stetige Verzinsung

Endkapital	$K_n = K_0 e^{in}$
Anfangskapital	$K_0 = K_n e^{-in}$
Zinssatz	$i = \frac{\ln\left(\frac{K_n}{K_0}\right)}{n}$
Laufzeit	$n = \frac{\ln\left(\frac{K_n}{K_0}\right)}{i}$

2. Rentenrechnung

Symbole

i := (nomineller) Jahreszinssatz
j := (relativer) Zinssatz (z.B. je Quartal)
m_r := Zahl der Rentenperioden je Jahr
m_z := Zahl der Zinsperioden je Jahr
n := Laufzeit (gemessen in Jahren)
N := Laufzeit (gemessen in Rentenperioden, z.B. Quartalen)
r := (gleichbleibende) Rentenzahlung
r_t := im Zeitpunkt t fällige Rentenzahlung
R_0 := Rentenbarwert
R_n := Rentenendwert (nach n Jahren)
R_N := Rentenendwert (nach N Rentenperioden, z.B. Quartalen)
q := Zinsfaktor $(q = 1 + i)$

1. Gleichbleibende Renten

1.1. Jährliche Renten mit jährlichen Zinsen

1.1.1. Nachschüssige Renten

Rentenendwert	$R_n = r \cdot \frac{q^n - 1}{i}$
Rentenbarwert	$R_0 = r \cdot \frac{q^n - 1}{i q^n}$
Rente (R_n gegeben)	$r = R_n \cdot \frac{i}{q^n - 1}$

Rente (R_0 gegeben) $$r = R_0 \cdot \frac{iq^n}{q^n - 1}$$

Zinssatz (R_n gegeben) Nullstellenbestimmung der Funktion

$$f(i) = -R_n + r \cdot \frac{q^n - 1}{i}$$

Zinssatz (R_0 gegeben) Nullstellenbestimmung der Funktion

$$f(i) = -R_0 + r \cdot \frac{q^n - 1}{iq^n}$$

Laufzeit (R_n gegeben) $$n = \frac{\ln\left(1 + \frac{iR_n}{r}\right)}{\ln q}$$

Laufzeit (R_0 gegeben) $$n = \frac{\ln\left(\frac{r}{r - iR_0}\right)}{\ln q}$$

1.1.2. Vorschüssige Renten

Rentenendwert $$R_n = r \cdot \frac{q(q^n - 1)}{i}$$

Rentenbarwert $$R_0 = r \cdot \frac{q(q^n - 1)}{iq^n}$$

Rente (R_n gegeben) $$r = R_n \cdot \frac{i}{q(q^n - 1)}$$

Rente (R_0 gegeben) $$r = R_0 \cdot \frac{iq^n}{q(q^n - 1)}$$

Zinssatz (R_n gegeben) Nullstellenbestimmung der Funktion

$$f(i) = -R_n + r \cdot \frac{q(q^n - 1)}{i}$$

Zinssatz (R_0 gegeben) Nullstellenbestimmung der Funktion

$$f(i) = -R_0 + r \cdot \frac{q(q^n - 1)}{iq^n}$$

Laufzeit (R_n gegeben) $$n = \frac{\ln\left(q + \frac{iR_n}{r}\right)}{\ln q} - 1$$

Laufzeit (R_0 gegeben) $$n = 1 - \frac{\ln\left(q - \frac{iR_0}{r}\right)}{\ln q}$$

1.2. Jährliche Renten mit unterjährlichen Zinsen

1.2.1 Konformer, relativer und nomineller Zinssatz

konformer Zinssatz

– diskret $$i^* = (1+j)^{\frac{1}{m_z}} - 1 = \left(1 + \frac{i}{m_z}\right)^{\frac{1}{m_z}} - 1$$

– stetig $$i^* = e^i - 1$$

relativer Zinssatz $$j = (1+i^*)^{\frac{1}{m_z}} - 1$$

nomineller Zinssatz

– diskret $$i = m \cdot \left((1+i^*)^{\frac{1}{m_z}} - 1\right)$$

– stetig $$i = \ln(1+i^*)$$

1.2.2. Nachschüssige Renten

Rentenendwert $$R_n = r \cdot \frac{(1+i^*)^n - 1}{i^*}$$

Rentenbarwert $$R_0 = r \cdot \frac{(1+i^*)^n - 1}{i^*(1+i^*)^n}$$

Rente (R_n gegeben) $$r = R_n \cdot \frac{i^*}{(1+i^*)^n - 1}$$

Rente (R_0 gegeben) $$r = R_0 \cdot \frac{i^*(1+i^*)^n}{(1+i^*)^n - 1}$$

Zinssatz (R_n gegeben) Nullstellenbestimmung der Funktion
$$f(i^*) = -R_n + r \cdot \frac{(1+i^*)^n - 1}{i^*}$$

Zinssatz (R_0 gegeben) Nullstellenbestimmung der Funktion
$$f(i^*) = -R_0 + r \cdot \frac{(1+i^*)^n - 1}{i^*(1+i^*)^n}$$

Laufzeit (R_n gegeben) $$n = \frac{\ln\left(1 + \frac{i^* R_n}{r}\right)}{\ln(1+i^*)}$$

Laufzeit (R_0 gegeben) $$n = \frac{\ln\left(\frac{r}{r - i^* R_0}\right)}{\ln(1+i^*)}$$

1.2.3. Vorschüssige Renten

Rentenendwert $R_n = r \cdot \frac{(1+i^*)^{n+1} - (1+i^*)}{i^*}$

Rentenbarwert $R_0 = r \cdot \frac{(1+i^*)^n - 1}{i^*(1+i^*)^{n-1}}$

Rente (R_n gegeben) $r = R_n \cdot \frac{i^*}{(1+i^*)^{n+1} - (1+i^*)}$

Rente (R_0 gegeben) $r = R_0 \cdot \frac{i^*(1+i^*)^{n-1}}{(1+i^*)^n - 1}$

Zinssatz (R_n gegeben) Nullstellenbestimmung der Funktion
$f(i^*) = -R_n + r \cdot \frac{(1+i^*)^{n+1} - (1+i^*)}{i^*}$

Zinssatz (R_0 gegeben) Nullstellenbestimmung der Funktion
$f(i^*) = -R_0 + r \cdot \frac{(1+i^*)^n - 1}{i^*(1+i^*)^{n-1}}$

Laufzeit (R_n gegeben) $n = \frac{\ln\left(1 + i^* + \frac{i^* R_n}{r}\right)}{\ln(1+i^*)} - 1$

Laufzeit (R_0 gegeben) $n = 1 - \frac{\ln\left(1 + i^* - \frac{i^* R_0}{r}\right)}{\ln(1+i^*)}$

1.3. Unterjährliche Renten mit jährlichen Zinsen

1.3.1. Konforme (nachschüssige) Jahresrente

nachschüssige Rente $\mathrm{r} = r \cdot \left(m_r + \frac{i}{2} \cdot (m_r - 1)\right)$

vorschüssige Rente $\mathrm{r} = r \cdot \left(m_r + \frac{i}{2} \cdot (m_r + 1)\right)$

Laufzeitkomponenten $n_1 = \mathrm{int}(n)$
$n_2 = n - n_1$
$N_1 = n_1 \cdot m_r$
$N_2 = n_2 \cdot m_r$

1.3.2. Nachschüssige Rente

Rentenendwert $$R_n = r \cdot \left[\left(m_r + \frac{i}{2} \cdot (m_r - 1) \right) \cdot \frac{q^{n_1} - 1}{i} \cdot (1 + n_2 i) + \left(N_2 + \frac{i}{m_r} \cdot \frac{(N_2 - 1) N_2}{2} \right) \right]$$

Rentenbarwert $$R_0 = \frac{R_n}{q^{n_1}(1 + n_2 i)}$$

1.3.3. Vorschüssige Rente

Rentenendwert $$R_n = r \cdot \left[\left(m_r + \frac{i}{2} \cdot (m_r + 1) \right) \cdot \frac{q^{n_1} - 1}{i} \cdot (1 + n_2 i) + \left(N_2 + \frac{i}{m_r} \cdot \frac{(N_2 + 1) N_2}{2} \right) \right]$$

Rentenbarwert $$R_0 = \frac{R_n}{q^{n_1}(1 + n_2 i)}$$

1.4. Unterjährliche Renten mit unterjährlichen Zinsen

1.4.1. Rentenperiode gleich Zinsperiode ($m_r = m_z$)

Es können die unter 1.1. angegebenen Formeln benutzt werden. Dabei sind folgende Substitutionen vorzunehmen:

an die Stelle von i tritt j
an die Stelle von q tritt $1 + j$
an die Stelle von n tritt $N = m_r \cdot n$

1.4.2. Rentenperiode ungleich Zinsperiode ($m_r \neq m_z$)

Es sind zwei Fälle zu unterscheiden. Entweder ist die Rentenperiode länger als die Zinsperiode oder kürzer. Falls $m_r < m_z$ ist, benutzt man die unter 1.2. angegebenen Formeln sinngemäß. Wenn dagegen $m_r > m_z$ ist, verwendet man sinnentsprechend die unter 1.3. genannten Formeln.

2. Veränderliche Renten

2.1. Sich regelos ändernde Renten

Rentenendwert $$R_n = q^n \sum_{t=1}^{n} r_t q^{-t}$$

Rentenbarwert $$R_0 = \sum_{t=1}^{n} r_t q^{-t}$$

2.2. Arithmetisch fortschreitende Renten (nachschüssig)

Spezielle Symbole

r := Rentenzahlung im Zeitpunkt $t=1$

d := Differenz zwischen je zwei aufeinander folgenden Rentenzahlungen ($d=r_{t+1}-r_t$)

Rentenendwert
$$R_n = r\cdot\frac{q^n-1}{i}+\frac{d}{i}\cdot\left(\frac{q^n-1}{i}-n\right)$$

Rentenbarwert
$$R_0 = r\cdot\frac{q^n-1}{iq^n}+\frac{d}{i}\cdot\left(\frac{q^n-1}{iq^n}-nq^{-n}\right)$$

Rente (R_n gegeben)
$$r=\frac{R_n-\frac{d}{i}\cdot\left(\frac{q^n-1}{i}-n\right)}{\frac{q^n-1}{i}}$$

Rente (R_0 gegeben)
$$r=\frac{R_0-\frac{d}{i}\cdot\left(\frac{q^n-1}{iq^n}-nq^{-n}\right)}{\frac{q^n-1}{iq^n}}$$

Zinssatz (R_n gegeben) Nullstellenbestimmung der Funktion
$$f(i)=-R_n+r\cdot\frac{q^n-1}{i}+\frac{d}{i}\cdot\left(\frac{q^n-1}{i}-n\right)$$

Zinssatz (R_0 gegeben) Nullstellenbestimmung der Funktion
$$f(i)=-R_0+r\cdot\frac{q^n-1}{iq^n}+\frac{d}{i}\cdot\left(\frac{q^n-1}{iq^n}-nq^{-n}\right)$$

Laufzeit (R_n gegeben) Nullstellenbestimmung der Funktion
$$f(n)=-R_n+r\cdot\frac{q^n-1}{i}+\frac{d}{i}\cdot\left(\frac{q^n-1}{i}-n\right)$$

Laufzeit (R_0 gegeben) Nullstellenbestimmung der Funktion
$$f(n)=-R_0+r\cdot\frac{q^n-1}{iq^n}+\frac{d}{i}\cdot\left(\frac{q^n-1}{iq^n}-nq^{-n}\right)$$

2.3. Geometrisch fortschreitende Renten (nachschüssig)

Spezielle Symbole

r := Rentenzahlung im Zeitpunkt $t=1$

g := Wachstumsfaktor für je zwei aufeinander folgende Rentenzahlungen $\left(g=\frac{r_{t+1}}{r_t}\right)$

2.3.1. *Fall 1: Zinsfaktor ungleich Wachstumsfaktor ($q \neq g$)*

Rentenendwert	$R_n = r \cdot \frac{q^n - g^n}{q - g}$
Rentenbarwert	$R_0 = r \cdot \frac{q^n - g^n}{(q-g)\,q^n}$
Rente (R_n gegeben)	$r = R_n \cdot \frac{q - g}{q^n - g^n}$
Rente (R_0 gegeben)	$r = R_0 \cdot \frac{(q-g)\,q^n}{q^n - g^n}$
Zinssatz (R_n gegeben)	Nullstellenbestimmung der Funktion $f(i) = -R_n + r \cdot \frac{q^n - g^n}{q - g}$
Zinssatz (R_0 gegeben)	Nullstellenbestimmung der Funktion $f(i) = -R_0 + r \cdot \frac{q^n - g^n}{(q-g)\,q^n}$
Laufzeit (R_n gegeben)	Nullstellenbestimmung der Funktion $f(n) = -R_n + r \cdot \frac{q^n - g^n}{q - g}$
Laufzeit (R_0 gegeben)	Nullstellenbestimmung der Funktion $f(n) = -R_0 + r \cdot \frac{q^n - g^n}{(q-g)\,q^n}$

2.3.2. *Fall 2: Zinsfaktor gleich Wachstumsfaktor ($q = g$)*

Rentenendwert	$R_n = r\,n\,q^{n-1}$
Rentenbarwert	$R_0 = \frac{r\,n}{q}$
Rente (R_n gegeben)	$r = \frac{R_n}{n\,q^{n-1}}$
Rente (R_0 gegeben)	$r = \frac{R_0\,q}{n}$
Zinssatz (R_n gegeben)	$i = \sqrt[n-1]{\frac{R_n}{r\,n}} - 1$
Zinssatz (R_0 gegeben)	$i = \frac{r\,n}{R_0} - 1$
Laufzeit (R_n gegeben)	Nullstellenbestimmung der Funktion $f(n) = -R_n + r\,n\,q^{n-1}$

Laufzeit (R_0 gegeben) $n=\frac{qR_0}{r}$

3. Ewige Renten

Rentenbarwert $R_0=\frac{r}{i}$ (nachschüssig)

Rentenbarwert $R_0=\frac{rq}{i}$ (vorschüssig)

3. Tilgungsrechnung

Symbole

α := Aufgeldprozentsatz
A_t := im Zeitpunkt t fällig Annuität
i := (nomineller) Jahreszinssatz
K_0 := (ursprünglicher) Kreditbetrag
K_t := Restschuld im Zeitpunkt t
n := Laufzeit (gemessen in Jahren)
p := Tilgungsprozentsatz
q := Zinsfaktor $(q=1+i)$
T_t := im Zeitpunkt t fällige Tilgungsrate
Z_t := im Zeitpunkt t fälliger Zinsbetrag

1. Grundgleichungen

Annuität $A_t=Z_t+T_t$
Zinsbetrag $Z_t=iK_{t-1}$
Restschuld $K_t=K_{t-1}-T_t$
Kreditsumme $K_0=\sum_{t=1}^{n} T_t$

$$K_0=\sum_{t=1}^{n} A_t(1+i)^{-t}$$

2. Ratentilgung (Standardform)

Charakterist. Merkmal $T_1=T_2=\ldots=T_n=T$
Kreditsumme $K_0=nT$
Tilgungsrate $T=\frac{K_0}{n}$

Zinsbetrag $$Z_t = i \cdot \left(1 - \frac{t-1}{n}\right) \cdot K_0$$

Annuität $$A_t = \left(i \cdot \left(1 - \frac{t-1}{n}\right) + \frac{1}{n}\right) \cdot K_0$$

Restschuld $$K_t = \left(1 - \frac{t}{n}\right) \cdot K_0$$

3. Annuitätentilgung

3.1. Standardform der Annuitätentilgung

Charakterist. Merkmal $A_1 = A_2 = \ldots = A_n = A$

Kreditsumme $$K_0 = A \cdot \frac{q^n - 1}{iq^n}$$

Tilgungsrate $$T_t = \frac{iq^{t-1}}{q^n - 1} \cdot K_0$$

Zinsbetrag $$Z_t = \frac{i(q^n - q^{t-1})}{q^n - 1} \cdot K_0$$

Annuität $$A = \frac{iq^n}{q^n - 1} \cdot K_0$$

Restschuld $$K_t = \frac{q^n - q^t}{q^n - 1} \cdot K_0$$

3.2. Annuitätentilgung mit einbezogenem Aufgeld

Annuität $$A = \frac{i(1+k)^n}{(1+k)^n - 1} \cdot K_0$$

$$\text{mit } k = \frac{i}{1+\alpha}$$

3.3. Prozentannuität

Annuität $$A = (i+p) \cdot K_0$$

Laufzeit $$n = \frac{\ln \frac{i+p}{p}}{\ln q}$$

Vorleistung $$A_1 = K_0 q - \frac{q^{\text{int}(n)} - 1}{iq^{\text{int}(n)}} \cdot A$$

Restzahlung $$A_{\text{int}(n)+1} = \left(K_0 q - \frac{q^{\text{int}(n)} - 1}{i} \cdot A\right) q$$

4. Kurs- und Renditerechnung

Symbole

α := Aufgeldprozentsatz
d := Gesamtlaufzeit der Schuld (gemessen in Jahren)
i := Jahreszinssatz, Effektivrendite
i_{nom} := nomineller Jahreszinssatz
m := Anzahl der Zinstermine je Jahr bei einer Kuponanleihe
N := Nennwert einer Schuld
P_0 := Preis (Kurs) einer Schuld
q := Zinsfaktor ($q = 1 + i$)
T := Restlaufzeit der Schuld (gemessen in Jahren)

1. Zinsschuld (Kuponanleihe)

1.1. Anleihe mit Jahreskupon

Preis

$$P_0 = q^b \cdot \left(K \cdot \frac{q^n - 1}{iq^n} + \frac{(1+\alpha)N}{q^n}\right)$$

mit $K = i_{nom} \cdot N$
n = kleinste ganze Zahl, für die gilt $n \geq T$
$b = n - T$

Effektivrendite

Nullstellenbestimmung der Funktion

$$f(i) = -P_0 + q^b \cdot \left(K \cdot \frac{q^n - 1}{iq^n} + \frac{(1+\alpha)N}{q^n}\right)$$

1.2. Anleihe mit mehreren Kupons je Jahr

Preis

$$P_0 = (1+j)^b \cdot \left(\frac{K}{m} \cdot \frac{(1+j)^n - 1}{j(1+j)^n} + \frac{(1+\alpha)N}{(1+j)^n}\right)$$

mit $K = i_{nom} \cdot N$
n = kleinste ganze Zahl, für die gilt $n \geq mT$
$b = n - mT$
$j = (1+i)^{1/m} - 1$

Effektivrendite

Nullstellenbestimmung der Funktion

$$f(j) = -P_0 + (1+j)^b \cdot \left(\frac{K}{m} \cdot \frac{(1+j)^n - 1}{j(1+j)^n} + \frac{(1+\alpha)N}{(1+j)^n}\right)$$

und anschließende Umrechnung des unterjährlichen Zinssatzes

$$i = (1+j)^m - 1$$

2. Annuitätenschuld

Preis

$$P_0 = q^b \cdot A \cdot \frac{q^n - 1}{i q^n}$$

mit $A = \frac{i_{nom} \cdot (1 + i_{nom})^d}{(1 + i_{nom})^d - 1} \cdot N$

n = kleinste ganze Zahl, für die gilt $n \geq T$

$b = n - T$

Effektivrendite

Nullstellenbestimmung der Funktion

$$f(i) = -P_0 + q^b \cdot A \cdot \frac{q^n - 1}{i q^n}$$

3. Ratenschuld

Preis

$$P_0 = \frac{N}{d} \cdot \frac{q^{b-n}}{i} \cdot \left[\left(i_{nom} n - \frac{i_{nom}}{i} + 1\right)(q^n - 1) + i_{nom} n\right]$$

mit n = kleinste ganze Zahl, für die gilt $n \geq T$

$b = n - T$

Effektivrendite

Nullstellenbestimmung der Funktion

$$f(i) = -P_0 + \frac{N}{d} \cdot \frac{q^{b-n}}{i} \cdot \left[\left(i_{nom} n - \frac{i_{nom}}{i} + 1\right)(q^n - 1) + i_{nom} n\right]$$

Literaturverzeichnis

Altrogge, Günter: Investition. München, Wien 1988. (*Oldenbourg*)

Ayres Jr., Frank: Finanzmathematik. Theorie und Anwendung. New York usw. 1979. (*McGraw-Hill*)

Bosch, Karl: Finanzmathematik. München, Wien 1987. (*Oldenbourg*)

Bussmann, Karl Ferdinand: Kaufmännisches Rechnen und Finanzmathematik. 4. Auflage, Stuttgart 1980. (*Poeschel*)

Caprano, Eugen (fortgeführt von *Anton Gierl*): Finanzmathematik. 3. Auflage, München 1986. (*Vahlen*)

Engeln-Müllges, Gisela und *Fritz Reutter*: Formelsammlung zur Numerischen Mathematik mit PASCAL-Programmen. Mannheim, Wien, Zürich 1985. (*Bibliographisches Institut*)

Hass, Otto: Finanzmathematik. 2. Auflage, München, Wien 1988. (*Oldenbourg*)

Kahle, Egbert und *Dieter Lohse*: Grundkurs Finanzmathematik. 2. Auflage, München, Wien 1989. (*Oldenbourg*)

Kobelt, Helmut und *Peter Schulte*: Finanzmathematik. Methoden, betriebswirtschaftliche Anwendungen und Aufgaben mit Lösungen. 4. Auflage, Herne, Berlin 1987. (*Neue Wirtschafts-Briefe*)

Köhler, Harald: Finanzmathematik. München, Wien 1981. (*Hanser*)

Kosiol, Erich: Finanzmathematik. Zinseszins-, Renten-, Tilgungs-, Kurs- und Rentabilitätsrechnung. Lehrbuch für Praktiker und Studierende. 10. Auflage, Wiesbaden 1966. (*Gabler*)

Lohmann, Karl: Finanzmathematische Wertpapieranalyse. Göttingen 1979. (*Schwartz*)

Nicolas, Marcel: Finanzmathematik. 2. Auflage, Berlin 1967. (*de Gruyter*)

Rahmann, John: Praktikum der Finanzmathematik. Methoden und Erkenntnisse zu Finanzierungsfragen von heute. 5. Auflage, Wiesbaden 1976. (*Gabler*)

Ziethen, Rüdiger E.: Finanzmathematik. München, Wien 1986. (*Oldenbourg*)

Sachverzeichnis